"十三五"国家重点研发计划课题资助

工业建筑振动控制技术与应用案例

杨永斌　伍云天　韩腾飞　陈　骝　著

科学出版社

北　京

内 容 简 介

近年来,我国各类工业建筑遇到的振动问题愈来愈多,成因复杂,急需成套的振动问题解决方案。本书首先围绕振动控制理论,介绍了分析振动传播的 2.5D 有限元/无限元方法,以及结构振动监测、仿真模拟及控制方法原理。然后分别针对常规工业厂房和电子工业厂房,总结了常见的振动荷载形式、分类及计算方法等,介绍了振动测试方法以及所需的设备和数据分析处理方法,根据工业建筑容许振动标准体系,提出了工业建筑振动控制技术。最后通过九个代表性工程案例,分析不同类型工业建筑振动问题的具体成因及振动控制技术的具体应用。

本书可为从事工业建筑设计、施工和管理的科研人员和实践工作人员提供技术指导,也可供相关专业方向的本科生及研究生学习参考。

图书在版编目(CIP)数据

工业建筑振动控制技术与应用案例 / 杨永斌等著.—北京:科学出版社,2020.9
ISBN 978-7-03-060941-0

Ⅰ.①工… Ⅱ.①杨… Ⅲ.①工业建筑–振动控制 Ⅳ.①TU27

中国版本图书馆 CIP 数据核字 (2019) 第 058748 号

责任编辑:孟 锐 / 责任校对:彭 映
责任印制:罗 科 / 封面设计:墨创文化

科 学 出 版 社 出版

北京东黄城根北街16号
邮政编码:100717
http://www.sciencep.com

成都锦瑞印刷有限责任公司印刷
科学出版社发行 各地新华书店经销

*

2020 年 9 月第 一 版 开本:787×1092 1/16
2020 年 9 月第一次印刷 印张:16 1/2
字数:390 000

定价:128.00 元
(如有印装质量问题,我社负责调换)

著委会

重庆大学：

葛鹏彬　李佩琳　刘诗杰　王保全　张　彬

中冶建筑研究总院有限公司：

李晓东　席向东　李永录　赵立勇　徐　刚

张广灿　张俊傥　陈　动　高鹏飞　邱金凯

陈佳宇　段威阳　陈　浩　易桂香

中国电子工程设计院：

俞渭雄　吕佐超　邢云林　卢爱贞　赵明慧

前　言

工业是我国经济发展的核心产业，工业建筑的性能和状态与生产直接相关。随着生产工艺不断改进，生产设备日新月异，工业产品的质量和产量也不断提高，工业建筑日渐大型化、复杂化，遇到的各类振动问题越来越多，且成因复杂，急需成套的振动问题解决方案。本书是由相关研究成果和工程经验总结而成，兼具理论和实践，具有较强的先进性、指向性和可推广性。

本书主要内容：第 1 章，介绍振动控制理论基础，重点是振动荷载来源以及振动波传理论；基于 2D 有限元/无限元方法基本原理，介绍 2.5D 有限元/无限元方法；介绍实际工程中结构振动监测和振动仿真模拟及控制。第 2 章，介绍既有工业建筑强振动控制技术，总结工业建筑中常见的振动荷载形式、分类及确定方法等，介绍振动测试方法以及所需的设备和数据分析处理方法；根据工业建筑容许振动标准体系，提出工业建筑振动控制技术。第 3 章，介绍电子工业厂房微振动控制技术，对电子工业厂房微振动控制实践以及微振动标准进行介绍；同时，介绍微电子厂房防微振设计方法及相关技术研究进展。第 4 章，针对九个代表性工程案例，介绍不同类型工业建筑振动问题的成因及其控制技术。

本书的编写得到了社会各界相关人士的帮助，包括重庆大学的葛鹏彬、李佩琳、刘诗杰、王保全和张彬等，中冶建筑研究总院有限公司的李晓东、席向东、李永录、赵立勇、徐刚、张广灿、张俊傥、陈动、高鹏飞、邱金凯、陈佳宇、段威阳、陈浩和易桂香等，中国电子工程设计院的俞渭雄、吕佐超、邢云林、卢爱贞和赵明慧等，在此一并致谢。

本书得到了 2016 年度科技部国家重点研发计划课题"既有工业建筑结构振动控制技术研究"（课题编号：2016YFC0701302）的资助。

由于写作时间和作者水平有限，书中难免存在疏漏之处，敬请广大读者批评指正。

编者

2019 年 4 月

目 录

第1章 振动控制理论基础

结构振动是自然结构中普遍的物理现象，如地震，高速列车，地铁行驶引致土壤的振动，进而引致周围工程结构振动，损伤，甚至破坏。另外如桥梁在地震，列车荷载以及风荷载激励下的振动。在土木工程领域中，如何分析诸如地震，高速列车荷载等复杂振源的引致结构振动的特性以及对环境的影响，越来越受到人们的关注。相关研究方法大致可以分为 4 类：理论方法、现场试验、经验预测，以及数值方法。现场试验的方法简单实用，针对性强，但通用性差，比较耗费人力以及财力。经验预测需要大量工程实践的数据，其统计分析结果不具有针对性，其方法同样耗费人力以及财力。虽然理论方法只是对实际情况简化的理想模型，但其能帮我们认识振动波传递问题的本质，并对现场测试以及数值方法起到一定的指导作用。

1.1 振动荷载来源

工业是我国经济发展的核心产业，其主要包括印染、选矿、冶炼、烧结等国家重要的行业。作为工业生产及发展的重要设施，工业厂房使用的性能状态直接影响着生产的正常进行。随着工业技术的迅猛发展，工业建筑中遇到的振动问题愈来愈多。

随着生产量的逐步提高，某些大功率、大质量的机器设备不断地被应用于工业生产中，根据生产设备不同的扰力特点，主要有旋转式机器、透平压缩机、冲击式机器、破碎机、切削机床及吊车等。在机器设备振动等因素的影响下，厂房结构通常产生较为明显的水平晃动或楼盖板的竖向振动，轻者会影响生产工人的舒适性；重者会引起结构的破坏，给生产工作埋下极大的安全隐患。厂房内部产生振动过大，还会导致部分精密仪器失灵，操控及量测精度下降，这对大量放置有精密仪器设备的车间不利。如果机器振动所产生的激振频率与厂房结构的自振频率相近或相等，则会引起共振，不仅影响机械设备的正常运行及厂房结构的使用，甚至还会对厂房结构安全造成严重威胁，这会导致重大的安全事故的发生。

环境振动还会引发建筑结构内部微振，对一些振动敏感设备的正常使用影响很大，例如：在感光化学行业，彩色胶片乳剂层 14 个涂层总厚度仅 19μm，若涂布过程中出现微小振动，将会导致乳剂涂层厚薄不均，在胶片上产生横缝；在微电子行业，硅片加工的光刻工序对微振动的控制要求极为严格，剑桥大学微电子试验室设备在楼层振动幅值超过 0.01μm 时就无法正常工作；在惯性制导方面，为了提高导弹的打击精度，惯导仪表检测设备的微振动必需严格控制，在 1～100Hz 频段内其振动加速度不大于 $1×10^{-9}g$；其他如精密机械加工、光学器件检测、激光实验、超薄金属轧制以及理化实验等，都需要对振动进行控制。

导致工业建筑产生振动的振源分为两类，即间接振动振源和直接振动振源。间接振动指在远离工业建筑物的外界环境中产生的振动，通过相应的介质传播，到达工业建筑物，再经过建筑的主体结构，传递到工业生产设备，对其生产产生影响。直接振动指振动产生地为工业建筑物内部，通过在工业建筑物内部结构中传递，最终作用到工业生产设备中，对其生产产生影响。

1.1.1　自然界振动来源

自然界产生的激励，通过土壤或水等自然界介质传播至工业建筑，为间接振动振源。

1.地震振动来源

地震动是由震源释放出来的地震波引起地表附近土层的振动，属于一种弹性波，它包含在地球内部传播的体波和只在地表附近传播的面波(图 1.1)。地震动是非常复杂的，具有很强的随机性，甚至同一地点，每次地震都各不相同。其主要特性包括三个基本要素：地震动的幅值、地震动的频谱和地震动持续时间。

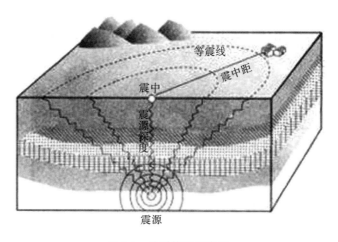

图 1.1　地震构造示意图

地震灾害对工业建筑有极大的振动影响，甚至会导致数以万计的人员伤亡与数以亿计的财产损失，于人类而言都是巨大的灾难(图 1.2)。就我国范围而言，历史上的地震受灾面积已达国土面积的一半以上。目前，我国地震基本烈度为 6 度及 6 度以上地区的面积占全国国土面积约 60%。在全国 450 个城市中，位于地震区的就占 74.5%，并且约有一半城市位于 7 度和 7 度以上地区。

2.其他振动来源

地脉动、风等其他自然界的振动来源，相对于地震动而言，出现的概率比较小，属不常见的间接振动振源(图 1.3)。对于一般情况下的工业建筑而言，其层高相对高层较低，不需要进行抗风振动的设计，特殊情况下除外。

图 1.2　2008 汶川地震遗址

图 1.3　风振作用下的美国塔科马海峡大桥

1.1.2　交通振动来源

交通振动按交通工具类型分为公路交通振动和轨道交通振动，按交通条件分为地面交通振动和地下交通振动。

1.公路振动来源

交通振动的产生，主要是由于道路的不平顺，尤其在重型货车，且车速又较快的情况下。机动车辆在道路上行驶，轮胎与路面相互作用，过程中遇到减速带(图 1.4)、坑洞(图 1.5)、错位的板、膨胀接头等时，车体将发生颠簸，振动通过土层以波的形式传播到周围地面，并且作用于周边结构基础，从而引发结构振动并产生振动，对就近的工业建筑有一定影响。这种影响随着城市交通流量增大，车辆速度提高，车辆轴重增加，而变得日益严重。

图 1.4　公路减速带

图 1.5　公路坑洞

2.轨道交通振动来源

轨道交通作为一种重要的城市轨道交通方式，凭借其占地面积少、节约土地成本及安全、快捷、舒适、准时、运量大、方便等特点，逐渐变成城市道路交通运输的主要方式，在人流密集区、建筑物集中区，还有精密仪器设备、古建筑群和风景区等对振动和噪声比较敏感的地方经常会有轨道交通车辆经过。而轨道交通车辆运行时会对轨道产生一定量值的随机振动激励，该激励通过轨道基础、隧道、土壤介质、地面建筑物这样一个途径逐步向外传播到地面和地面上的建筑，进而引发振动，又会进一步引起周围地下结构和建筑物的二次振动，对建筑物的结构安全带来了很大的影响，甚至对有较高振动限制标准的工业建筑中的生产设备仪器造成极大影响。主要振动相关参数包括行车速度、激振频率和轨道自振频率、轨道粗糙度等(图 1.6)。

图 1.6　轨道衔接缺陷

1.1.3　施工振动来源

1.爆破振动来源

爆破是一种剧烈的、极为迅速的能量释放过程，即能量在瞬间释放的一种现象。其产生必须具备两个必要条件：一是单位体积能量密度很大；二是能量释放或转化极快。工程爆破就是利用炸药的这一物理和化学特征来达到一定的工程目的。

随着我国大规模经济建设的开展，工程爆破已广泛应用于公路工程、轨道工程、地质石油工程、矿山开采建设工程等建设活动中，成为不可缺少的重要工程手段之一，并且其领域还在不断地扩大发展，逐步深入到国民经济建设和人们生活的各个领域(图 1.7)。工程爆破在工程施工建设过程中带来巨大效益的同时，随之而来的是爆破地震产生的振动破坏效应日益明显和突出，爆破地震波虽然在传播的过程中随着爆破源距离的增加而减弱，但在一定的范围内可能给附近的非爆破目标的建筑物造成不同程度的破坏，这种现象称为爆破振动效应。

图 1.7　隧道爆破

　　一般而言，地质石油工程、矿山开采建设工程等工程活动中的爆破发生地，距离工业建筑较远，不会对其产生影响，但不排除特殊情况。另外，随着城区交通建设的不断发展，用于公路工程、轨道工程的爆破对工业建筑产生的振动影响日益突出。

　　2.打桩振动来源

　　桩基础是现代建筑工程中最基本的，也是最安全可靠的基础形式(图1.8)。随着社会主义建设事业的发展，桩基在建筑工程中的地位越来越重要。根据打入地下的方式不同其又可分为锤击桩和静压桩。静压桩在压入过程中基本无振动、无噪声，对周围环境不造成明显影响，但相对锤击桩而言施工费用较高，因此锤击桩的使用不可避免。在给施工过程带来方便的同时，打桩对周围建筑的振动影响亦随着城市的改造与扩建，日益受到人们的关注。打桩引起的振动能够扰动附近土层，激发土体内的孔隙水压力，破坏土体的天然结构，改变土体的应力状态和动力特性，造成土体强度降低使周围一定范围内的建筑物基础和地下设施产生不均匀沉降，从而引起这些建筑物开裂、倾斜甚至破坏，道路路面损坏和地下管线爆裂等灾难性后果。打桩引起的振动不能忽视，当周围既有建筑物距打桩点的距离较小且建筑物的抗振能力较弱时，或是建筑物针对振动有特殊限制时(如工业建筑)，必须考虑采取相应的措施，以便有效地把振动的影响控制在允许范围之内。

图1.8　打桩施工图

1.1.4　工业建筑内部直接振动来源

　　(1)人行激励。人行激励荷载广义上是指人体运动所对其他物体产生的荷载，在工程领域以研究人体运动对结构所产生的荷载为主。人行激励荷载是一种活荷载，根据其是否移动性又分为非移动型人行激励荷载和移动型人行激励荷载。非移动型人行激励荷载包括原地的踏步、蹲伏、跳跃等，移动型人行激励荷载包括非原地的跑、跳、走等。在运动过程中人体重心位置是不断变化的。

由人行激励荷载引起振动进而引发的工程事故多记录于桥梁等大跨度结构。最早在 1825 年德国便有关于人行激励荷载引发工程事故的记录。当时一座位于塞纳河上的悬索桥,由于人群荷载而造成破坏。18 世纪中叶,在法国一列军队整齐步伐地向前行军,经过昂热市一座大桥时大桥突然崩塌造成严重伤亡,死亡人数高达 266 人,但是当时人们并没有把这件事情与人行激励荷载相关联。1981 年 7 月 17 日,在美国也发生了一起由于人行共振所造成的桥梁坍塌事故,当时造成了 114 人伤亡。类似这种事故在我国也发生过,早在我国武汉长江大桥(图 1.9、图 1.10)建成通车时便出现过大幅振动情况。万人上桥庆祝,导致大桥横向振动过大,以至于人们无法站立。相似的情况还出现在土耳其 Bosporus 桥(图 1.11)。直到 2000 年著名的千禧桥事件之后(图 1.12),人们才开始加大对人行激励荷载的研究力度。

图 1.9 武汉长江大桥

图 1.10 武汉长江大桥顺利通车

图 1.11　土耳其 Bosporus 桥

图 1.12　英国伦敦千禧桥

　　无论从结构安全角度考虑，还是从保证工业建筑设备运行精密度角度考虑，人行激励都是具有关键影响的一个直接振动来源。

　　(2)运输车辆。目标工业建筑范围内的运输车辆，行进过程中的不平顺而产生车体颠簸，尤其当车辆突然驶入或者驶出工业建筑楼板时，会引起较大的冲击振动。振动波在目标工业建筑范围内传播，并且引发建筑结构振动，最终影响到生产设备。其振动产生机理与公路振动振源相似。

　　(3)生产设备运行。目标工业建筑内的自身生产设备由于刚度的不同，而各自产生不同幅度的振动，在生产过程中存在相互影响。

　　(4)其他机械设备的运行。目标工业建筑中的其他服务机械运行，包括机械设备及电器设备，如空气压缩机，真空泵等各种泵机，用于货物搬运以及人流疏散的电梯、升降平台等，机械化门、窗等，调节工业建筑内温度的大型空调机组，保持工业建筑内空气流动的风机，用于设备降温的冷水机组、冷却水塔，用于设备高温加热的火炉等。这类工业建筑内部机械、电器设备运行产生的振动有两种传播途径，一是放置在工艺层和上夹层的机械、电器设备，直接通过主体结构传递至精密设备；二是放置在下夹层的机械、电器设备，通过地基基础传至主体结构。

1.2　振动波传理论

Lamb(1904)的波动理论是研究振源以及振动在土体传播的理论基础，研究了理想弹性半无限体上受点荷载或线荷载时引起的土体的振动。以此为基础，相关学者进行了大量的理论研究，Cole 和 Huth(1956)研究了理想弹性半无限体上受不同移动速度的线荷载作用下的二维问题的理论解。Eason(1965)研究了移动点荷载作用下三维均值半空间的稳态问题，并考虑了圆形和矩形等荷载分布形式。Dieterman 和 Metrikine(1996)研究了黏弹性土体在移动荷载作用下的解析解。关于列车荷载的模拟，Filippov(1961)建立了匀速移动荷载在半无限体弹性梁上的模型，研究发现列车的运行的临界速度大致等于 Rayleigh 波的波速。Labra(1975)在后续的研究中指出，如果考虑铁轨由于温度变化产生的轴压力，临界速度随轴压力的增大而减小。Dieterman 和 Metrikine(1996)得到移动荷载下弹性半无限体上 Euler-Bernoulli 梁的稳态位移的半解析解。Metrikine 和 Popp(1999)采用间隔支撑模型得到移动荷载作用下半无限体弹性梁上的三维解析解。

利用频域分析方法，Yang 和 Hung(2008)进一步研究了弹性半空间上不同移动荷载作用下的振动波传特性。

1.2.1　运动控制方程

如图 1.13 所示，均匀各向同性弹性材料在外荷载作用下的运动控制方程为

$$(\lambda+\mu)\nabla\nabla\cdot\boldsymbol{u}+\mu\nabla^2\boldsymbol{u}+\rho\boldsymbol{f}=\rho\ddot{\boldsymbol{u}} \tag{1-1}$$

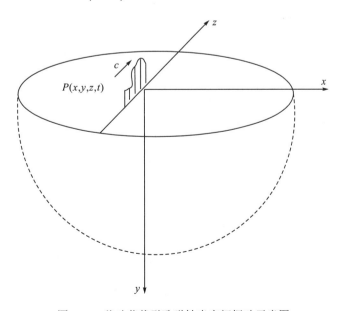

图 1.13　移动荷载引致弹性半空间振动示意图

式中，λ、μ——拉梅常数；

　　$\boldsymbol{u}$、$\boldsymbol{f}$——分别为系统的位移响应和体力；

　　ρ——弹性介质的密度。

利用亥姆霍兹理论简化上述控制方程，其中位移场 $\boldsymbol{u}$ 可以表述为

$$\boldsymbol{u} = \nabla \boldsymbol{\Phi} + \nabla \times \boldsymbol{\Psi}, \quad \Psi_y = 0 \tag{1-2}$$

其中 $\Phi(x,t)$ 为一个标量函数，$\boldsymbol{\Psi}(x,t)$ 是一个矢量函数。不计体力，将其代入方程(1-1)中，化简得

$$\Delta \Phi - \frac{1}{c_p^2}\frac{\partial^2 \Phi}{\partial t^2} = 0, \quad \Delta \boldsymbol{\Psi} - \frac{1}{c_s^2}\frac{\partial^2 \boldsymbol{\Psi}}{\partial t^2} = 0 \tag{1-3}$$

其中压缩波以及剪切波的速度 (c_p, c_s) 可以由拉梅常数计算得到：

$$c_p = \sqrt{\frac{\lambda + 2\mu}{\rho}}, \quad c_s = \sqrt{\frac{\mu}{\rho}} \tag{1-4}$$

方程(1-3)的前、后式分别表示 P 波及 S 波的波动传播方程。由式(1-2)可得到位移场 $\boldsymbol{u}$ 函数：

$$u = \frac{\partial}{\partial x}\Phi + \frac{\partial}{\partial y}\Psi_z \tag{1-5.1}$$

$$v = \frac{\partial}{\partial y}\Phi + \frac{\partial}{\partial z}\Psi_x - \frac{\partial}{\partial x}\Psi_z \tag{1-5.2}$$

$$w = \frac{\partial}{\partial z}\Phi + \frac{\partial}{\partial y}\Psi_x \tag{1-5.3}$$

式中，u、v、w——分别表示三维空间 x、y、z 方向上的位移时域响应。

根据胡克定律，应力场可由 Φ、$\boldsymbol{\Psi}$ 表述为

$$\sigma_{yy} = 2\mu\left(\frac{\partial^2}{\partial y^2}\Phi + \frac{\partial^2}{\partial y \partial z}\Psi_x - \frac{\partial^2}{\partial y \partial x}\Psi_z\right) + \lambda\left(\frac{\partial^2}{\partial x^2} + \frac{\partial^2}{\partial y^2} - \frac{\partial^2}{\partial z^2}\right)\Phi \tag{1-6.1}$$

$$\tau_{xy} = \mu\left[2\frac{\partial^2}{\partial y \partial x}\Phi + \frac{\partial^2}{\partial x \partial z}\Psi_x - \left(\frac{\partial^2}{\partial y^2} - \frac{\partial^2}{\partial x^2}\right)\Psi_z\right] \tag{1-6.2}$$

$$\tau_{zy} = \mu\left[2\frac{\partial^2}{\partial y \partial z}\Phi - \frac{\partial^2}{\partial x \partial z}\Psi_z - \left(\frac{\partial^2}{\partial y^2} - \frac{\partial^2}{\partial z^2}\right)\Psi_x\right] \tag{1-6.3}$$

控制方程(1-3)进行三次傅里叶变换(变换变量为 x、z、t)后在频域上的表达式：

$$\left[-k_x^2 - k_z^2 + \left(\frac{\omega}{c_p}\right)^2\hat{\Phi}\right] + \frac{\partial^2}{\partial y^2}\hat{\Phi} = 0 \tag{1-7.1}$$

$$\left[-k_x^2 - k_z^2 + \left(\frac{\omega}{c_s}\right)^2\hat{\Psi}\right] + \frac{\partial^2}{\partial y^2}\hat{\Psi} = 0 \tag{1-7.2}$$

其中上标符号^为对应变量经傅里叶变换在频域上的表达式，简化表示为

$$\left(-m_1^2\hat{\Phi}\right) + \frac{\partial^2}{\partial y^2}\hat{\Phi} = 0 \tag{1-8.1}$$

$$\left(-m_2^2\hat{\Psi}\right)+\frac{\partial^2}{\partial y^2}\hat{\Psi}=0 \tag{1-8.2}$$

其中

$$k_{\mathrm{p}}=w\big/c_{\mathrm{p}},\quad k_{\mathrm{s}}=w\big/c_{\mathrm{s}} \tag{1-9}$$

$$m_1^2=k_x^2+k_z^2-k_{\mathrm{p}}^2,\quad m_2^2=k_x^2+k_z^2-k_{\mathrm{s}}^2 \tag{1-10}$$

1.2.2　频域及时域响应

波动方程(1-8)的通解为

$$\hat{\Phi}=A\exp\left(-m_1 y\right),\quad \hat{\Psi}_z=B\exp\left(-m_2 y\right),\quad \hat{\Psi}_x=C\exp\left(-m_2 y\right) \tag{1-11}$$

式中，A、B、C 可由边界条件确定，进而可以得到位移场及应力场的频域表达式：

$$\begin{Bmatrix}\hat{u}\\\hat{v}\\\hat{w}\end{Bmatrix}=[D][H]\begin{Bmatrix}A\\B\\C\end{Bmatrix} \tag{1-12}$$

$$\begin{Bmatrix}\hat{\sigma}_{yy}\\\hat{\tau}_{xy}\\\hat{\tau}_{zy}\end{Bmatrix}=[S][H]\begin{Bmatrix}A\\B\\C\end{Bmatrix} \tag{1-13}$$

其中

$$[D]=\begin{bmatrix}\mathrm{i}k_x & -m_2 & 0\\-m_1 & -\mathrm{i}k_x & \mathrm{i}k_z\\\mathrm{i}k_z & 0 & m_2\end{bmatrix} \tag{1-14}$$

$$[S]=\begin{bmatrix}(2\mu+\lambda)m_1^2-\lambda(k_x^2+k_z^2) & 2\mathrm{i}\mu k_x m_2 & -2\mathrm{i}\mu k_z m_2\\-2\mathrm{i}\mu k_x m_1 & \mu(m_2^2+k_x^2) & -\mu k_x k_z\\-2\mathrm{i}\mu k_z m_1 & k_x k_z & -\mu(m_2^2+k_z^2)\end{bmatrix} \tag{1-15}$$

$$[H]=\begin{bmatrix}\exp(-m_1 y) & 0 & 0\\0 & \exp(-m_2 y) & 0\\0 & 0 & \exp(-m_2 y)\end{bmatrix} \tag{1-16}$$

如图 1.13 所示，考虑沿 z 方向移动的荷载形式为

$$\boldsymbol{P}(x,z,t)=(0,P,0) \tag{1-17}$$

因此在半无限空间自由表面频域上的边界条件为

$$\hat{\sigma}_{yy}(y=0)=-\hat{P},\hat{\tau}_{xy}(y=0)=0,\hat{\tau}_{zy}(y=0)=0 \tag{1-18}$$

由边界条件可以求得 A、B、C 的值，则移动荷载作用下半无限空间的频域响应为

$$\begin{Bmatrix}\hat{u}\\\hat{v}\\\hat{w}\end{Bmatrix}=-[D][H][S]^{-1}\begin{Bmatrix}\hat{P}\\0\\0\end{Bmatrix} \tag{1-19}$$

其中

$$[S]^{-1} = \frac{1}{2\mu Q}[\boldsymbol{G}]_{3\times3} \qquad (1\text{-}20)$$

$$Q = \left(k_x^2 + k_z^2 - \frac{1}{2}k_s^2\right)^2 - m_1 m_2 (k_x^2 + k_z^2) \qquad (1\text{-}21)$$

$$g_{11} = k_x^2 + k_z^2 - \frac{1}{2}k_s^2$$

$$g_{12} = -\mathrm{i}k_x m_2$$

$$g_{13} = -\mathrm{i}k_z m_2$$

$$g_{21} = \mathrm{i}k_x m_1$$

$$g_{22} = \frac{k_z^2}{m_2^2}\left(k_x^2 + k_z^2 - \frac{1}{2}k_s^2 - 2m_1 m_2\right) + \left(k_x^2 + k_z^2 - \frac{1}{2}k_s^2\right)$$

$$g_{23} = k_x k_z\left[2\frac{m_1}{m_2} - \frac{1}{m_2^2}\left(k_x^2 + k_z^2 - \frac{1}{2}k_s^2\right)\right] \qquad (1\text{-}22)$$

$$g_{31} = -\mathrm{i}k_z m_1$$

$$g_{32} = -k_x k_z\left[2\frac{m_1}{m_2} - \frac{1}{m_2^2}\left(k_x^2 + k_z^2 - \frac{1}{2}k_s^2\right)\right]$$

$$g_{33} = -\left[\frac{k_z^2}{m_2^2}\left(k_x^2 + k_z^2 - \frac{1}{2}k_s^2 - 2m_1 m_2\right) + \left(k_x^2 + k_z^2 - \frac{1}{2}k_s^2\right)\right]$$

上述 g_{ij} 为 $[\boldsymbol{G}]_{3\times3}$ 的对应分量。

经过逆傅里叶变换，可得到半无限空间的时—空域响应：

$$\begin{Bmatrix} u \\ v \\ w \end{Bmatrix} = -\iiint_{-\infty}^{+\infty} [D][H]\times[S]^{-1}\begin{Bmatrix}\hat{P}\\0\\0\end{Bmatrix}\exp(\mathrm{i}k_x x)\exp(\mathrm{i}k_z z)\exp(\mathrm{i}wt)\mathrm{d}k_x\mathrm{d}k_z\mathrm{d}w \qquad (1\text{-}23)$$

$$\begin{Bmatrix} \dot{u} \\ \dot{v} \\ \dot{w} \end{Bmatrix} = -\iiint_{-\infty}^{+\infty} \mathrm{i}w[D][H]\times[S]^{-1}\begin{Bmatrix}\hat{P}\\0\\0\end{Bmatrix}\exp(\mathrm{i}k_x x)\exp(\mathrm{i}k_z z)\exp(\mathrm{i}wt)\mathrm{d}k_x\mathrm{d}k_z\mathrm{d}w \qquad (1\text{-}24)$$

$$\begin{Bmatrix} \ddot{u} \\ \ddot{v} \\ \ddot{w} \end{Bmatrix} = -\iiint_{-\infty}^{+\infty} w^2[D][H]\times[S]^{-1}\begin{Bmatrix}\hat{P}\\0\\0\end{Bmatrix}\exp(\mathrm{i}k_x x)\exp(\mathrm{i}k_z z)\exp(\mathrm{i}wt)\mathrm{d}k_x\mathrm{d}k_z\mathrm{d}w \qquad (1\text{-}25)$$

1.2.3 列车移动荷载函数的分布形式

经由上述波动理论的分析，不同形式的移动荷载 $\boldsymbol{P}(x,z,t)$ 会引致不同的空间响应。零速度点荷载以及线荷载激励是移动荷载的两个极端情况。实际问题中，如列车-土-建筑结构问题中，则需要得到更为合理的轮轨间作用力，进而得到具有普遍形式的列车移动荷载。

对于列车移动荷载(以速度 c 沿 z 轴)运动 $\boldsymbol{P}(x,z,t)$ 可以具体表述为

$$P(x,z,t)=\delta(x)\phi(z-ct)f(t) \tag{1-26}$$

其中 $f(t)$ 为轮子与轨道相互作用力。一般来说，实际轮轨间的作用力很复杂，工程分析中常考虑为一个准静力项和一个动力项。静力项主要由列车的自重引起，由动力项来考虑轨道不平顺，结构缺陷以及随机振动，冲击等因素。为了方便，后续推导用 $\exp(\mathrm{i}\omega_0 t)$ 代替，ω_0 为移动荷载竖向自振频率。当 $\omega_0=0$，$f(t)$ 表示一个静力荷载项。$\delta(x)\phi(z-ct)$ 表示移动荷载的空间分布形式。式 (1-26) 经傅里叶变换后，外荷载在频域内可写为

$$\hat{P}=\frac{1}{2\pi}\tilde{\phi}(k_z)\tilde{f}(w+k_z c) \tag{1-27}$$

其中 $\tilde{\phi}(k_z)$ 为 $\phi(z-ct)$ 的傅里叶变换形式。

移动列车荷载的分布可由每一个轮轨间的作用力分布 $q_0(z)$ 叠加而得。如图 1.14 所示。

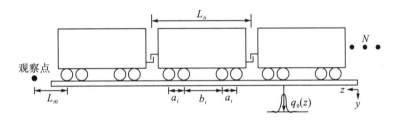

图 1.14　列车荷载模型

若由支撑无限弹性梁在单位点荷载下的变形曲线得荷载分布函数 (Esveld，1989)，可得

$$q_0(z)=\frac{1}{2\alpha}\exp\left(\frac{-|z|}{\alpha}\right)\left[\cos\left(\frac{|z|}{\alpha}\right)+\sin\left(\frac{|z|}{\alpha}\right)\right] \tag{1-28}$$

其中 $\alpha=(4\mathrm{EI}/s)^{1/4}$，$s$ 为弹性基础的刚度，EI 为无限长的梁的刚度。因此分布函数为

$$\begin{aligned}
\phi(z)=\sum_{n=0}^{N-1}&\left[q_0\left(z-\sum_{i=0}^{n}L_{ti}\right)+q_0\left(z-\sum_{i=0}^{n}L_{ti}-a_{n+1}\right)+q_0\left(z-\sum_{i=0}^{n}L_{ti}-a_{n+1}-b_{n+1}\right)\right.\\
&\left.+q_0\left(z-\sum_{i=0}^{n}L_{ti}-2a_{n+1}-b_{n+1}\right)\right]
\end{aligned} \tag{1-29}$$

其经傅里叶转换得到频域表达式：

$$\begin{aligned}
\tilde{\phi}(k_z)=\tilde{q}_0(k_z)\sum_{n=0}^{N-1}&\left(\exp\left(-\mathrm{i}k_z\sum_{i=0}^{n}L_{ti}\right)\{1+\exp(-\mathrm{i}k_z a_{n+1})+\exp[-\mathrm{i}k_z(a_{n+1}+b_{n+1})]\right.\\
&\left.+\exp[-\mathrm{i}k_z(2a_{n+1}+b_{n+1})]\}\right)
\end{aligned} \tag{1-30}$$

其中 $\tilde{q}_0(k_z)=4/(4+k_z^4\alpha^4)$。

1.3　2D 有限元和无限元方法基本原理

随着科学技术进步，研究方法不断发展，多种数值方法被提出用来解决二维和三维模型中列车引起的振动问题。这些数值方法多是解析解、半解析解、有限元法、边界元法或者它们的组合，其中用无限元、极微小单元或消能单元来考虑土体域为无限空间的特质。

1.3.1　2D 有限元和无限元方法

有限元结合无限元可以有效地模拟含有无穷域的相互作用问题。根据 Ungless(1973) 和 Bettess(1977) 的理论，无限元被广泛用于解决波传播问题，如 Bettess 和 Zienkiewicz(1977) 用有限元和无限元方法研究面波衍射和折射问题，可用此方法计算无约束面波问题。相较于其他方法，该方法有以下特点：无限元中包含很多参数，因此需要求解多个方程；无限元衰减长度参数可任意取值；无限元理论简单，没有特殊的变换方程也不需要边界积分；无限元不破坏方程矩阵的对称性和条状结构，也不需要特殊解法；无限元提供了解决非线性波传的可能。Astley(1983) 用有限元和无限元来计算近场声压力值。Lau 和 Ji(1989) 提出了一个简单而有效的有限元来模拟远场水波势能散射。Park 等(1991) 用有限元和无限元来分析海水动力对海上结构的影响。Park 等(1992) 根据线性理论用有限元和无限元来分析波——结构相互作用问题。Zhao 和 Valliappan(1993) 提出一种三维动力无限单元，其满足以下要求：在无限元和有限元接触位置位移一致；用波动方程推导得出无限元中波的传播参数；无限元的刚度和质量矩阵收敛；在共同边界处相邻的无限元在模拟多种材料层和多种波数时位移应一致。在计算拱-坝-基础系统在地震作用下的响应时，尤其是对薄双曲率拱-坝-基础系统，边界元相较有限元失去优势，由于 P 波、S 波和 R 波可同时在无限元中模拟，故可用有限元和无限元来模拟计算。Honjo 和 Pokharel(1993) 提出一组收敛的有限单元方程，可用来考虑无限远处扰动边界条件(如泵送)，也可用于典型的渗流问题。推导公式可用于无限远处固定边界三维点对称、二维轴对称和一维单向流体。并对二维流动问题进行计算，提出近场的尺寸要求以得到具体位置精确水位降低值。Chow 和 Smith(1981) 通过无限元来研究静力和周期振动力作用下的地质力学。其中无限元可以用于其他有一个或多个边界延伸到无穷远的问题。在静力问题分析中，横向边界延伸至无穷远，边界可通过二次积分得到，有利于线性和非线性问题。在周期力作用中，无限元可有效分析多种波同时存在的情形。Beer 和 Meek(1981) 及 Rajapakse 和 Karasudhi(1985) 也用无限元来对地质静力学问题进行了分析。Medina 和 Penzien(1982) 提出轴对称无限元用于计算在半无限空间上刚体圆盘在谐振荷载作用下的柔度方程，由于自由度较少，所以分析方便。Medina 和 Penzien(1982) 用有限元和无限元分析了谐振荷载作用下刚性圆盘问题。Rajapakse 和 Karasudhi(1986) 根据球坐标提出弹性动力无限元用于表示面波和体波在弹性半空间中的传播。Zhang 和 Zhao(1987) 根据波动方程伽辽金权重残余估计法，并考虑半空间域几何和力学特性，提出与频率相关的无限单元,其可用于分析力作用下的复杂几何形状和多层土、有缺陷基础以及软土层等问题。Yun 等(1995)提出三个轴对称有限元来分析半空间多土层弹性动力问题,由波动方程得到水平、竖向和角落无限元,然后用此方法分析了力作用下的均质和分层土半空间刚盘以及沉箱问题。其他弹性波传播问题还有 Medina 和 Taylor(1983)、Yang 和 Yun(1992)及 Karasudhi 和 Liu(1993)。

在多数文献中,无限元无限远方向波的幅值衰减效应用指数衰减项表示,有限远方向的形函数与传统有限元的一致。用无限元和有限元分别模拟土体——结构无限域和有限域具有如下优势:近域包含铁轨、结构、基础、阻隔装置和下层土体,它们是工程领域的关注重点,可用有限元有效模拟;无限元可以像有限元般组合,没有引入多余自由度;系统矩阵依然保留条状和对称特性,利于编程计算。

然而,已有的研究仍存在两个问题:第一,模拟波传播方向幅值衰减效应的参数不明确;第二,模拟不同频率的波需要划分不同尺寸的网格。Hung(1995)和 Yang 等(1996)的理论解决了上述问题。

1.3.2 理论公式推导

基本问题如图 1.15(a)所示,假定半空间特性沿垂直于图形平面方向保持不变,谐振线载荷作用于自由表面,故整个系统变形可假定为平面应变,位移也可假定为随时间做谐振运动。土壤是高度非线性材料,但由于本书所考虑外力并非强震,故忽略非线性效应,并假定土壤为各向同性的黏弹性材料(迟滞阻尼模式)。

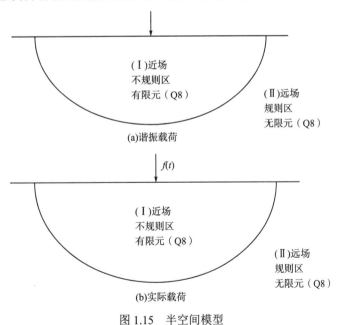

图 1.15 半空间模型

基于虚位移法,弹性动力问题(忽略体力)运动方程式可写为

$$\int_S t_i \delta u_i \mathrm{d}A = \int_V \rho \ddot{u}_i \delta u_i \mathrm{d}V + \int_V \tau_{ij} \delta \varepsilon_{ij} \mathrm{d}V \tag{1-31}$$

式中，V、S——分别表示研究对象的体积和表面积；

t_i、τ_{ij}——应力；

ε_{ij}——应变；

u_i——位移；

ρ——材料密度。

若转化为单元等效节点载荷，式(1-31)可改写为

$$\sum_{i=1}^{n}\{\delta u\}_i^{\mathrm{T}}\{p\}_i = \int_V \{\delta u\}^{\mathrm{T}}\rho\{\ddot{u}\}\mathrm{d}V + \int_V\{\delta\varepsilon\}^{\mathrm{T}}\{\tau\}\mathrm{d}V \qquad (1\text{-}32)$$

式中，$\{\delta u\}$、$\{\delta\varepsilon\}$——分别表示微小的虚位移和虚应变；

$\{p\}_i$——集中力；

$\{\delta u\}_i$——其相应位移。

基于有限元方法，位移场$\{u\}$可离散化为

$$\{u\} = [N]\{d\} \qquad (1\text{-}33.1)$$

$$\{\ddot{u}\} = [N]\{\ddot{d}\} \qquad (1\text{-}33.2)$$

其中$[N]$为形函数，$\{d\}$为单元节点位移。将式(1-33)代入式(1-32)可得

$$\{\delta d\}^{\mathrm{T}}\left[[M]\{\ddot{d}\} + [K]\{d\} - \{p\}\right] = 0 \qquad (1\text{-}34)$$

其中$[M]$和$[K]$表示质量和刚度矩阵：

$$[M] = \int_V \rho[N]^{\mathrm{T}}[N]\mathrm{d}V \qquad (1\text{-}35.1)$$

$$[K] = \int_V [B]^{\mathrm{T}}\{\tau\}\mathrm{d}V \qquad (1\text{-}35.2)$$

因$\{\delta d\}$为任意的，故式(1-34)可改写为

$$[M]\{\ddot{d}\} + [K]\{d\} - \{p\} = 0 \qquad (1\text{-}36)$$

基于谐振载荷假设，式(1-36)中外力和位移向量可写为

$$\{p\} = \{p_0\}\mathrm{e}^{i\omega t} \qquad (1\text{-}37.1)$$

$$\{d\} = \{d_0\}\mathrm{e}^{i\omega t} \qquad (1\text{-}37.2)$$

其中$\{p_0\}$为节点外力幅值，$\{d_0\}$为节点位移幅值。将式(1-37)代入式(1-36)可得

$$[S]\{d\} = \{p_0\} \qquad (1\text{-}38)$$

其中阻抗矩阵(动态劲度矩阵)$[S]$可写为

$$[S] = [K] - \omega^2[M] \qquad (1\text{-}39)$$

由式(1-38)可得位移$\{d\}$为

$$\{d\} = [S]^{-1}\{p_0\} \qquad (1\text{-}40)$$

在图 1.15(b)问题中，实际外力为$f(t)$时，可先利用傅里叶变换，将在时域建立的运动方程转换到频域，求解频域响应函数，其解法与图 1.15(a)问题相同，再经逆傅里叶变换求得在$f(t)$作用下时域响应。

1.3.3　元素相关参数

近域用 Q8 单元(图 1.15)模拟，其形函数、结构矩阵与积分方法都已标准化，故不在此赘述。以下仅针对远域所用的无限元做详细介绍。

1.单元矩阵

图 1.16(a)表示有限元各节点在整体坐标内的坐标值，图 1.16(b)表示有限元各节点在局部坐标内的坐标值。

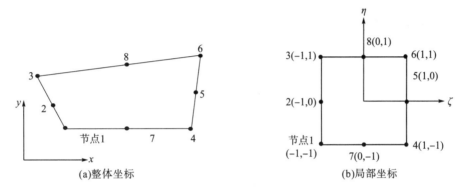

图 1.16　Q8 单元

节点坐标值可写为

$$x = \sum_{i=1}^{5} N_i' x_i \tag{1-41.1}$$

$$y = \sum_{i=1}^{5} N_i' y_i \tag{1-41.2}$$

其中坐标形函数 N_i' 为

$$N_1' = -\frac{1}{2}(\xi-1)(\eta-1)\eta \tag{1-42.1}$$

$$N_2' = (\xi-1)(\eta-1)(\eta+1) \tag{1-42.2}$$

$$N_3' = -\frac{1}{2}(\xi-1)(\eta+1)\eta \tag{1-42.3}$$

$$N_4' = \frac{1}{2}\xi(\eta+1) \tag{1-42.4}$$

$$N_5' = -\frac{1}{2}\xi(\eta-1) \tag{1-42.5}$$

其中 ξ 和 η 表示自然坐标，如图 1.17(b)所示。

图 1.17(a)表示无限元各节点在整体坐标内的坐标值，图 1.17(b)表示无限元各节点在局部坐标内的坐标值。

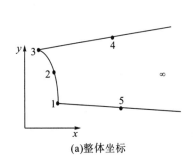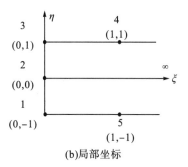

(a)整体坐标   (b)局部坐标

图 1.17 无限单元

节点位移值可写为

$$u = \sum_{i=1}^{3} N_i u_i \tag{1-43.1}$$

$$v = \sum_{i=1}^{3} N_i v_i \tag{1-43.2}$$

其中位移形函数 N_i 为

$$N_1 = \frac{\eta(\eta-1)}{2} P(\xi) \tag{1-44}$$

$$N_2 = -(\eta-1)(\eta+1) P(\xi) \tag{1-45}$$

$$N_3 = \frac{\eta(\eta+1)}{2} P(\xi) \tag{1-46}$$

其中

$$P(\xi) = \mathrm{e}^{-\alpha_L \xi} \mathrm{e}^{-\mathrm{i}k_L \xi} \tag{1-47}$$

式中，α_L ——局部坐标位移振幅衰减因子；

$\mathrm{e}^{-\alpha_L \xi}$ ——幅值随波的扩散而衰减，即辐射阻尼效应；

k_L ——局部坐标波数，用 $\mathrm{e}^{-\mathrm{i}k_L \xi}$ 描述基本波形。

根据整体坐标[图 1-17(a)]，$P(x)$ 为

$$P(x) = \mathrm{e}^{-\alpha x} \mathrm{e}^{-\mathrm{i}kx} \tag{1-48}$$

其中 α 和 k 分别为整体坐标位移振幅衰减因子和波数，即 $k = \omega/c$，c 为波速。根据一维映射法，假设点 a 为元素边界中点，令点 b 在整体坐标中与点 a 距离为 L，在局部坐标中为 1，则 ξ 与 x 关系可写为

$$\xi = \frac{x}{L} \tag{1-49}$$

将式(1-49)代入式(1-47)可得

$$P(x) = \mathrm{e}^{-\alpha_L x/L} \mathrm{e}^{-\mathrm{i}k_L x/L} \tag{1-50}$$

比较式(1-50)与式(1-48)可得

$$\alpha_L = \alpha L \tag{1-51.1}$$

$$k_L = kL \tag{1-51.2}$$

将形函数代入式(1-38)可得

$$-\omega^2[\boldsymbol{M}]\{\boldsymbol{\Delta}\}+[\boldsymbol{K}]\{\boldsymbol{\Delta}\}=\{\boldsymbol{F}\} \tag{1-52}$$

其中

$$\{\boldsymbol{\Delta}\}=[u_1\ v_1\ u_2\ v_2\ u_3\ v_3]^{\mathrm{T}} \tag{1-53.1}$$

$$\{\boldsymbol{F}\}=[F_{x1}\ F_{y1}\ F_{x2}\ F_{y2}\ F_{x3}\ F_{y3}]^{\mathrm{T}} \tag{1-53.2}$$

其中总质量矩阵$[\boldsymbol{M}]$和总刚度矩阵$[\boldsymbol{K}]$皆可由单元质量矩阵$[\boldsymbol{M}]_{6\times6}$和刚度矩阵$[\boldsymbol{K}]_{6\times6}$得到。

$$[\boldsymbol{M}]_{6\times6}=\int_{-1}^{1}\int_{0}^{\infty}\rho[\boldsymbol{N}]^{\mathrm{T}}[\boldsymbol{N}]tJ\mathrm{d}\xi\mathrm{d}\eta \tag{1-54}$$

$$[\boldsymbol{K}]_{6\times6}=\int_{-1}^{1}\int_{0}^{\infty}[\boldsymbol{B}]_{6\times3}^{\mathrm{T}}[\boldsymbol{E}]_{3\times3}[\boldsymbol{B}]_{3\times6}tJ\mathrm{d}\xi\mathrm{d}\eta \tag{1-55}$$

式中，t ——单元厚度；

J ——雅克比矩阵$[\boldsymbol{J}]$的行列式。

$[\boldsymbol{J}]$可写为

$$[\boldsymbol{J}]=\begin{bmatrix}N'_{1,\xi}&N'_{2,\xi}&N'_{3,\xi}&N'_{4,\xi}&N'_{5,\xi}\\N'_{1,\eta}&N'_{2,\eta}&N'_{3,\eta}&N'_{4,\eta}&N'_{5,\eta}\end{bmatrix}\begin{bmatrix}x_1&y_1\\x_2&y_2\\x_3&y_3\\x_4&y_4\\x_5&y_5\end{bmatrix} \tag{1-56}$$

若定义$[\boldsymbol{\Gamma}]$矩阵为$[\boldsymbol{J}]$的逆矩阵，则式(1-55)中$[\boldsymbol{B}]$矩阵可写为

$$[\boldsymbol{B}]=\begin{bmatrix}\Gamma_{11}&\Gamma_{12}&0&0\\0&0&\Gamma_{21}&\Gamma_{22}\\\Gamma_{21}&\Gamma_{22}&\Gamma_{11}&\Gamma_{12}\end{bmatrix}\begin{bmatrix}N_{1,\xi}&0&N_{2,\xi}&0&N_{3,\xi}&0\\N_{1,\eta}&0&N_{2,\eta}&0&N_{3,\eta}&0\\0&N_{1,\xi}&0&N_{2,\xi}&0&N_{3,\xi}\\0&N_{1,\eta}&0&N_{2,\eta}&0&N_{3,\eta}\end{bmatrix} \tag{1-57}$$

另外，式(1-54)中$[\boldsymbol{N}]$矩阵和式(1-55)中$[\boldsymbol{E}]$矩阵分别为

$$[\boldsymbol{N}]=\begin{bmatrix}N_1&0&N_2&0&N_3&0\\0&N_1&0&N_2&0&N_3\end{bmatrix} \tag{1-58}$$

$$[\boldsymbol{E}]=\frac{E^*}{(1+v)(1-2v)}\begin{bmatrix}1-v&v&0\\v&1-v&0\\0&0&\dfrac{1-2v}{2}\end{bmatrix} \tag{1-59}$$

根据 Seed 和 Idriss(1970)，土体阻尼更多取决于应变而非频率，故土体采用迟滞阻尼而非黏弹性阻尼，这里用复数弹性模量E^*描述本构关系，即：

$$E^*=E[1+2\mathrm{i}\beta\mathrm{sgn}(\omega)] \tag{1-60}$$

复数剪切模量G^*为

$$G^*=G[1+2\mathrm{i}\beta\mathrm{sgn}(\omega)] \tag{1-61}$$

式中，G、E ——分别为剪切和弹性模量；

β ——迟滞阻尼系数。

2.位移振幅衰减因子 α 和波数 k

在一无限长线谐振载荷作用下的半空间远域处，体波会以 $r^{-1/2}$ 规律衰减。如图 1.18 所示，令 O 点为波源位置，P 点为远域边界上一点，其位移为 u_1，Q 点到波源距离大于 R（R 表示波源与远域边界的距离），则 Q 点位移可写为

$$u = u_1 \frac{r^{-1/2}}{R^{-1/2}} \tag{1-62}$$

若将 Q 点到波源距离用 $R + r'$ 表示，并以级数形式展开可得

$$u = u_1 \exp\left\{ -\frac{1}{2} \left[\left(\frac{r'}{R} \right) - \frac{1}{2} \left(\frac{r'}{R} \right)^2 + \cdots \right] \right\} \tag{1-63}$$

假设 $r'/R \ll 1$，当 r' 接近边界点时，式(1-62)可简化为

$$u = u_1 \exp\left(-\frac{r'}{2R} \right) \tag{1-64}$$

将式(1-64)与形函数对照可得 α 值应为 $1/(2R)$，则 α_L 值为 $L/(2R)$。相同情形下，由于瑞雷波在自由表面传播时并不衰减，故在接近自由表面区域 α 值为 0。

同理，根据谐振点载荷作用下的半空间中波的衰减规律，自由表面下体波的 α 值为 $1/R$，瑞雷波的 α 值为 $1/(2R)$。

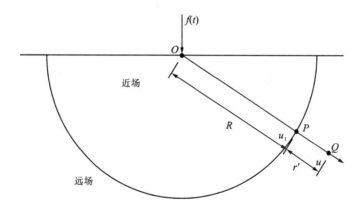

图 1.18　位移振幅衰减因子推导示意图

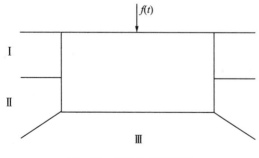

图 1.19　波数选择示意图

由波数 $k = \omega/c$ 可知，波数与波速有关，即相同的频率下不同的波有不同的波数。对于半空间弹力问题，由于压力波、剪力波和瑞雷波同时存在，故实际 k 值应介于上述三者之间，不易求得。为得到合理结果，一般在接近自由表面区域，k 值采用瑞雷波的波数，其余区域采用体波波数。由于本书外力均在垂直方向，体波主要为压力波。波在

半空间内的分布如图 1.19 所示，区域Ⅰ为瑞雷波，区域Ⅱ为剪力波，区域Ⅲ为压力波。

3.数值积分方法

从前文可得单元矩阵含有 $P(\xi)=\mathrm{e}^{-\alpha_L\xi}\mathrm{e}^{-\mathrm{i}k_L\xi}$ 项，并且积分上下限为 $(0,\infty)$。质量和刚度矩阵积分形式可写为

$$\int_0^\infty F(\xi)\mathrm{e}^{-(\gamma+\mathrm{i}\lambda)\xi}\mathrm{d}\xi \tag{1-65}$$

故无法使用传统高斯积分法运算。Bettess 和 Zienkiewicz(1977) 曾用类似 Newton-cotes 积分方法，选取满足 $\xi=\pi(2n+1)/(2\lambda)$ 的点进行积分，其中 n 取整数。由于 λ 取决于波长，而在弹性体中同时存在多种波，取样点将随波长变化而变化，此处不适用。此处采用 Chow 和 Smith(1981) 的建议，对于任何波长，均取 $\xi=2,4,6,8$ 为样点，但权重有所不同。

$F(\xi)$ 用拉格朗日多项式可写为

$$F(\xi)=L_1F(2)+L_2F(4)+L_3F(6)+L_4F(8) \tag{1-66}$$

其中

$$L_k=\sum_{\substack{j=1\\k\neq j}}^4\left(\frac{\xi_j-\xi}{\xi_j-\xi_k}\right) \tag{1-67}$$

ξ_1、ξ_2、ξ_3、ξ_4 分别为 2、4、6、8。将式(1-66)代入式(1-65)可得

$$\int_0^\infty F(\xi)\mathrm{e}^{-(\gamma+\mathrm{i}\lambda)\xi}\mathrm{d}\xi=F(2)W_1+F(4)W_2+F(6)W_3+F(8)W_4 \tag{1-68}$$

其中 W_k 为权重系数，可写为

$$W_k=\int_0^\infty L_k\mathrm{e}^{-(\gamma+\mathrm{i}\lambda)\xi}\mathrm{d}\xi \tag{1-69}$$

将式(1-67)代入式(1-69)可得

$$W_1=\frac{1}{24}(96k-52k^2+18k^3-3k^4) \tag{1-70.1}$$

$$W_2=\frac{1}{8}(-48k+38k^2-16k^3+3k^4) \tag{1-70.2}$$

$$W_3=\frac{1}{8}(32k-28k^2+14k^3-3k^4) \tag{1-70.3}$$

$$W_4=\frac{1}{24}(-24k+22k^2-12k^3+3k^4) \tag{1-70.4}$$

其中

$$k=\frac{1}{\gamma+\mathrm{i}\lambda} \tag{1-71}$$

虽然选取更多取样点能够保证式(1-69)积分结果更精确，但用无限元来模拟半空间几何衰减(辐射阻尼)本身是一种近似方法，故选取更多取样点对结果改善不多，且不一定能获得更好的结果。

4.有限元网格划分原则

在半空间问题的动力分析中，为获得更准确的结果，有限元网格须能模拟出完整的波形。依据 Yang 等(1996)数值分析结果可得：

(1)有限元网格范围半宽 R 取 $\lambda_s \sim 1.5\lambda_s$。

(2)在接近波源 $0.5\lambda_s$ 范围内，单元长度 L 应小于 $\lambda_s/12$；在其他区域，L 仅需小于 $\lambda_s/6$。如果不关心波源附近响应，那波源附近也只需满足 L 小于 $\lambda_s/6$。

其中各参数如图 1.20 所示，λ_s 为剪切波波长，即 $\lambda_s = 2\pi c_s/\omega$，$c_s$ 为剪切波速。

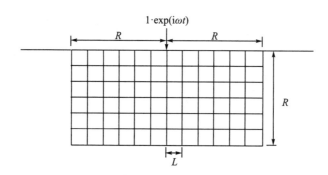

图 1.20   有限元网格

1.3.4   动态凝聚原理

如 1.3.3 节所述，模型的最大网格范围 R 和最小单元长度 L 都取决于剪切波长 λ_s，因此依赖于频率 ω。当对半空间问题做频域分析时，可能需要同时计算不同频率下的响应。若不同频率采用不同网格划分，会因频率采样点过多而显得不经济；若所有频率采用同一网格划分，低频时需要较大的网格范围 R，高频时需要较小的单元长度 L，这意味着网格的划分及问题的求解消耗巨大，故根据动态凝聚原理提出如下解决方法方法。

二维问题波动方程可写为

$$\left(\frac{\partial^2}{\partial x^2}+\frac{\partial^2}{\partial y^2}\right)\Phi=\frac{\omega^2}{c^2}\frac{\partial^2\Phi}{\partial^2 t} \tag{1-72}$$

式中，ω——频率；

c——波速。

令

$$\xi=\frac{\omega x}{c} \tag{1-73.1}$$

$$\eta=\frac{\omega y}{c} \tag{1-73.2}$$

则波动方程可改写为

$$\left(\frac{\partial^2}{\partial \xi^2}+\frac{\partial^2}{\partial \eta^2}\right)\Phi=\frac{\partial^2\Phi}{\partial^2 t} \tag{1-74}$$

可见，当 ξ 和 η 为常数时，即当 $\omega x / c$ 和 $\omega y / c$ 为常数时，式(1-74)有唯一解。又因波速 c 仅与材料有关，所以当 ωx 和 ωy 为常数时，远域阻抗矩阵是唯一的。

如图 1.21 所示，符号 n、r 和 b 分别表示无约束土介质近场、远场和近远场的交界。根据上述波的性质，$\omega = n\Delta\omega$ 在 R 位置的远域在边界上的阻抗与 $\omega = (n-1)\Delta\omega$ 在 $[n/(n-1)]R$ 位置的相同。因此，可以先求出 $\omega = n\Delta\omega$ 在 R 位置的远域在边界上的阻抗，并令其等于 $\omega = (n-1)\Delta\omega$ 在 $[n/(n-1)]R$ 位置的阻抗，然后将两个边界包围的区域用 Q8 元素划分，最后再将所有远域 r 内自由度凝聚至边界 b 处，从而得到 $\omega = (n-1)\Delta\omega$ 在 R 位置的远域在边界上的阻抗，并可依次求得 $\omega = (n-2)\Delta\omega$、$\omega = (n-3)\Delta\omega$、$\cdots$ 时的阻抗。凝聚方法详述如下。

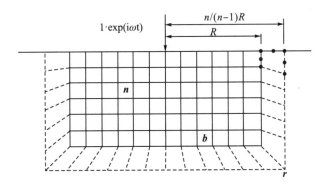

图 1.21　动态凝聚原理示意图

图 1.21 中动力方程可写为

$$\begin{bmatrix} S_{nn} & S_{nb} & 0 \\ S_{bn} & S_{bb} + \bar{S}_{bb} & \bar{S}_{br} \\ 0 & \bar{S}_{rb} & \bar{S}_{rr} + S_{rr}^{f} \end{bmatrix} \begin{Bmatrix} v_n \\ v_b \\ v_r \end{Bmatrix} = \begin{Bmatrix} P \\ 0 \\ 0 \end{Bmatrix} \tag{1-75}$$

式中，P——外力；

　　　v_n、v_b、v_r——分别为近场、边界和远场位移；

　　　$\bar{S}_{bb}$、$\bar{S}_{br}$、$\bar{S}_{rb}$、$\bar{S}_{rr}$——位置 R 和 $[n/(n-1)]R$ 包围的区域内 Q8 单元的阻抗矩阵；

　　　S_{rr}^{f}——$[n/(n-1)]R$ 位置远域在边界上的阻抗矩阵；

　　　S_{bb}——R 位置近场在边界上的阻抗矩阵。

由式(1-75)最后一行可得

$$\{v_r\} = -[\bar{S}_{rr} + S_{rr}^{f}]^{-1}[\bar{S}_{rb}]\{v_b\} \tag{1-76}$$

将式(1-76)代入式(1-75)第二行可得

$$[S_{bn}]\{v_n\} + \left\{ [S_{bb}] + [\bar{S}_{bb}] - [\bar{S}_{br}][\bar{S}_{rr} + S_{rr}^{f}]^{-1}[\bar{S}_{rb}] \right\}\{v_b\} = \{0\} \tag{1-77}$$

若令

$$\left[S_{bb}^{f} \right] = \left[\bar{S}_{bb} \right] - [\bar{S}_{br}][\bar{S}_{rr} + S_{rr}^{f}]^{-1}[\bar{S}_{rb}] \tag{1-78}$$

式(1-75)可重新写为

$$\begin{bmatrix} \boldsymbol{S}_{nn} & \boldsymbol{S}_{nb} \\ \boldsymbol{S}_{bn} & \boldsymbol{S}_{bb} + \boldsymbol{S}_{bb}^{f} \end{bmatrix} \begin{Bmatrix} v_n \\ v_b \end{Bmatrix} = \begin{Bmatrix} P \\ 0 \end{Bmatrix} \tag{1-79}$$

$\left[\boldsymbol{S}_{bb}^{f}\right]$ 即为自由度凝聚后远域在边界上的阻抗。

根据动态凝聚原理，在实际分析时，仅需选择满足最高频率的网格范围和尺寸，先计算最高频率，再通过上述凝聚方法依次计算较小频率。由于扩充区域自由度凝聚到原始位置 R，故总自由度保持不变。

1.3.5　实例验证

为验证所述理论的准确性，将运算结果与前人已有结果进行对比。

首先验证解决单一频率半空间问题的准确性。图1.22和图1.23为与Lamb问题解析解（Ewing et al.，1957）比较的结果，即在谐振垂直线荷载作用下半空间问题，有限元网格范围和单元长度分别为 $R=6\lambda_s$，$L=\lambda_s/6$，λ_s 为剪切波长。图1.22和图1.23分别为弹性和黏弹性介质，阻尼系数分别为 $\beta=0$ 和 $\beta=0.05$，泊松比 $\nu=0.25$。图1.22(a)和图1.23(a)，图1.22(b)和图1.23(b)分别为在半空间自由表面上，距波源(2～6)λ_s 内垂直位移的实部和虚部与剪切模量 G 的乘积。由于此处仅取解析解第一项(含 $x^{-3/2}$ 项)，而忽略其余各项(含 $x^{-5/2}$、$x^{-7/2}$，…)，由图可见，随着 x 的增大，数值模拟结果与解析解越来越接近。

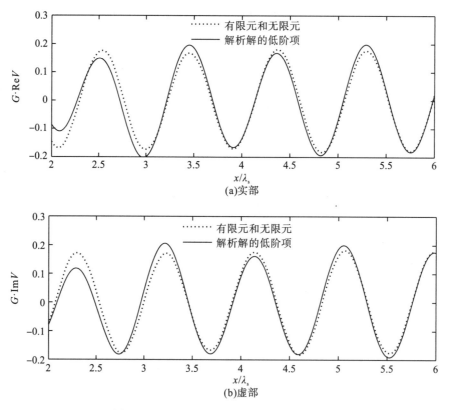

图 1.22　Lamb 问题竖向位移(ν=0.25，β=0)

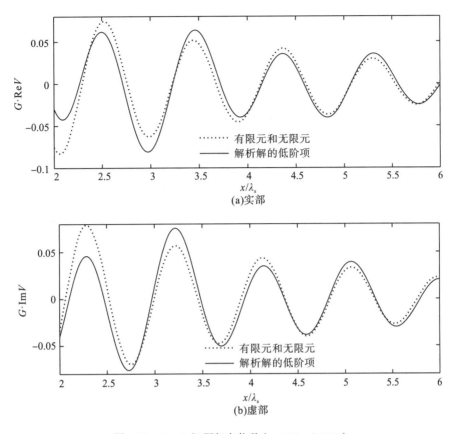

(a)实部

(b)虚部

图 1.23　Lamb 问题竖向位移（ν=0.25，β=0.05）

接下来验证求解无质量刚性条形基础在不同频率简谐荷载下的动力柔度系数的准确性。有限元网格范围和尺寸分别为：$R=1.1\lambda_s$，$L=\lambda_s/15(x<0.4\lambda_s)$ 和 $L=\lambda_s/10(x>0.4\lambda_s)$。图 1.24 为与 Israil 和 Ahmad（1989）数值解的比较结果，图中横轴为无量纲频率 $\omega B/c_s$（其

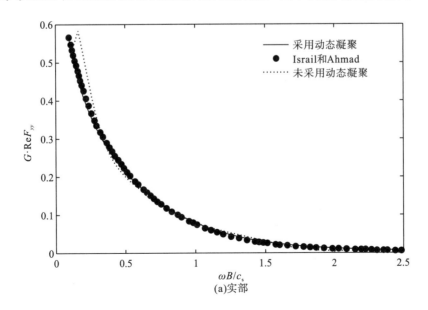

(a)实部

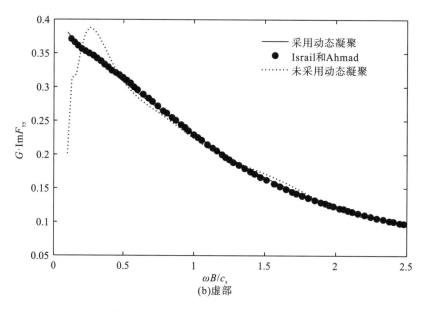

图 1.24　无质量条形基础竖向动力柔度

中 B 为基础半宽，c_s 为剪切波速），竖轴为动力柔度系数实部或虚部与剪切模量 G 的乘积。图中实线和虚线分别为采用和未采用动态凝聚方法结果，均含 169 个 Q8 单元。由图可见，动态凝聚法所得结果与 Israil 和 Ahmad（1989）研究的结果接近，而未采用此法的结果在低频区域有较大偏差，此因不满足有限元网格划分原则，即网格范围不足所致。未采用凝聚法所产生的偏差频率范围与起始划分的网格有关。

1.3.6　小结

本节阐述了 2D 有限元和无限元法原理及相关注意事项，包括无限元参数的选取以及网格划分的原则等，并与前人理论解和数值解作对比，结果吻合较好，可用于研究其他相关问题。

1.4　2.5D 有限元和无限元方法基本原理

由于二维模型无法考虑荷载移动速度的影响，而三维模型又耗时费力，各地高铁和地铁与日俱增，列车（移动荷载）经过地表和穿过地下所引起的半空间问题受到越来越多的关注。关于此问题，平面应变模型（二维）不能模拟荷载移动方向上的马赫波效应，而三维模型耗时费力。但可通过假定材料和尺寸在荷载移动方向上不变，仅需考虑垂直荷载移动方向的剖面（二维），若同时考虑出平面荷载移动效应，问题复杂程度将介于二维和三维之间。Yang 和 Hung（2001）用 2.5D 有限元和无限元方法来研究移动荷载引起地表振动。在 2.5D 有限元和无限元方法中，通过假定轨道和土体的几何形状和组成成分沿荷载运动方向保持不变，三维的系统特性可由二维模型代替，二维模型剖面中各节点包含两个平面内自由度和一个出平面自由度。之后，借助此方法进行了一系列的问题研究，如 Yang 和 Hung(2008)探讨了不同参数下地铁引起的地表振动，分析参数有：土体阻尼比和土层厚度、隧道深度和墙壁厚度以及列车移动速度和自振频率等。Hung 等(2013)对列车在粗糙轨道上行驶引起的周围环境的响应进行了研究，并分析了悬浮混凝土板对列车引起振动的衰减效应，其中轨道粗糙度由稳态遍历高斯自由过程产生。Lin 等(2016)对地震作用下地下隧道的响应进行了分析，其先用一维波传理论得到近场边界每一个谱频率节点力和位移，然后反算得到等效地震力，再代入 2.5D 有限元和无限元模型计算。在列车引致土体响应的问题中，Yang 等(2017)对比了 2D 和 2.5D 有限元和无限元方法的异同，并分析了傅里叶变换方法在 2.5D 方法应用。2.5D 有限元和无限元方法(Yang and Hung，2001)在 2D 有限元和无限元的基础上在每个节点增加一个沿荷载移动方向的自由度。通过此方法，可以用 2D 平面模型来模拟 3D 空间振动，且 2D 剖面中材料和几何特性的变化易于考虑。

1.4.1　理论公式推导

如图 1.25 所示，列车以速度 c 沿 z 轴运动，移动荷载空间分布形式为 $\Psi(x, y)\Phi(z)$，轮子沿 z 轴的间隙通过式 $\Phi(z)$ 考虑。列车移动荷载可写为

$$f(x, y, z, t) = \Psi(x, y)\Phi(z - ct)q(t) \tag{1-80}$$

其中 $q(t)$ 为轮子与轨道相互作用力，后续推导用 $\exp(\mathrm{i}\omega_0 t)$ 代替，ω_0 为移动荷载竖向自振频率。

式(1-80)经傅里叶变换后，外荷载在频域内可写为

$$\tilde{f}(x, y, z, \omega) = \frac{1}{c}\tilde{\Phi}(-k)\Psi(x, y)\exp(-\mathrm{i}kz) \tag{1-81}$$

其中

$$k = \frac{\omega - \omega_0}{c} \tag{1-82}$$

$\tilde{\Phi}(k)$ 由 $\Phi(z)$ 傅里叶变换得到，即：

$$\tilde{\Phi}(k) = \int_{-\infty}^{\infty} \Phi(z)\exp(-\mathrm{i}kz)\mathrm{d}z \tag{1-83}$$

再经逆傅里叶变换可得时域内外荷载为

$$f(x, y, z, t) = \frac{1}{2\pi}\int_{-\infty}^{\infty}\frac{1}{c}\tilde{\Phi}(-k)\Psi(x, y)\exp(-\mathrm{i}kz)\exp(\mathrm{i}\omega t)\mathrm{d}\omega \tag{1-84}$$

对线性系统而言，外荷载作用下稳态响应等于其傅里叶变换所得谐振荷载作用下稳态响应之和。$H(\mathrm{i}\omega)$ 为谐振荷载 $\Psi(x, y)\exp(-\mathrm{i}kz)\exp(\mathrm{i}\omega t)$ 频响函数，则系统时域响应为

$$d(x, y, z, t) = \frac{1}{2\pi}\int_{-\infty}^{\infty}\frac{1}{c}\tilde{\Phi}(-k)H(\mathrm{i}\omega)\exp(\mathrm{i}\omega t)\mathrm{d}\omega \tag{1-85}$$

频域响应函数 $H(\mathrm{i}\omega)$ 可通过下述 2.5D 有限元和无限元方法得到。

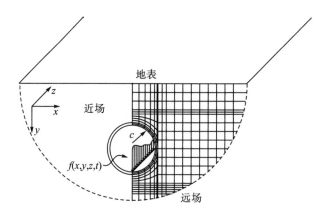

图 1.25 典型分析结构

1.4.2 元素相关参数

1.单元矩阵

假定材料和几何特性沿荷载移动方向(z 轴)不变,谐振荷载 $\Psi(x,y)\exp(-\mathrm{i}kz)\exp(\mathrm{i}\omega t)$ 作用下三个轴向位移 u、v、w 分别写为

$$u(x,y,z,t)=\hat{u}(x,y)\exp(-\mathrm{i}kz)\exp(\mathrm{i}\omega t) \tag{1-86.1}$$

$$v(x,y,z,t)=\hat{v}(x,y)\exp(-\mathrm{i}kz)\exp(\mathrm{i}\omega t) \tag{1-86.2}$$

$$w(x,y,z,t)=\hat{w}(x,y)\exp(-\mathrm{i}kz)\exp(\mathrm{i}\omega t) \tag{1-86.3}$$

其中,$\hat{u}$、$\hat{v}$、$\hat{w}$ 为点沿三轴的位移幅值,点位置仅由 (x,y) 确定;z 值的影响通过 $\exp(-\mathrm{i}kz)$ 项考虑。经此处理可使得考虑荷载移动效应的三维空间响应可借助二维剖面模型求得,故将其命名为 2.5D 法(Yang and Hung,2001)。剖面上每个单元内点的 $\hat{u},\hat{v},\hat{w}$ 值可写为

$$\hat{u}=\sum_{i=1}^{n}N_iu_i,\quad \hat{v}=\sum_{i=1}^{n}N_iv_i,\quad \hat{w}=\sum_{i=1}^{n}N_iw_i \tag{1-87}$$

式中,N_i ——位移形函数;

　　　n ——单元内节点数。

单元内点坐标 (x,y) 可写为

$$x=\sum_{i=1}^{n}N_i'x_i,\quad y=\sum_{i=1}^{n}N_i'y_i \tag{1-88}$$

其中 N_i' 为坐标形函数。

将式(1-86)和式(1-87)代入虚功方程可得

$$\big([\boldsymbol{K}]-\omega^2[\boldsymbol{M}]\big)\{\boldsymbol{D}\}=\{\boldsymbol{F}\} \tag{1-89}$$

式中,$\{\boldsymbol{F}\}$、$\{\boldsymbol{D}\}$ ——分别为外荷载向量和节点位移向量;

　　　$[\boldsymbol{K}]$、$[\boldsymbol{M}]$ ——分别为总刚度矩阵和总质量矩阵,皆由相应单元矩阵 $[K]$ 和质量矩阵 $[M]$ 组合得到。

$$[K]=\iint[\boldsymbol{B}]^{\mathrm{T}}[\boldsymbol{E}][\overline{\boldsymbol{B}}]tJ\mathrm{d}\xi\mathrm{d}\eta \tag{1-90}$$

$$[M] = \iint \rho [N]^{\mathrm{T}} [N] t J \mathrm{d}\xi \mathrm{d}\eta \tag{1-91}$$

式中，ρ——物质密度；

J——雅克比矩阵 $[J]$ 的行列式。

$[J]$ 可写为

$$[J] = \begin{bmatrix} \sum N'_{i,\xi} x_i & \sum N'_{i,\xi} y_i \\ \sum N'_{i,\eta} x_i & \sum N'_{i,\eta} y_i \end{bmatrix} \tag{1-92}$$

$[B]$ 可写为

$$[B]_{6\times 3n} = [\boldsymbol{\Gamma}]_{6\times 9} \times \begin{bmatrix} N_{1,\xi} & 0 & 0 & \cdots & 0 \\ N_{1,\eta} & 0 & 0 & \cdots & 0 \\ -\mathrm{i}k N_1 & 0 & 0 & \cdots & 0 \\ 0 & N_{1,\xi} & 0 & \cdots & 0 \\ 0 & N_{1,\eta} & 0 & \cdots & 0 \\ 0 & -\mathrm{i}k N_1 & 0 & \cdots & 0 \\ 0 & 0 & N_{1,\xi} & \cdots & N_{n,\xi} \\ 0 & 0 & N_{1,\eta} & \cdots & N_{n,\eta} \\ 0 & 0 & -\mathrm{i}k N_1 & \cdots & -\mathrm{i}k N_n \end{bmatrix} \tag{1-93}$$

其中矩阵 $[\boldsymbol{\Gamma}]$ 也由 $[J]$ 的逆矩阵元素组成。

$$[E] = \frac{E^*}{(1+v)(1-2v)} \begin{bmatrix} 1-v & v & v & 0 & 0 & 0 \\ v & 1-v & v & 0 & 0 & 0 \\ v & v & 1-v & 0 & 0 & 0 \\ 0 & 0 & 0 & \dfrac{1-2v}{2} & 0 & 0 \\ 0 & 0 & 0 & 0 & \dfrac{1-2v}{2} & 0 \\ 0 & 0 & 0 & 0 & 0 & \dfrac{1-2v}{2} \end{bmatrix} \tag{1-94}$$

其中 v 为泊松比，复数弹性模量 E^* 为

$$E^* = E[1 + 2\mathrm{i}\beta \mathrm{sgn}(\omega)] \tag{1-95}$$

其中 β 为迟滞阻尼系数。

式 (1-90) 和式 (1-91) 中单元矩阵积分方法与 1.3.3 节方法相同，将有限元和无限元总刚度矩阵和质量矩阵代入式 (1-89)，其中移动荷载产生的节点力向量 $\{F\}$，即式 (1-80) 中 $\Psi(x, y)$，可写为

$$\Psi(x, y) = 1 \cdot \delta(x - x_0)\delta(y - y_0) \tag{1-96}$$

表示荷载沿平行于 z 轴且与 x–y 平面交点 (x_0, y_0) 的直线运动。求解得到位移向量 $\{D\}$，即式 (1-85) 中函数 $H(\mathrm{i}\omega)$。将函数 $H(\mathrm{i}\omega)$ 代入式 (1-85) 可得时域位移响应，欲得时域速度和加速度响应，应将式 (1-85) 中 $H(\mathrm{i}\omega)$ 替换为 $\mathrm{i}\omega H(\mathrm{i}\omega)$ 和 $-\omega^2 H(\mathrm{i}\omega)$。

2.位移振幅衰减因子 α' 和波数 k'

若令 R 表示振源到远域边界的距离，在 1.3.3 节第 2 小节中，瑞雷波位移振幅衰减因子 α 在谐振点荷载和线荷载作用下分别为 $1/(2R)$ 和 0；体波的 α 分别为 $1/R$ 和 $1/(2R)$。若荷载移动速度 c 为 0，则等同于点荷载；若 c 为无穷大，则等同于线荷载。而实际荷载移动速度介于两者之间，故借助 $k=(\omega-\omega_0)/c$ 可得

$$\alpha'_{R}=\frac{1}{2R}\frac{k^2}{k^2+k_R^2} \tag{1-97.1}$$

$$\alpha'_{p}=\frac{1}{2R}+\frac{1}{2R}\frac{k^2}{k^2+k_p^2} \tag{1-97.2}$$

$$\alpha'_{s}=\frac{1}{2R}+\frac{1}{2R}\frac{k^2}{k^2+k_s^2} \tag{1-97.3}$$

从上到下分别表示瑞雷波、压力波和剪切波位移振幅衰减因子。Yang 和 Hung（2001）根据理论解得出波数 k' 为

$$k'_i=\sqrt{\left(\frac{\omega}{c_i}\right)^2-\left(\frac{\omega-\omega_0}{c}\right)^2} \tag{1-98}$$

其中下标 i 分别为 R（R 波）、P（P 波）、S（S 波）；c 为荷载移动速度。三种波在半空间内分布与 1.3.3 节第 2 小节相同。

3.有限元网格划分原则

在 2D 方法中，通常要求网格范围 $R\geqslant 0.5\lambda_s$，单元长度 $L\leqslant \lambda_s/6$，其中 λ_s 为剪切波长。在 2.5D 方法中，考虑移动荷载效应需将 λ_s 换为 λ'_s，即 $R\geqslant 0.5\lambda'_s$ 且 $L\leqslant \lambda'_s/6$，其中 $\lambda'_s=2\pi/k'_s$，由式（1-98）可知波数与 ω，ω_0 和 c 有关，具体讨论如下。

当 $\omega_0=0$ 时，波数 k'_s 为

$$k'_s=\omega\sqrt{\left(\frac{1}{c_s}\right)^2-\left(\frac{1}{c}\right)^2} \tag{1-99}$$

故仅需选择满足最高频率的网格范围和尺寸，先计算最高频率，再通过 1.3.4 节凝聚方法依次计算较小频率。当 $c<c_R$ 时，k'_R、k'_s、k'_p 均为虚数，故 $\lambda'_i=2\pi/k'_i$ 均为虚数，即无波传出；当 c 稍大于 c_s 时，λ'_s 将较大，应采用凝聚法以使其满足 $R\geqslant 0.5\lambda'_s$。

当 $\omega_0\neq 0$ 时，凝聚方法无效，故需将式（1-98）计算所得最大的 k'_s 和最小的 k'_s 分别用于决定最大的 L 和最小的 R。此时若满足：

$$\left(\frac{\omega}{c_R}\right)^2-\left(\frac{\omega-\omega_0}{c}\right)^2<0 \tag{1-100}$$

则无波传出。其等效为

(1)当 $c<c_R$ 时，

$$\omega > \frac{\omega_0}{1-\dfrac{c}{c_R}} \ \text{或}\ \omega < \frac{\omega_0}{1+\dfrac{c}{c_R}} \tag{1-101}$$

(2) 当 $c > c_R$ 时,

$$\frac{\omega_0}{1-\dfrac{c}{c_R}} < \omega < \frac{\omega_0}{1+\dfrac{c}{c_R}} \tag{1-102}$$

以上 ω 范围可用于选择有效的 R 和 L。

R 和 L 决定网格划分,其中, R 主要与无限元形函数有关,而 L 主要与有限元形函数有关。由于数值解与理论解吻合较好,可知无限元形函数选取合理,故对条件 $R \geqslant 0.5\lambda_s'$ 的要求不如 $L \leqslant \lambda_s'/6$ 严格,即使 R 稍小于 $0.5\lambda_s'$,所得结果仍可接受。实际上,对于波的传播问题,通常有限元网格范围选取很大,故未用凝聚方法仍可得较好结果。

1.4.3　实例验证

为验证所述 2.5D 方法的准确性,将数值解与解析解(Yang and Hung, 2001)进行对比。考虑谐振荷载以速度 c 经过黏弹性半空间,域内压缩波、剪切波、瑞雷波波速分别为 173.2m/s、100m/s 和 92.1m/s。土体网格划分如图 1.26 所示,鉴于半空间对称特性,仅用一半网格系统模拟。此网格符合最小 R 和最大 L 限制,且满足精度要求,故所有数值模拟均采用此网格。沿三轴位移在频域内响应标准化为: $\tilde{U} = 2\pi G\tilde{u}(\mathrm{i}\omega)/c$, $\tilde{V} = 2\pi G\tilde{v}(\mathrm{i}\omega)/c$, $\tilde{W} = 2\pi G\tilde{w}(\mathrm{i}\omega)/c$;在时域内标准化为: $U = 2\pi Gu(t)$, $V = 2\pi Gv(t)$, $W = 2\pi Gw(t)$ 。

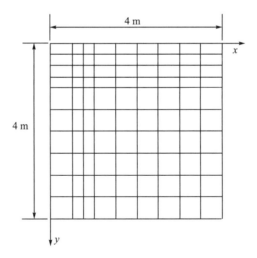

图 1.26　网格划分

1.移动荷载低界、临界、超界速度引起频域响应

时域响应可由频域响应经逆傅里叶变换得到,故首先验证频域响应。以瑞雷波波速为参照将荷载移动速度分为低界、临界和超界速度。当荷载移动速度 c 分别为 80m/s(低界)、100m/s(临界)和 200m/s(超界),荷载自振频率 $f_0=0\mathrm{Hz}$ 时,将运算所得竖向位移频

域(f=32Hz)响应与其解析解对比，如图 1.27、图 1.28 和图 1.29 所示。土体参数的弹性模量 E＝46MPa，泊松比 $v=0.25$，密度 $\rho=1840\text{kg}/\text{m}^3$，阻尼比 $\beta=0.05$。图 1-27～图 1.29 中的 (a) 分图表示 $y=1\text{m}$ 处位移沿 x 轴分布，(b) 分图表示 $x=0\text{m}$ 处位移沿 y 轴分布，点和实线表示位移实部部分，圈和虚线表示位移虚部部分。

由于半空间地表附近主要为瑞雷波，故其特性显现在 (a) 分图。瑞雷波波长 $\lambda_R'=2\pi/k_R'$，当 $c=80\text{m}/\text{s}$ 时，λ_R' 为虚数，瑞雷波以指数衰减传播；当 $c=100\text{m}/\text{s}$ 和 200m/s 时，λ_R' 分别为 7.38m 和 3.24m。

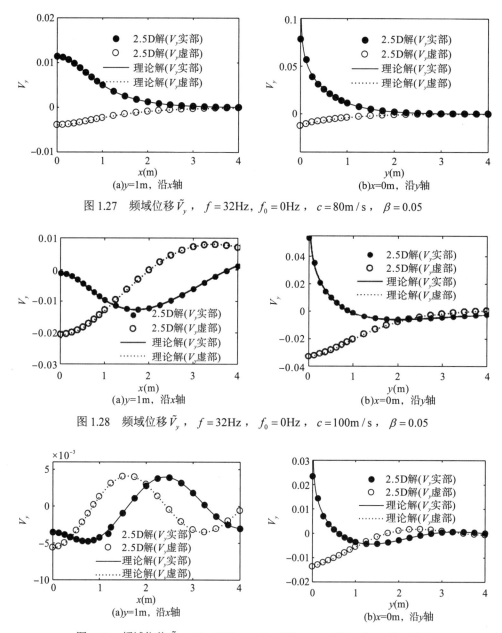

图 1.27　频域位移 $\tilde{V}_y$，$f=32\text{Hz}$，$f_0=0\text{Hz}$，$c=80\text{m}/\text{s}$，$\beta=0.05$

图 1.28　频域位移 $\tilde{V}_y$，$f=32\text{Hz}$，$f_0=0\text{Hz}$，$c=100\text{m}/\text{s}$，$\beta=0.05$

图 1.29　频域位移 $\tilde{V}_y$，$f=32\text{Hz}$，$f_0=0\text{Hz}$，$c=200\text{m}/\text{s}$，$\beta=0.05$

2.自振移动荷载临界速度引起频域响应

当荷载 $f_0 = 16\text{Hz}$ ， $\beta = 0.05$ ， $c = 100\text{m/s}$ 时，频域（ $f = 32\text{Hz}$ ）在 y 、 z 和 x 轴方向的位移响应分布分别如图 1.30、图 1.31 和图 1.32 所示。

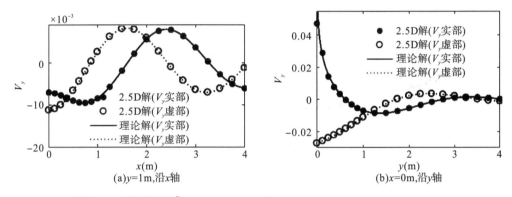

图 1.30　频域位移 $\tilde{V}_y$ ， $f = 32\text{Hz}$ ， $f_0 = 16\text{Hz}$ ， $c = 100\text{m/s}$ ， $\beta = 0.05$

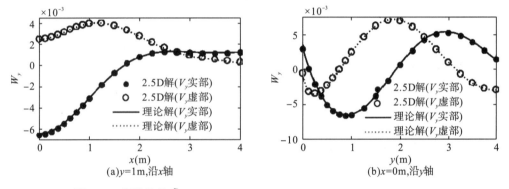

图 1.31　频域位移 $\tilde{W}_y$ ， $f = 32\text{Hz}$ ， $f_0 = 16\text{Hz}$ ， $c = 100\text{m/s}$ ， $\beta = 0.05$

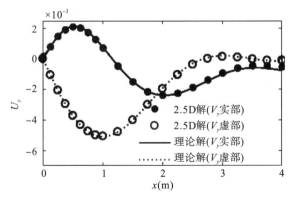

图 1.32　频域位移 $\tilde{U}_y$ ， $f = 32\text{Hz}$ ， $f_0 = 16\text{Hz}$ ， $c = 100\text{m/s}$ ， $\beta = 0.05$ ， $y = 1\text{m}$ ，沿 x 轴

3.凝聚法的有效性

用为高频划分的网格来求低频结果来验证 1.3.4 节凝聚方法在 2.5D 中的有效性。此处，$f_0 = 0\mathrm{Hz}$，$\beta = 0.05$，$c = 100\mathrm{m/s}$，频域（$f = 4\mathrm{Hz}$）在 y、z 和 x 轴方向的位移响应分布分别如图 1.33、图 1.34 和图 1.35 所示。

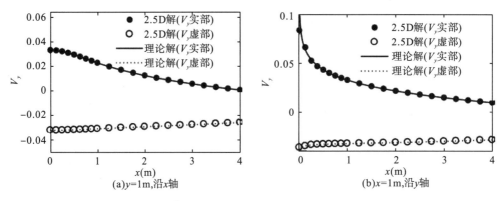

图 1.33　频域位移 $\tilde{V}_y$，$f = 4\mathrm{Hz}$，$f_0 = 0\mathrm{Hz}$，$c = 100\mathrm{m/s}$，$\beta = 0.05$

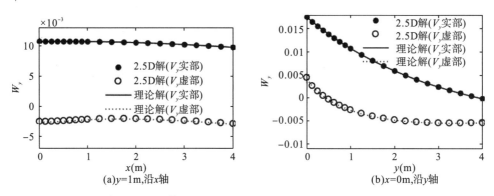

图 1.34　频域位移 $\tilde{W}_y$，$f = 4\mathrm{Hz}$，$f_0 = 0\mathrm{Hz}$，$c = 100\mathrm{m/s}$，$\beta = 0.05$

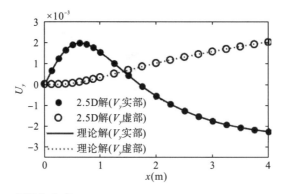

图 1.35　频域位移 $\tilde{U}_y$，$f = 4\mathrm{Hz}$，$f_0 = 0\mathrm{Hz}$，$c = 100\mathrm{m/s}$，$\beta = 0.05$

4.移动荷载低界速度引起时域响应

当 $\Phi(z)=\delta(z)$ ，$\tilde{\Phi}(k)=1$ ，$f_0=0\mathrm{Hz}$ ，$\beta=0$ ，$c=90\mathrm{m/s}$ 时，位置$(0，1，0)$处稳态时域响应运算结果与 Eason(1965)提出理论解对比结果如图 1.36、图 1.37 和图 1.38 所示。其中，位移下标为力作用方向，计算频域范围取 $-200\sim200\mathrm{Hz}$，绝对值大于 $200\mathrm{Hz}$ 部分的因值较小可忽略。荷载在低界速度移动引起的位移响应关于$t=0\mathrm{s}$对称或反对称。

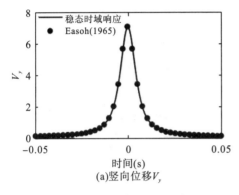
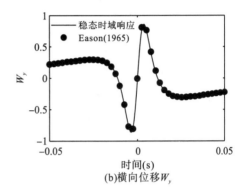

(a)竖向位移V_y　　　　　　　　　(b)横向位移W_y

图 1.36　时域位移 V_y，$f_0=0\mathrm{Hz}$ ，$c=90\mathrm{m/s}$ ，$\beta=0$

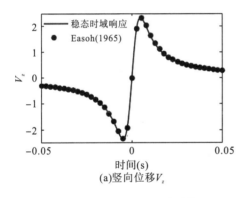
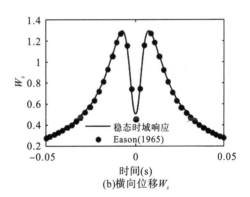

(a)竖向位移V_z　　　　　　　　　(b)横向位移W_z

图 1.37　时域位移 V_z，$f_0=0\mathrm{Hz}$ ，$c=90\mathrm{m/s}$ ，$\beta=0$

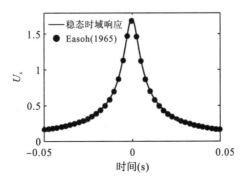

图 1.38　时域位移 U_x，$f_0=0\mathrm{Hz}$ ，$c=90\mathrm{m/s}$ ，$\beta=0$

5.移动荷载临界速度引起时域响应

当 $\Phi(z)=\delta(z)$，$\tilde{\Phi}(k)=1$，$f_0=0\mathrm{Hz}$，$\beta=0.05$，$c=120\mathrm{m/s}$ 时，位置 $(0，1，0)$ 处稳态时域响应运算结果与理论解（Yang and Hung，2001）对比如图 1.39、图 1.40 和图 1.41 所示。其中，位移下标为力作用方向，计算频域范围为 $-400\sim400\mathrm{Hz}$。相较于荷载在低界速度移动运算结果，荷载在临界速度移动引起的位移响应不关于 $t=0\mathrm{s}$ 对称或反对称，且与荷载在低界速度移动运算结果相比，荷载在临界速度移动得到的土体响应来得晚一些，此现象源于马赫波效应。

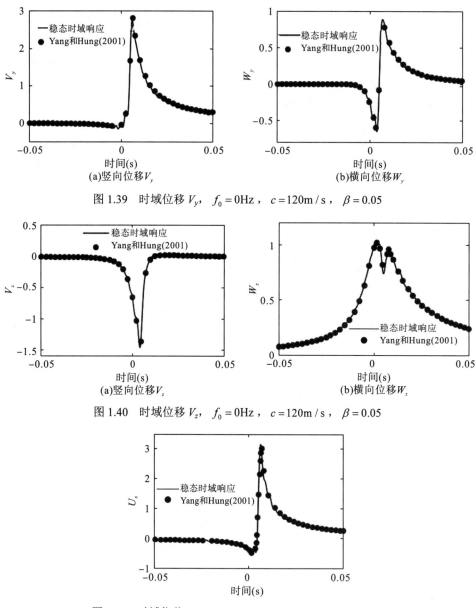

图 1.39　时域位移 V_y，$f_0=0\mathrm{Hz}$，$c=120\mathrm{m/s}$，$\beta=0.05$

图 1.40　时域位移 V_z，$f_0=0\mathrm{Hz}$，$c=120\mathrm{m/s}$，$\beta=0.05$

图 1.41　时域位移 U_x，$f_0=0\mathrm{Hz}$，$c=120\mathrm{m/s}$，$\beta=0.05$

1.4.4　小结

2.5D 有限元和无限元法是通过进行傅里叶变换，用平面单元及三自由度节点来模拟三维问题，2D 有限元和无限元法是 2.5D 有限元和无限元法的特例。本节阐述了 2.5D 有限元和无限元法原理及相关注意事项，并与前人理论解和数值解作对比，结果吻合较好，可用于研究其他相关问题。

1.5　结构振动监测

工业建筑结构作为工业经济的主要载体，是工业正常运转、稳定发展的建筑基础，内部振动设备及外部环境振动将会影响工业建筑的健康状况。振动信号里包含大量结构特性，并且通过对振动信号的特征分析可以侦测出结构的损伤位置、程度，进而对结构健康评估。随着测试技术的发展，以及工业建筑的安全性引起人民的密切关注，因此对建筑结构进行结构振动的监测以及分析其可能出现的危害或者损伤，已成为当今工程建设的必然要求。

振动测试技术是研究结构动力问题的主要方法之一，其方法具有针对性，现有理论基础往往是对现实结构进行的简化，而采用现场测试技术能具体反映建筑结构振动特性。这一方面的实现也不断对实验设备提出了更高的要求。

1.5.1　结构振动监测系统

一个振动系统，对外界一定形式的输入就呈现出一定形式的输出，输入通常称为激励，输出称为响应。其振动信号不仅取决于激励特性，还与结构的传播特性有关。常见的结构振动测试模型可以简单概括为 4 大部分(图 1.42)：传感系统(测试系统)、数据采集、信号处理、数据诊断(评定)。

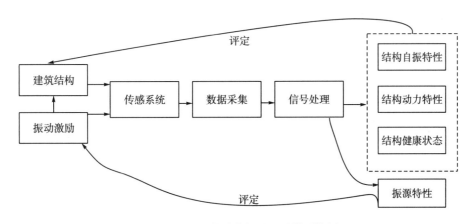

图 1.42　常见的结构振动测试模型简图

1.5.2　传感器

传感系统为测试结构振动信息的设备，将振动信号转换为电信号输出，是整个测试系统的基础。振动传感器是测试传感系统中的关键部件之一，在工业建筑的振动测试中有着广泛的用途。表 1.1 是振动传感器的常用类型。根据被测振动运动是位移、速度还是加速度，可以将振动传感器分为位移传感器、速度传感器和加速度传感器三类。

表 1.1　常用振动传感器类型

类型	传感器名称	变换原理	被测量
电阻类	电阻应变片	变形-电阻	力、位移、应变、加速度
电感类	可变磁阻电感，电涡流，差动变压器	位移-自感 位移-自感 位移-自感	力、位移厚度、位移、力、位移
电容类	变极距，变面积型电容	位移-电容	位移、力、声
压电类	压电元件	力-电荷	力、加速度
霍尔效应类	霍尔元件	位移-电势	位移、转速
磁电类	动圈 动磁铁	速度-电压 速度-电压	速度、角速度

1.6　振动仿真模拟及控制

结构振动控制方法及措施能减弱或消除环境振动对建筑结构的危害，提高建筑结构的使用寿命，过高的振动会超出结构安全所允许的变形标准，会造成严重的生命安全以及经济损失。满足正常的高精度设备的运行也需对振动进行控制，过高幅值的振动也会影响工人、居民的正常生活作息，以及健康状态。如何控制结构振动已经成为一个很重要的环境和工程问题，结构振动控制可分为被动控制与主动控制或者两者的组合使用。主动控制即利用接近或者围绕振动的隔离，以减少由振源发射出来的波能。被动控制即在离振源较远处做隔离措施，降低波传振动。

1.6.1　振动控制研究概述

交通振动经常会影响附近结构的振动，引起附近居民的抱怨，或造成精密仪器的损坏，下面将以高速列车以及城市地铁为例，利用上文提出的有限元和无限元方法，研究分析轨道交通振动的动力传播特性以及对工业建筑结构振动的影响，并分析比较相关的隔振措施。

1.6.2　列车和轨道模型

引入质量块-弹簧-阻尼器单元模拟列车模型，并由平稳高斯随机遍历生成轨道粗糙度，通过叠加每个轮轴荷载在半无限弹性梁的荷载分布得到轮子-轨道相互作用力。

1.轮组单元

图 1.43 为简化的轮子-轨道模型，其中 m_c 为车厢质量，m_b 为转向架质量，m_w 为轮子质量。U_c、U_b 和 U_w 分别为车厢、转向架和轮子位移。轮子与转向架通过主要悬浮装置连接，弹簧刚度和阻尼分别为 K_p 和 C_p；转向架与车厢通过次要悬浮装置连接，弹簧刚度和阻尼分别为 K_s 和 C_s。

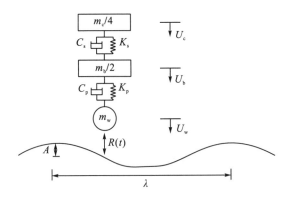

图 1.43　轮子-轨道模型

2.轨道粗糙度

假定轨道粗糙度 $U_{w/r}(z)$ 由单边功率谱密度（power spectral density，PSD）函数经随机过程产生，与波数 k_y（rad/m）有关，而实际波数取值范围 $[k_{yl}, k_{yu}]$ 又由车速和频域决定。将波数区间分为 n 份，间隔为 Δk_y，则

$$\Delta k_y = \frac{k_{yu} - k_{yl}}{n} \tag{1-103}$$

$$k_{yi} = k_{yl} + \left(i - \frac{1}{2}\right)\Delta k_y \quad (i = 1, \cdots, n) \tag{1-104}$$

k_{yi} 表示第 i 个余弦铁轨断面波数，该波数所对应粗糙度幅值 α_i 为

$$\alpha_i = \sqrt{2\tilde{G}_{w/r}(k_{yi})\Delta k_y} \tag{1-105}$$

$$\tilde{G}_{\frac{w}{r}}(k_y) = \frac{Ak_{y2}^2(k_y^2 + k_{y1}^2)}{k_y^4(k_y^2 + k_{y2}^2)} \tag{1-106}$$

联邦铁路局（Federal Railway Administration，FRA）将铁轨质量分成 6 个等级，上式中 k_{y1} 和 k_{y2} 为阶段频率，分别为 0.1464（rad/m）和 0.8244（rad/m），它们随铁轨质量等级变化不大；粗糙度参数 A 与铁轨质量等级密切相关。

3.轮子—轨道相互作用力

根据 Hung 等（2013）的理论推导，此处轮组运动方程为

$$\begin{bmatrix} \dfrac{m_c}{4} & 0 & 0 \\ 0 & \dfrac{m_b}{2} & 0 \\ 0 & 0 & m_w \end{bmatrix} \begin{pmatrix} \ddot{U}_c(t) \\ \ddot{U}_b(t) \\ \ddot{U}_w(t) \end{pmatrix} + \begin{bmatrix} C_s & -C_s & 0 \\ -C_s & C_s+C_p & -C_p \\ 0 & -C_p & C_p \end{bmatrix} \begin{pmatrix} \dot{U}_c(t) \\ \dot{U}_b(t) \\ \dot{U}_w(t) \end{pmatrix}$$

$$+ \begin{bmatrix} K_s & -K_s & 0 \\ -K_s & K_s+K_p & -K_p \\ 0 & -K_p & K_p \end{bmatrix} \begin{pmatrix} U_c(t) \\ U_b(t) \\ U_w(t) \end{pmatrix} = \begin{pmatrix} \dfrac{m_c}{4}g \\ \dfrac{m_b}{2}g \\ m_w g - R(t) \end{pmatrix} \tag{1-107}$$

经傅里叶变换可得

$$-\omega^2 \begin{bmatrix} \dfrac{m_c}{4} & 0 & 0 \\ 0 & \dfrac{m_b}{2} & 0 \\ 0 & 0 & m_w \end{bmatrix} \begin{pmatrix} \tilde{U}_c(\omega) \\ \tilde{U}_b(\omega) \\ \tilde{U}_w(\omega) \end{pmatrix} + \mathrm{i}\omega \begin{bmatrix} C_s & -C_s & 0 \\ -C_s & C_s+C_p & -C_p \\ 0 & -C_p & C_p \end{bmatrix} \begin{pmatrix} \tilde{U}_c(\omega) \\ \tilde{U}_b(\omega) \\ \tilde{U}_w(\omega) \end{pmatrix}$$

$$+ \begin{bmatrix} K_s & -K_s & 0 \\ -K_s & K_s+K_p & -K_p \\ 0 & -K_p & K_p \end{bmatrix} \begin{pmatrix} \tilde{U}_c(\omega) \\ \tilde{U}_b(\omega) \\ \tilde{U}_w(\omega) \end{pmatrix} = \begin{pmatrix} \delta(\omega)\dfrac{m_c}{4}g \\ \delta(\omega)\dfrac{m_b}{2}g \\ \delta(\omega)m_w g - \tilde{R}(\omega) \end{pmatrix} \tag{1-108}$$

其中，$\tilde{R}(\omega)$ 由列车经过余弦函数叠加后铁轨断面所得轮子-轨道相互作用力，铁轨断面函数为

$$U_{\frac{w}{r}}(z) = \sum_{i=1}^{n} \alpha_i \cos(k_{yi}z - \theta_i) \tag{1-109}$$

其中，α_i 和 k_{yi} 与 2.6.2 节第 2 小节含义相同，θ_i 为 $[0, 2\pi]$ 内随机相位角。假定轮子与轨道充分接触，用 ct 替换 z 可得

$$U_w(t) = \sum_{i=1}^{n} \alpha_i \cos(k_{yi}ct - \theta_i) \tag{1-110}$$

式 (1-110) 经傅里叶转换得

$$\tilde{U}_w(\omega) = \sum_{i=1}^{n} \pi \alpha_i \left[\delta(\omega - k_i c)\exp(-\mathrm{i}\theta_i) + \delta(\omega + k_i c)\exp(\mathrm{i}\theta_i) \right] \tag{1-111}$$

将式 (1-111) 代入式 (1-108) 得

$$\tilde{R}(\omega) = W_1 \delta(\omega) + \sum_{i=1}^{n} W_{2,i}\delta(\omega - \omega_i) + \sum_{i=1}^{n} W_{3,i}\delta(\omega + \omega_i) \tag{1-112}$$

其中 $\omega_i = k_{yi}c$。

$$W_1 = 2\pi \left(\frac{m_c g}{4} + \frac{m_b}{2}g + m_w g \right) \tag{1-113.1}$$

$$W_{2,i} = 2\pi\alpha_i \left[\frac{\left(K_\mathrm{p} + \mathrm{i}\omega_i C_\mathrm{p}\right)^2}{A} - \left(K_\mathrm{p} + \mathrm{i}\omega_i C_\mathrm{p} - m_\mathrm{w}\omega_i^2\right) \right] \exp\left(-\mathrm{i}\theta_i\right) \tag{1-113.2}$$

$$W_{3,i} \text{与} W_{2,i} \text{共轭} \tag{1-113.3}$$

其中 $A = \left(K_\mathrm{p} + K_\mathrm{s}\right) + \mathrm{i}\omega_i\left(C_\mathrm{p} + C_\mathrm{s}\right) - \dfrac{m_\mathrm{b}}{2}\omega_i^2 - \dfrac{\left(K_\mathrm{s} + \mathrm{i}\omega_i C_\mathrm{s}\right)^2}{K_\mathrm{s} + \mathrm{i}\omega_i C_\mathrm{s} - \dfrac{m_\mathrm{c}}{4}\omega_i^2}$ 。

式(1-112)中第一项为静荷载，第二、三项为粗糙度引起动荷载。

考虑粗糙度时，式(1-85)可重新写为

$$\mathrm{d}\left(x',\ y',\ z,\ t\right) = \frac{1}{4\pi^2} \int_{-\infty}^{\infty}\int_{-\infty}^{\infty} \tilde{\Phi}'(k) \tilde{R}(kc+\omega) H(\omega) \exp(\mathrm{i}kz) \exp(\mathrm{i}\omega t) \mathrm{d}k\mathrm{d}\omega \tag{1-114}$$

用 $kc+\omega$ 替换式(1-112)中的 ω，并将替换后的式子代入式(1-114)得

$$
\begin{aligned}
\mathrm{d}\left(x',\ y',\ z,\ t\right) = & \left(\frac{W_1}{c} \int_{-\infty}^{\infty} \tilde{\Phi}'(k) H(\omega) \exp(\mathrm{i}\omega t)\mathrm{d}\omega \,\middle|\, k = -\frac{\omega}{c} \right) \\
& + \sum_{i=1}^{n} \left(\frac{W_{2,i}}{c} \int_{-\infty}^{\infty} \tilde{\Phi}'(k) H(\omega) \exp(\mathrm{i}\omega t)\mathrm{d}\omega \,\middle|\, k = -\frac{\omega-\omega_i}{c} \right) \\
& + \sum_{i=1}^{n} \left(\frac{W_{3,i}}{c} \int_{-\infty}^{\infty} \tilde{\Phi}'(k) H(\omega) \exp(\mathrm{i}\omega t)\mathrm{d}\omega \,\middle|\, k = -\frac{\omega+\omega_i}{c} \right)
\end{aligned}
\tag{1-115}
$$

其中 $H(\omega)$ 含义与式(1-85)相同。

1.6.3　粗糙度的影响

为验证所述理论的准确性，选取北京地铁 4 号线实例，将运算结果与前人已有结果进行对比。

北京地铁 4 号线材料参数见表 1.2（Gupta et al.，2008），隧道中心距地表 h=13.5m，内直径为 5.4m，厚度 t=30cm。几何尺寸及网格划分如图 1.44 所示，其中两个观测点分别为 OP-1 和 OP-2。列车共由 6 节车厢组成，以 c=16.67m/s 行驶，图 1.45 和图 1.46 中列车具体参数如下：L_i=19m，a_i=2.3m，b_i=12.6m，m_c=43000kg，（含乘客质量），m_b=3600kg，m_w=1700kg，K_p=1.4MN/m，C_p=0.03MN-s/m，K_s=0.58MN/m，C_s=0.16MN-s/m。铁轨特征长度 $\alpha = 0.745\mathrm{m}$。选取 FRA 一级铁轨来产生 $U_\mathrm{w/r}(z)$。单边 PSD 中上下波数界限分别为 35rad/m 和 0.1rad/m，相应波长为 0.18m 和 62.8m，波数区间 n=40。

表 1.2　土体、隧道、铁轨参数

材料	杨氏模量 E(MPa)	泊松比 ν	密度 ρ(kg/m³)	阻尼比 β
混凝土衬砌	35000	0.25	2500	0.02
混凝土板	28500	0.2	2500	0.02

续表

材料	杨氏模量 E(MPa)	泊松比 v	密度 ρ(kg/m³)	阻尼比 β
弹性基础	0.5	0.25	150	0.1
回填材料	116.6	0.341	1900	0.05
土层	289	0.313	2023	0.04
岩石层	704	0.223	1963	0.03

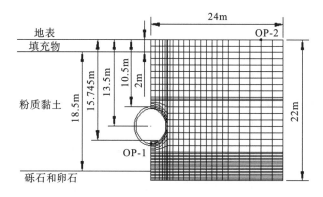

图1.44　网格划分图

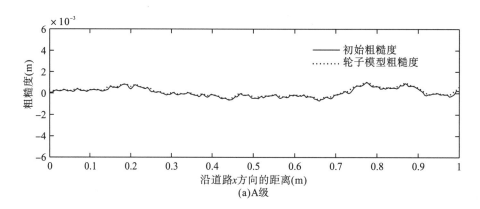

(a)A级

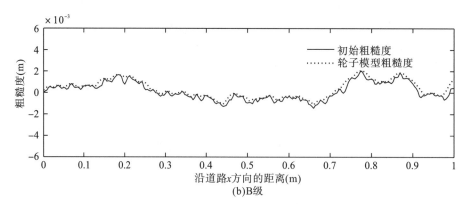

(b)B级

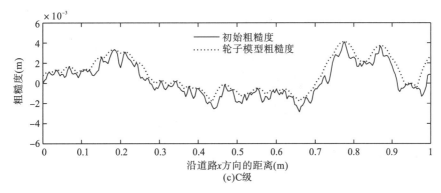

图 1.45　圆盘模型在不同等级的粗糙路面上行驶

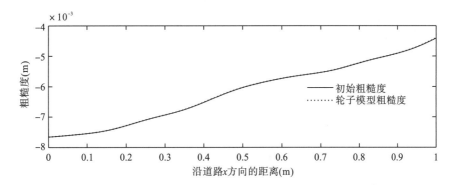

图 1.46　圆盘模型在粗糙路面上行驶，粗糙度等级一

Yang 等(2017)使用刚性圆盘模型模拟车轮，调整粗糙度。根据数据编程作图 1.45，其中粗糙度高频部分被有效过滤。本书列车车轮和轨道刚度较大，故在此探究圆盘模型的影响，车轮直径为 0.8m，其他参数如前述，原始粗糙度及圆盘模型粗糙度如图 1.46 所示。图 1.46 中圆盘模型影响甚小，因为在 Chang 等(2011)的模型中，C 级粗糙度参数 α_i 取值范围为 $4.5\times10^{-6}\sim4.5\times10^{-4}$m，$k_{yi}$ 为 1～100rad/m，而在本章轨道粗糙度等级为一时，α_i 取值范围为 $2.95\times10^{-6}\sim6.9\times10^{-3}$m，$k_{yi}$ 为 0.53～34.56rad/m。

北京地铁 4 号线实例计算结果与 Gupta 等(2008)的研究结果比较如图 1.47 所示，吻合较好，因不知 Gupta 等(2008)研究中的粗糙度具体信息，会导致产生些许偏差。土体速度响应多是由高频部分引起，将有粗糙度和无粗糙度结果进行对比可知，粗糙度的存在将增加土体高频部分的响应。

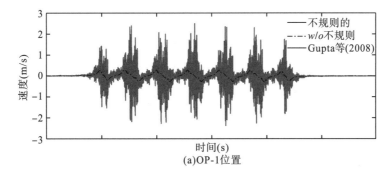

(a)OP-1位置

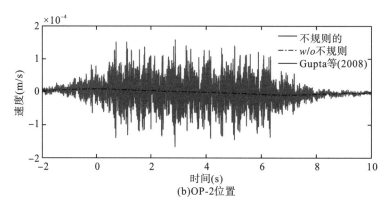

(b)OP-2位置

图1.47　竖向速度时域响应比较结果

1.6.4　弹性基础的隔振影响

采用上节中北京地铁 4 号线实例来对比分析 2D 和 2.5D 方法在弹性基础参数隔振影响的异同。

Hung 等(2013)用 2.5D 方法研究了悬浮铁轨对粗糙轨道上列车引起振动阻隔效应，表明悬浮铁轨可有效减小列车引起的土体在高频部分速度和加速度响应，因为悬浮铁轨可过滤频率高于其自身自然频率(阈值频率)的波。此处与 Hung 等(2013)做法相似，在混凝土板和铁轨之间加入弹性基础来模拟悬浮铁轨。由于悬浮铁轨对隧道底部(OP-1)土体振动的阻隔效应较远域(OP-2)的明显，故此处仅关注隧道底部(OP-1)土体响应。比较 2D 和 2.5D 两方法中悬浮铁轨对土体振动阻隔效应，列车以速度 c=16.67m/s 行驶在弹性基础上的粗糙轨道上，弹性基础弹性模量 E_1=0.5MPa。用 FRA 1 级轨道参数产生轨道粗糙度剖面 $U_{w/r}(z)$，选用的单边 PSD 波数上下限分别为 0.1rad/m 和 35rad/m，对应波长为 62.8m 和 0.18 m，间隔数 n=40，频率分析范围为 0～100Hz。

如图 1.48 所示，无论 2D 还是 2.5D，土体在含有弹性基础时，小于 20 Hz 范围的响应较不含弹性基础的大，其中 2D 方法计算结果较 2.5D 方法放大得更明显。根据之前研究(Yang et al.，2017)，2D 方法中频域响应函数 $H(\omega)$ 不受粗糙度频率的影响，即无论粗糙度频率取值如何，整个频率范围均对响应结果产生影响。相反，2.5D 方法中频域响应函数 $H(\omega)$ 仅集中在粗糙度频率附近。为进一步研究弹性基础对土体响应的影响，取单位荷载作用下式(1-115)第二项(粗糙度引起振动力)，将 2D 方法中频域响应函数 $H(\omega)$ 与 2.5D 方法中 $\sum_{i=1}^{n}\left(H(k_z, \omega)|k_z=-(\omega-\omega_i)/c\right)$ (n=40 个粗糙度频率)绘于图 1.49。从图 1.49 可看出，在不含弹性基础的情形中，由于轨道粗糙度是由 n=40 个波形随机生成，故 2.5D 方法计算结果在频域内均匀分布。又因 2.5D 方法计算结果为 n=40 个不同粗糙度响应的叠加，在不含弹性基础的情形中，2.5D 方法中大于 10Hz 范围内的结果较 2D 方法的(一个粗糙度响应结果)相应部分大。更重要的是，在加入弹性基础后，2D 和 2.5D 计算结果均在 13Hz 处较未加入弹性基础时的放大很多，表明弹性基础的共振频率为 13Hz。可见 2D 方法也可预测悬浮铁轨共振频率，借此来选择合适的弹性基础以减小列车引起土体振动。

2.5D 方法可有效考虑车速、轨道粗糙度等因素，两方法可根据实际需要进行选择。

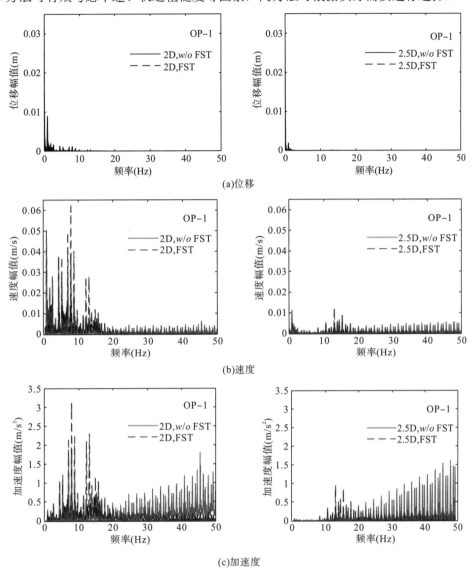

(a)位移

(b)速度

(c)加速度

图 1.48 浮板轨道(floating slab track，FST)和非浮板轨道上列车引起的土体频域响应

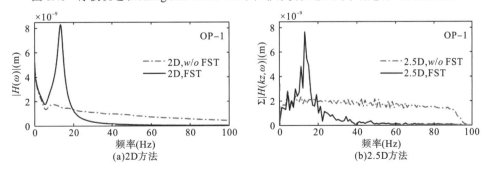

(a)2D方法

(b)2.5D方法

图 1.49 在单位荷载下式(4.24)第二项(粗糙度引起振动力)中频响函数

1.6.5 高速列车引致工业建筑结构的振动及隔振措施

研究高速列车引致工业建筑结构的振动及传播规律，采用 2.5D 有限元和无限元法编写程序进行基础性研究，并分析关键参数的影响，包含列车速度、车体自振频率、沟渠距列车的水平距离、沟渠类型（空沟渠和填充沟渠）、沟渠宽度及深度、轨道粗糙度，根据所得规律，提出了工程实用的减振措施。

1.高速列车-土-工业建筑模型

采用图 1.50 所示的模型，为简化分析得到高铁振动的普遍规律以及隔振效果，将工业建筑简化为距离列车 x_0、尺寸为 $2X_0$、宽为 X_0 的单层箱型房屋，结构材料特性沿 z 轴方向均匀不变，列车荷载以速度 c 沿 z 轴行驶。

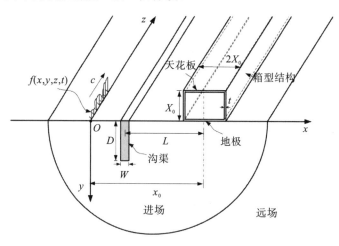

图 1.50 土—建筑模型

有限元和无限元网格模型如图 1.51 所示，一个柱宽为 $0.1X_0$，长宽分别为 $2X_0$ 和 X_0 的单层工业厂房位于距列车水平距离为 $4.5X_0$ 处。一个宽度和深度分别为 D 和 W 的空填充沟渠位于轨道和房屋之间，材料参数信息见表 1.3，R 波、S 波和 P 波在土壤中传播速度分别为 $c_R = 150\text{m}/\text{s}$、$c_s = 160\text{m}/\text{s}$、$c_p = 318\text{m}/\text{s}$。沟渠距房屋的距离 $L=1.625X_0$，宽度 $W=0.25X_0$，深度 $D=X_0$。

2.速度的影响

图 1.52 展示的是在不同车速工况下，无自振频率的列车荷载行驶时房屋地板和天花板在频域下竖向位移频响函数。 主要观察到的现象有以下 4 点：①2D 所得响应均高于 2.5D 计算结果，究其原因，在于 2D 方法无法考虑在列车行驶方向上的振动能量的传播与耗散。另外，房屋结构的放大效应，天花板的响应大于地板的响应。但当车速为无穷大时，2D 和 2.5D 的计算结果重合。②2.5D 计算得到的天花板和地板的响应，速度越大，频域幅值就会越高。③当 $f_0 = 14\text{Hz}$ 时，从 2D 的计算结果可以观察到一个明显的房屋共振现象。④与 2D 结果不同的是，2.5D 结果中，地板的响应总是高于天花板的响

应，由于房屋被假定为沿列车行驶方向无限长，列车行驶方向的波传效应高于房屋本身在 2D 平面内的放大效应。

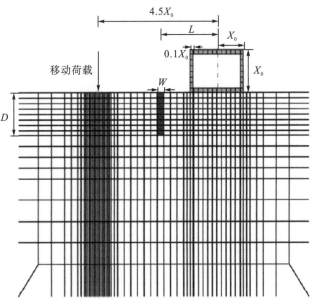

图 1.51　有限元和无限元网格

表 1.3　高速列车-土-建筑模型材料参数表

类型	剪切模量 G(MPa)	泊松比 υ	密度 ρ(kg/m³)	阻尼系数 β(%)
土	43.52	0.33	1700	5
工业建筑	8750	0.2	2300	2
填充材料	1840	0.25	2700	5

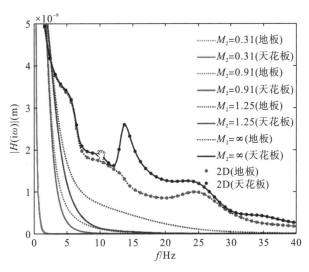

图 1.52　天花板和地板的竖向频响函数幅值平均值

当 $f_0 = 5\,\text{Hz}$ 时，列车速度从 50m/s 至无穷大，首先讨论没有沟渠这一减振措施的情况，如图 1.53 所示。当车速低于临界速度(M_2=0.31)时，基于土壤波传规律，FRF 主要分布在两个临界频率 $f_{\text{cr}} = f_0 \Big/ \left(1 \pm \dfrac{c}{c_s}\right) = 3.7\text{或}7.5\text{Hz}$，对应的当车速高于临界速度 ($M_2$=1.25)时，FRF 主要分布在大于 2.1Hz 的范围，该情况下临界速度 $f_{\text{cr}} = \dfrac{f_0}{1 \pm c/c_s}$，其大小为-14.6Hz 或 2.1Hz。另一个可观察到的现象是，在有房屋存在的情况下，FRF 比没有房屋的情况小，这一现象主要是由于假定房屋沿 z 轴无限长，抑制了土壤的部分振动的事实决定的。随着速度的增大，房屋的抑制作用在低频范围(<10Hz)逐渐减小。因此，不考虑土体和房屋的耦合作用(即假设房屋不存在的情况)得到的地面运动来分阶段求得房屋响应的结果，可以认为是保守的。

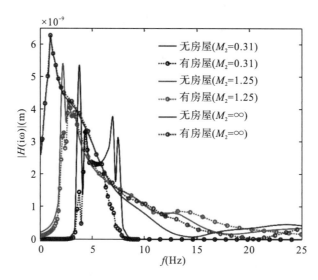

图 1.53   有和无房屋情况下地面的平均竖向频响函数幅值

在车速 M_2=0.6～1.5 范围内的地板和天花板的最大速度平均幅值的结果分别绘制于图 1.54(a)和(b)。考虑列车的自振频率为 $f_0 = 5\text{Hz}$，空沟渠对于天花板和地板的隔振作用明显优于填充沟渠。峰值响应接近于 R 波波速(M_2=0.94)，此处建议当考虑控制房屋的振动为主要设计因素时，列车速度不宜为 R 波波速附近。

3.列车自振频率的影响分析

车速为 c=100m/s=360km/h 时，考虑不同自振频率 f_0 的列车经过 z=0 截面时对应的天花板和地板的最大速度平均幅值，将结果分别绘制于图 1.55(a)和(b)。可观察到高频振动快速衰减，只有中低自振频率的部分被保留。即两种形式的沟渠都具有一定的隔振效果，但高频范围(15Hz)空沟渠的隔振效果表现更好，这也与 Hung 等(2004)的发现一致。由于波传规律，低频振动无法如高频部分一样被有效隔离。

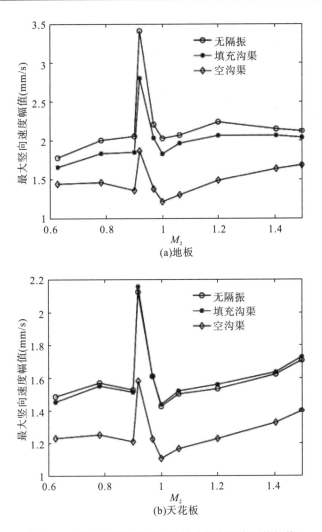

图 1.54 房屋在不同车速下的最大竖向速度平均幅值

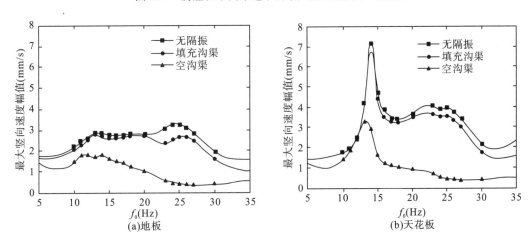

图 1.55 房屋的最大竖向速度平均幅值

空沟渠的隔振效果优于填充沟渠是由于不同的波传机制。对于填充沟渠，波的一部分可经由填充材料传播，即从沟渠的一端传播到另一端。这种情况不会出现在空沟渠中。这也就解释了空沟渠在隔振效果方面的优越性。但在实际工程中，还应考虑空沟渠的墙体在振动时的不稳定性。观察图 1.55(b)可发现，由于列车荷载的自激振荡频率与建筑物的固有频率接近时(图 1.52)，即在 $f_0 = 14\text{Hz}$ 发生共振响应。另外，在亚临界速度情况下($c_{cr} = 100\text{m/s}$)，由于多普勒效应，振动频域集中分布在两个关键频率之间，$f_{cr} = \dfrac{f_0}{1 \pm c/c_s} = 8.4 \sim 42\text{Hz}$。因此，当列车速度不是无穷大时，能观察到明显的共振现象。

4.空沟渠距列车的正规化距离 L 的影响分析

图 1.56 是空沟渠距列车的距离 L 时，建筑的天花板和地板的最大竖向速度平均幅值变化。此处取两种自振频率(f_0=5、25Hz)的情况。

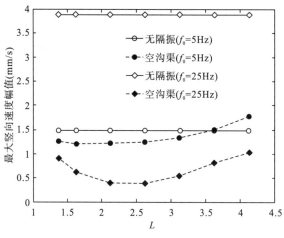

图 1.56　天花板最大竖向速度平均幅值

在不靠近振源或建筑物的地方，空沟渠的隔振效果会降低(L 在频率和规定范围这两个限制条件下)。效果降低的原因是：当空沟渠被放置在靠近振动源的地方时，相对于表面波，体波的作用更为凸显，因为体波可通过空沟渠的底部向土体的另一端传播。此外，在建筑物附近的空沟渠由于减小对建筑物附近的土壤的约束，导致建筑物的响应增大。地板和天花板的响应类似，此处不再赘述。

5.空沟渠正规化的深度(D)和宽度(W)的影响分析

图 1.57 分析了天花板的最大平均竖向速度幅值和不同深度、不同宽度(W)的空沟渠的关系，正规化距离 L=2.125。显然，沟渠越深，隔振效果就越好，这主要是因为深沟可以切断波长长的波的传播，而大部分的 R 波被包含在其中。

从图 1.57 可以观察到，与沟深度的影响相比，沟道宽度的增加并不一定会带来显著的改善。对于浅沟渠，一条更宽的沟渠将会导致更多的波型转换，以及波的几何衰减。值得注意的是，当沟渠的深宽比大于 1 时，过大的宽度不会带来更好的隔振效果。太宽或太深的沟渠可能使得两侧的土壤松动，从而导致建筑响应的增加，因此，在实际应用中选择空沟的可行形状是很重要的。此外，在实践中，开阔的沟道宽度和深度可能会导致沟两侧的土体塌陷，给附近的交通带来障碍。

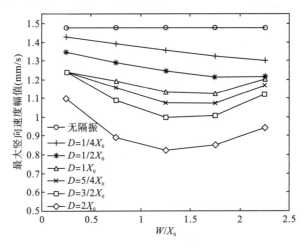

图 1.57　天花板最大竖向速度幅值和给定深度的不同宽度的空沟渠的关系

为了更为直观地呈现上述结果，深度与沟渠宽度变化，左侧空沟渠的水平位移的实部时程响应(t=0s 为列车第一组轮组经过截面 z=0 时刻)如图 1.58 所示。

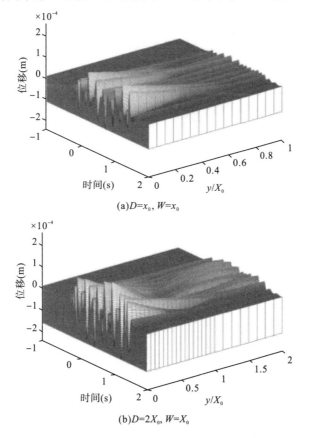

(a)$D=x_0$, $W=x_0$

(b)$D=2X_0$, $W=X_0$

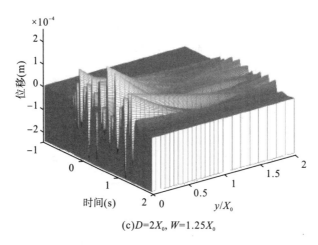

(c)$D=2X_0$, $W=1.25X_0$

图1.58 空沟渠右侧的实部水平位移在不同沟渠宽度和深度组合的关系

可以看到，由于土壤的放大效应，振动在沟渠一侧的地面位移达到最大，此外，随着沟渠的深度和宽度的增加，沟渠边界的响应也会增加。因此，在实际工程中，空沟渠在结构上可能出现不稳定，需要通过结构设计进行加固。

6.轨道粗糙度的影响分析

如上理论所述，轮子轨道相互作用力 $R(t)$ 可由等价于列车自重的准静力项和由轨道粗糙度引致的动力项组成，使用图 1.43 的轮组模型。为了研究轨道粗糙度对高速列车引致的房屋响应的影响和填充沟渠、空沟渠的隔振效果，此处采用的列车和粗糙度数据与图 1.43～图 1.46 相同，车速为 100m/s，$t=0$ 时刻为列车第一组轮子经过 $z=0$m 界面。图 1.59 表示天花板在有无粗糙度的竖向位移响应情况。图 1.60 和图 1.61 表示考虑了轨道粗糙度的情况下采取不同隔振措施的水平［图 1.60(a)、图 1.61(a)］和竖直响应［图 1.60(b)、图 1.61(b)］。

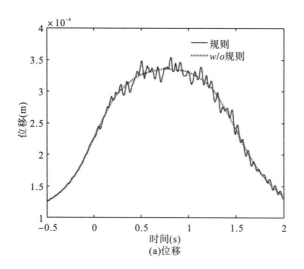

(a)位移

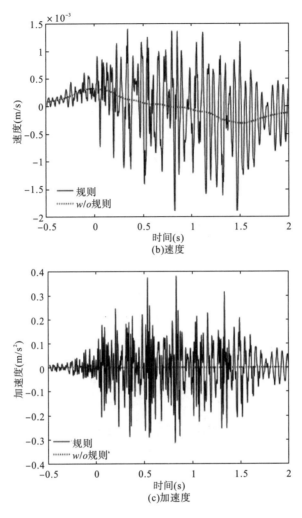

图 1.59　天花板的竖向平均响应

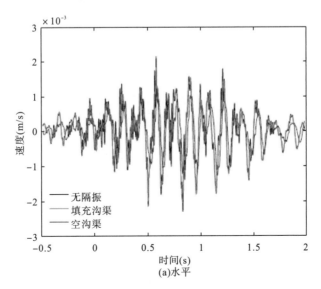

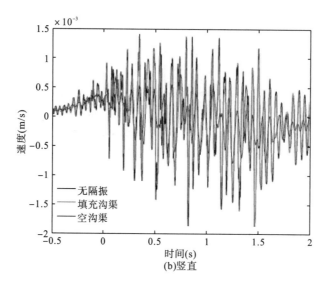

(b)竖直

图 1.60　考虑粗糙度情况下的天花板的速度平均响应

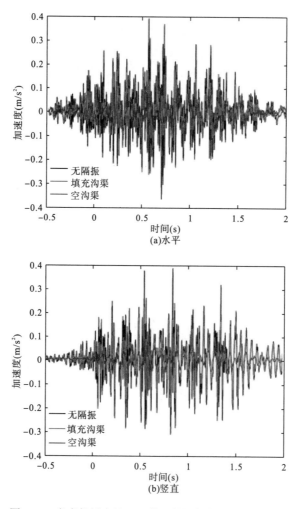

图 1.61　考虑粗糙度情况下的天花板的加速度平均响应

从图 1.59 可以看出天花板的速度和加速度响应由于粗糙度的存在而在高频部分得到加强，这一现象与 Hung 等(2013)的发现一致，但粗糙度对天花板的位移响应影响不大。从图 1.60 可以观察到，在考虑轨道粗糙度的情况下，空沟渠的隔振效果优于填充沟渠，这一现象与上述只考虑单一自振频率的情况下是一致的。因此在减弱列车引致结构振动方面，优化轨道结构的构造，减弱其不平顺度，是隔振的关键。

从图 1.60 和图 1.61 可以看出，两种类型的沟渠在竖直方向优于在水平方向上的隔振效果。不同方向的波传规律的复杂性，包括反射、色散、几何衰减、模态等。另外，对比图 1.60 和图 1.61，两种沟渠在加速度响应上的阻隔效果均优于速度响应，同样，对于地板响应与天花板的类似，此处不一一显示。

天花板在频域上的加速度响应如图 1.62 所示，图中峰值响应主要由粗糙度所选频率值引起，从图中可以清晰地看出沟渠的隔振效果在高频段的表现明显优于低频段，这与

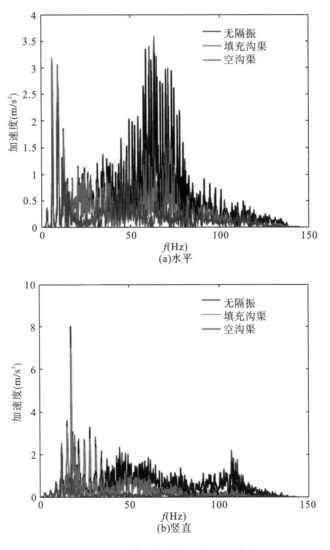

图 1.62　频域天花板加速度平均响应

上述中观察到的结果一致。由于轨道粗糙度的高频部分在建筑物的速度及加速度响应上有显著的影响，而且速度和加速度响应是由式(1-85)中的频响函数$H(k_z, \omega)$得到的，即速度响应 $i\omega H(k_z, \omega)$和加速度响应$-\omega H(k_z, \omega)$。另一个可观察到的现象是加速度响应的高频成分比速度响应的多，基于沟渠对高频成分阻隔效果更好，因而沟渠对加速度的阻隔效果要更好。

当列车以车速为 $c=100\text{m/s}(M_2\approx0.6)$行驶在非平顺的轨道上，在列车第一组轮组经过截面 $z=0$ 时的时刻对应的地面竖向位移如图 1.63 所示，(a)、(b)、(c)图分别代表无隔振措施、设置填充沟渠、设置空沟渠的情况。由于当车速小于 R 波波速时，位移响应主要集中在低频部分，从图 1.63 可知，位移响应受到粗糙度的影响很小，沟渠对地表位移响应的阻隔效应很小。在图 1.64 也可观察到同样的现象。图 1.64 显示了建筑物在 $z=0$ 处的截面的竖向响应分布图，分别对应了图 1.63 中的三种情况。

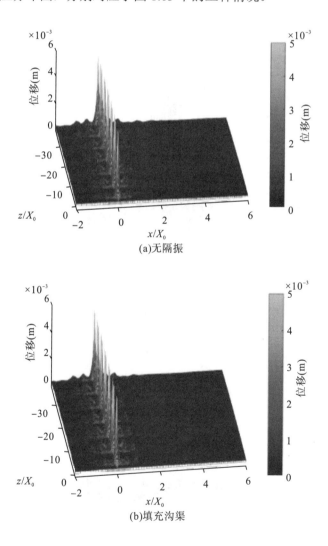

(a)无隔振

(b)填充沟渠

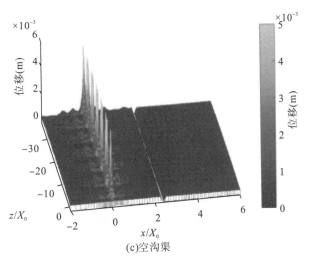

(c)空沟渠

图 1.63   地面竖向位移

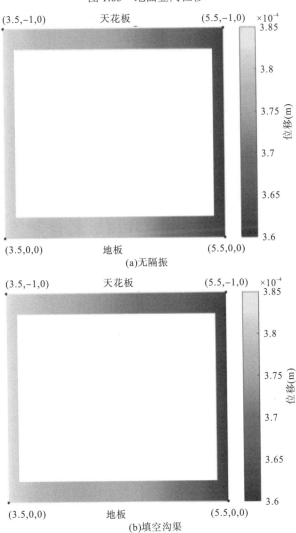

(a)无隔振

(b)填空沟渠

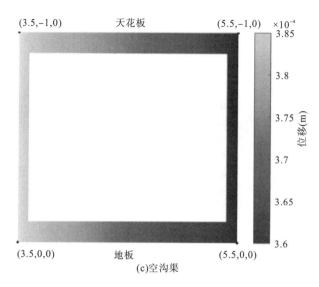

图 1.64　房屋截面($z=0$)的竖向位移分布图

1.6.6　小结

　　本节利用有限元和无限元方法，研究分析轨道交通振动的动力传播特性以及对工业建筑结构振动的影响，并分析比较相关的隔振措施。合理的弹性基础以及沟渠的构造措施可降低对环境振动的影响。通过优化设计列车的结构、速度，平顺轨道结构也可降低对建筑结构振动的影响。

第2章 既有工业建筑强振振动控制

2.1 工业建筑振动荷载

2.1.1 易受振动影响的工业建构筑物

1.物料运输系统

冶金、煤炭等企业的通廊、栈桥及转运站结构承载物料运输功能，是企业的生命线。然而此类结构受物料冲击、旋转设备等动力荷载作用的影响，容易产生明显的振动。

1)通廊及栈桥

带式输送机依靠一套完整的驱动装置(电动机、减速器、联轴器及逆止器或制动器)，将散状物料或物块通过皮带与物料间的摩擦进行远程传递或输送，带式输送机作为输送散装物料的重要设备，具有输送连续、均匀、生产效率高、运行平稳可靠、运行费低、易于远方实现或自动控制以及维修方便等优点。近年来，由于工业和技术的发展，散状物料的带式输送机大量运用于冶金、化工、电站、矿工、港口等工业领域(樊娜，2011)。作为带式输送机的载体，由于通廊的跨度和高度可根据环境和工艺进行改变，且可抵御雨水对物料的影响，还可以防止其他外部环境对皮带运输连续性产生干扰，因此在物料运输中广泛运用。

从 1975 年开始，我国由鞍山焦化耐火材料设计院主编了《带式输送机栈桥》标准图集后，在各行业中，通廊的运用也开始规范化。由于运输距离长，通廊长度大，有时要跨越建筑物、道路，如果采用钢筋混凝土结构(混凝土通廊的单跨跨度一般为 20m 左右)，会使得地面建筑布置困难，不能合理利用场地。而钢结构通廊由于自重轻，钢材强度高，可跨度大(钢结构通廊单跨跨度可达 50m 以上)，加上施工方便等特点，近年来带式输送机钢结构通廊在工矿企业被广泛采用。

近几年来，工矿企业竞争日趋激烈，我国带式输送机朝着长距离、高带速、大运量、大功率方向发展，扩容、改造的步伐加快，对建设速度的要求越来越高，而钢结构以其自重轻、施工速度快、受季节影响小的特点，被广泛采用。

通廊的长度也随着运输量和工艺要求的增加，得到迅猛提升。如 1989 年，武钢建设全国最长的皮带通廊全长 7000m；2003 年，武钢建设一条长为 2.5km 的通廊，该通廊可将铁矿石由港口直接运往冶炼厂；2008 年陕西省神木县修建的煤矿运输栈桥，长达5.4km，是当时亚洲最长的运输通廊。

通廊结构的振动问题，随着跨度、长度和高度的增加，也变得越来越突出，随着通廊的使用，结构老化和钢筋锈蚀等，使得通廊的结构动力特性发生改变，新建成时未出现的潜在问题，会日益突出和激化。对通廊振动问题进行分析，找出振动原因，考虑如何以最小的代价减小和控制振动，需要进行深入研究和思考。

根据施工工艺要求及当地气候条件，通廊可分为全封闭、半封闭和敞开式三种情况（图 2.1、图 2.2）。

图 2.1　封闭式通廊(栈桥)

图 2.2　敞开式通廊(栈桥)

根据皮带运输机支架荷载作用情况可分为上承式和下承式。

根据结构形式可分为混凝土结构通廊、钢结构通廊。其中，钢筋混凝土结构砌体维护形式通廊采用钢筋混凝土楼板、屋面、柱，砌体结构的墙体，有全封闭及半开敞两种。根据地域需求或运输物料特殊要求，通廊墙体可设为保温墙体，以适应廊内的恒温要求。一般当跨度小于 15m 时，通廊主体可采用钢筋混凝土大梁，当大于 15m 的混凝土通廊，宜采用预应力混凝土大梁。工业生产中采用的通廊大多是封闭式或半封闭式的钢结构桁架通廊，墙体和屋面体系质量轻，能够满足大跨度要求，同时高度上也比混凝土通廊更好实现，另外钢结构施工方便快捷，材料可回收利用，是一种环保节能的结构体系。

钢结构通廊由通廊本体和支架两部分组成。钢结构通廊本体结构通常由桁架、端部刚架、上弦水平支撑、下弦水平支撑、垂直支撑、检修走台及走道板、过跨桥、墙面及屋面檩条、压型钢板等构件组成。钢结构支架分别设置为固定支架及摇摆支架。

2) 转运站

转运站是带式运输机水平传送或异向传送的过渡中转站。其主要功能是既能根据生产需要保证物料的转运又能保持正常生产，是工业运输系统的枢纽(图 2.3、图 2.4)。物料经带式输送机运送到转运站并经过一些倒料设备转运到另一条输送机上，从而实现一次转载。根据使用条件及生产工艺的不同，转运站总体分为同向转载和异向转载两种。

当带式运输机有长距离运输任务时，皮带拉紧装置没有将皮带拉紧达到皮带悬垂度的要求、皮带跑偏以及皮带与托辊之间的摩擦都会要求传动滚筒释放较大的圆周驱动力。带式输送机由静止加速到平稳状态要克服整个运动系统的惯性，惯性力的大小与加速时间、带速及托辊布置有关。圆周驱动力将驱使皮带运转，从而产生皮带张力。皮带是黏弹性材料，皮带在运输过程中遇到各种阻力时将产生黏弹性变形，从而产生皮带动张力。且皮带速度越大，启动加速越快，皮带动张力越大越复杂。皮带张力将通过带式输送机的机头或机尾将力传递到转运站结构的上部，从而引起转运站的水平振动。同时，大功率驱动电机、减速箱、输送机传动滚筒等旋转式动力设备在运行过程中会对结构产生较大的离心扰力。因此，工艺设计带式输送机的各参数将直接决定转运站的受力大小及受力特点，进而影响高层转运站的安全性及耐久性。

高层转运站同其他转运站的结构特点相同，常见形式多为框架结构。其结构特点为自身高宽比很大(一般大于)、很少甚至没有填充墙；楼板很少，一般只在最高两层设置楼板，且根据工艺需要在相应方位开设洞口、最顶层层高比较大，属于典型的高耸柔结构。

高层转运站的异常振动主要激振源是结构上部的带式输送机皮带张力与动力设备扰力，且均施加在结构的顶部(薛建阳等，2015)。所以，对于高层转运站来讲，无论从结构特点还是受力特点来讲，高层转运站的振动形式都比较复杂。机器正常运行时对转运站持续的振动不仅会引起内部工作人员的心理恐慌甚至影响身体健康，降低工作效率而且会降低结构自身的安全性、适用性及耐久性。高层转运站一般都采用等截面的柱，由于特殊的结构形式，顶层及次顶层层高较大且布有楼板及填充墙，因此顶层与次顶层的抗侧刚度比其他层差距较大，这样高层转运站的上部刚度出现了突变现象，这也是高层转运站异常振动的一个原因。输煤栈桥作为高层转运站的连接点，可作为支撑点，输入段和输出段的跨度和栈桥支架的结构形式对转运站的振动也将产生一定的影响。

高层转运站的主要振动问题分为水平振动和竖向振动。

高层转运站的水平振动出现超标时，转运站的主要梁、柱及各构件节点将会产生裂缝，更为甚者转运站的某主要构件发生断裂导致整个结构倾斜、倒塌。结构顶部各主要激振力循环往复一定次数达到钢筋混凝土疲劳极限后，结构构件将会产生不同程度的疲劳裂缝；再循环一定次数后，整个结构将会出现破坏。高层转运站常见的两种情况是：①带式输送机在启动和停机的过程中，由于皮带张力作用在结构的最顶层，使得整个结构有很明显晃动的感觉；②带式输送机正常运转后，整个结构的水平振动幅度值大、频率高，有明显不适感。

高层转运站的竖向振动问题主要为顶层楼板的竖向异常振动。设备层电机、带式输送机等各机械设备正常运行时的离心扰力是其异常振动的主要激振力，当该激振力的振动频率同整个楼板结构的自振频率相近时，设备层楼板将会出现共振现象，产生异常竖向振动。异常振动对于结构的危害性较大，通常会产生重大事故。如沈世钊等人论述的美国双曲抛物面悬索屋盖振动的振幅过大是由于风荷载所导致的结果。

图 2.3　某矿山转运站

图 2.4　某钢厂转运站

2.多层工业厂房(筛分车间)

放置多台振动设备的工业厂房(如筛分车间)容易在多点激励作用下产生较为剧烈的振动。

近 30 年来振动利用工程迅速发展，利用振动原理工作的机器设备广泛用于各种工艺生产过程，如振动筛分、振动输送及振动破碎等(图 2.5～图 2.8)。随着工业的发展，振动筛分在国民经济各行各业中的应用越来越广泛，在冶金、矿山、煤炭、水电等部门的工艺流程中，筛分起着分选、分级、脱泥、脱水和脱介等作用(葛阿威，2014)。工业生产的大力发展和煤矿产品市场日趋激烈的竞争，促使煤矿产品的细分已成为工业生产的主要目标之一。因此煤炭、矿山企业纷纷引进振动筛分系统，在筛分系统中筛分车间是关键部位，而筛分车间的核心设备就是振动筛。

近年来随着工业生产的大力发展，筛分车间广泛引进大型、重型、超重型及高振动强度振动筛，提高生产力的同时，振动筛扰力也随之急剧增大，所引发的结构异常振动问题越发突出。反复动荷载作用下结构出现疲劳和老化，因此随着筛分车间的使用结构动力性能发生改变，结构的异常振动将更加明显，筛分车间的振动已成为工业生产中亟需解决的问题。

图 2.5　圆振动筛

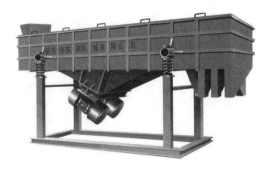

图 2.6　直线振动筛

图 2.7　放置多台振动筛的筛分车间

图 2.8　筛分车间外观

3.设备基础

汽轮发电机、透平压缩机、活塞式压缩机、压力机、锻锤、破碎机、电压振动台、磨机、金属切削机床等机器的基础，承受由机器不平衡扰力引起的振动和机器的自重(图 2.9～图 2.11)。由于设计、施工或使用等原因，机器基础易产生剧烈振动，影响设备运行和结构安全。

图 2.9　某磨机块式基础

图 2.10　某动力设备独立基础

图 2.11　汽轮机框架式基础　　　　　　　图 2.12　正在施工的压缩机基础

机器基础的结构形式主要有三种：①大块式基础，这是目前最普遍应用的形式，其特点是基础本身刚度大，动力计算时可不考虑本身的变形，即当作刚体考虑；②墙式基础，当机器要求安装在离地面一定高度时采用这种形式；③框架式基础，一般用于高、中频机器，如透平式压缩机、汽轮发电机、离心机和破碎机等基础。

4.工业管线

随着现代化国家的发展，工业对能源的需求量越来越大，而输送这些能源的主要方式就是工业管线。工业管线不但担负着输送各种能源，而且担负着输送原料以至成品的任务（图 2.13～图 2.16）。可见，工业管线是工业企业生产工艺流程不可缺少的重要组成部分。

工业管线的综合布置以各种管线为纽带，把工厂空间内的各生产要素连接成为一个有机的整体是企业生产与生活赖以生存和发展的基本基础。

工业管线组成多种多样，组合也各有特点。它们按生产的需要形成不同的网络，但在实际运行中常常互相协调与补充。工业管线按其服务职能，可分为以下 5 大系统：给排水系统、供电系统、电讯系统、燃气系统、热力系统。各类系统按功能又划分为若干支系统，如给排水系统可分为给水系统和排水系统。给水系统又分为生活给水系统、生产给水系统等，排水系统又分为生活排水系统和生产排水系统等。这些大小不同的系统根据生产的需要形成综合管网，即综合管线，为企业生产服务。

图 2.13　石化企业油气管线　　　　　　　图 2.14　钢铁企业输送管线

图 2.15　钢铁企业煤气管线　　　　　　　图 2.16　石化企业输油管线

然而，由于结构设计与工艺设计结合不够紧密等原因，工业输送管线经常存在严重振动问题，影响正常生产。振动问题普遍但缺少合理有效振动控制技术、方法，常常困扰着工程设计人员。

5.吊车梁

吊车梁是工业厂房非常重要的一种结构构件，吊车梁能否正常工作直接影响着生产的正常进行。尤其炼钢厂房运行重级、特重级工作制钢吊车梁，通常吊车吨位大，吊车梁跨度大，运行频繁，振动作用下，使得吊车梁及制动系统的受力尤其复杂，若设计考虑不周或存在施工质量缺陷，容易导致吊车梁系统在动力荷载作用下连接节点破坏，如螺栓松动、焊缝开裂等(图 2.17～图 2.20)。

图 2.17　某钢厂钢吊车梁　　　　　　　　图 2.18　某钢厂吊车梁制动系统

图 2.19　吊车梁上天车正在运行　　　　　　　图 2.20　某钢结构吊车梁

6.高耸结构

工业建筑中高耸构筑物普遍存在，如电力、冶金企业的烟囱，石化企业的焦炭塔等。高耸结构因自身刚度较弱，在风振、物料冲击、动力设备运转等动荷载作用下容易产生剧烈振动，影响结构安全。

1)烟囱

工业用的烟囱主要为了排放烟气和废气，以及达到一定的拔风力，烟囱高度较高，通常在 100m 以上，有的甚至超过 200m。烟囱结构一般由地基基础、筒壁及支承结构、内衬(筒)与隔热层、附属设施 4 个结构系统构成。

从多个角度对烟囱结构进行分类：①按材质的不同，烟囱可分为砖烟囱、钢烟囱、钢筋混凝土烟囱。②按照传力方式的不同，烟囱可分为自立式烟囱、拉索式烟囱、塔架式烟囱。自立式烟囱是筒身在不加任何附加支撑的条件下，自身构成一个稳定结构的烟囱。拉索式烟囱是筒身与拉索共同组成稳定体系的烟囱。塔架式烟囱是指排烟筒主要承担自身竖向荷载，水平荷载主要由钢塔架承担的钢烟囱。③按照排烟筒的设置情况，烟囱又可分为单筒式烟囱、套筒式烟囱、多管式烟囱。单筒式烟囱是指内衬和隔热层直接分段支承在筒壁牛腿上的普通烟囱。套筒式烟囱是指筒壁内设置一个排烟筒的烟囱，排烟筒根据材质的不同又有砖内筒、钢内筒、玻璃钢内筒之分。多管式烟囱是指两个或多个排烟囱共用一个筒壁或塔架组成的烟囱(图 2.21～图 2.26)。

2)焦炭塔

延迟焦化是以渣油或类似渣油的各种重质油、污油及原油为原料，通过加热炉快速加热到一定的温度后进入焦炭塔，在塔内适宜的温度、压力条件下发生裂解、缩合反应，生成气体、汽油、柴油、蜡油、循环油组分和焦炭的工艺过程。延迟焦化装置的主要设备有焦化加热炉、焦炭塔、焦化分馏塔、放空塔、加热炉进料泵、水力除焦机械等。

图 2.21　单筒式钢筋混凝土烟囱

图 2.22　砖烟囱

图 2.23　套筒式烟囱—钢套筒

图 2.24　多管式烟囱

图 2.25　钢烟囱

图 2.26　塔架式玻璃钢烟囱

　　焦炭塔是延迟焦化装置的重要设备之一，其作用是为原料提供热分解和综合的反应场所。石油化工企业大型焦炭塔系统一般包括：焦炭塔塔体(双塔形式存在)、混凝土框架支承结构、钢框架(往往为高耸结构)以及大型管线等(图 2.27)。大型焦炭塔内部物料反应，往往会引起焦炭塔本身及其支承结构、管线的水平晃动(图 2.28)。物料反应引起的剧烈振动会影响结构安全以及操作人员身心健康，设备的振动还会引起管线的剧烈晃动，导致法兰松动、油气泄露，从而引发火灾、爆炸等生产事故，后果不堪设想。

图 2.27　石化企业焦炭塔　　　　　　　　　图 2.28　某大型焦炭塔

2.1.2　工业建筑常见振动荷载

　　结构的振动是普遍存在的一种运动形式，振动产生的原因主要有外界干扰力和结构自身振动两种。在工业建筑中，结构振动的问题并非都是不利的，有的机械设备利用振动的特性来进行服务，例如振动传输机和振动筛等。然而对于多数结构和机械设备来说，振动带来的不利影响更为突出。例如当结构自身的某阶固有频率与扰力源频率接近甚至吻合时将发生共振，从而形成较大振幅、高动应力和高等级噪声，仪器振动会降低其精度，结构振动会导致结构的不安全性甚至破坏，且长期处于振动的人体可能产生职业病等(邱德修和樊开儒，2010)。因此，工业建筑中振动研究和设计，对振动控制具有极其重要的实际意义。

　　振动研究和设计需要针对一个振动体系进行，主要研究对象包括：振动体系的输入振动荷载条件——激振力；振动体系的动力特性——结构系统；振动体系的响应输出——振动效应。

　　不同的荷载作用，其荷载效应也不一样。通常结构设计中所涉及到的荷载可以归纳为静力荷载与动力荷载(即振动荷载)。与静力荷载相比，振动荷载需要考虑时间和频率因素，以及结构的惯性效应，即指作用于结构体系上，随时间变化的荷载，作用力具有动力特性。振动荷载应包含：荷载的频率区间、振幅大小、持续时间、作用位置和振动方向等数据。具体内容为：

　　(1)振动荷载数值是最基本的参数；

(2)振动荷载的方向和作用位置对结构影响较大,特别是水平荷载作用位置较高时,会产生较大力矩;

(3)荷载持续时间主要是指冲击荷载作用时,持续时间较短,这是荷载计算和冲击隔振设计所需的重要参数;

(4)振动荷载的频率是隔振设计的关键因素,隔振体系应有效避开振动荷载的频率区间,以免共振。

工业建筑振动荷载包括多种类型,其中常见振动荷载有旋转式设备振动荷载、往复式设备振动荷载、冲击式设备振动荷载、冶金机械设备振动荷载、矿山机械设备振动荷载、轻纺设备振动荷载、金属切削机床设备振动荷载、厂房吊车荷载、风力发电机设备振动荷载等。

虽然《工业建筑振动荷载规范》运用统计方法得到了具有包络特性的上述振动荷载数值,但是一些设备的差异性可能会引起荷载的偏差。因此,振动荷载数值通常优先采用设备制造厂所提供的数据,当设备制造厂不能提供相关资料时,可按规范规定取值。

2.1.3　振动荷载分类

常见的工业建筑振动设备类型较多,不同类型设备的振动荷载具有较大的离散性,即使是同类型设备,不同厂家生产的设备也会有一些差异。虽然振动荷载比静力荷载复杂,但研究表明许多振动荷载都具有一些基本特征,如振动参数和技术指标。基于振动荷载的特性,可将常见的工业建筑振动荷载分为下列三类:

(1)周期振动荷载,例如旋转式设备振动荷载、往复式设备振动荷载、冶金机械设备振动荷载、矿山机械设备振动荷载、轻纺设备振动荷载等;

(2)随机振动荷载,例如金属切削机床设备振动荷载、厂房吊车荷载、风力发电机设备振动荷载等;

(3)冲击振动荷载,包括冲击式设备振动荷载等。

这三种类型的振动荷载在时域和频域内的特性都具有较大的差别,由其产生的振动效应也有不同。

1)周期性振动荷载

振动荷载值随时间变量的变化,表现为经过一个固定时间区间后,其值能重复再现,是一个周期性的振动现象。在时间区间是沿时间轴方向,做有规律的波动。周期振动荷载的曲线图形,在频率区间则表现为单频率或有限个频率点的棒状图,如图 2.29 所示。

2)随机振动荷载

振动荷载值随时间变量的变化,在未来任一给定时刻,其瞬时振动荷载值无法精确预知的无规则振动现象。随机振动荷载的曲线图形,在时间区间是一条沿时间轴方向的波动呈杂乱无章、没有规律变化的曲线。在频率区间则表现为沿频率轴或某个频率区间连续分布的图形,如图 2.30 所示。

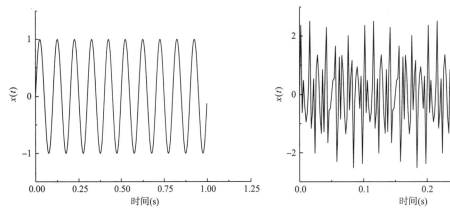

图 2.29　周期振动荷载时间历程　　　　　　图 2.30　随机振动荷载时间历程

3）冲击振动荷载

振动荷载值随时间变量的变化，表现为瞬时激励，它的作用时间非常短暂，荷载形态为脉冲函数。冲击振动荷载的曲线图形的时域过程，在时间轴上是一个脉冲函数，持续时间非常短暂。在频率区间则变现为在频率轴上呈现宽带连续分布的图形，如图 2.31 所示。

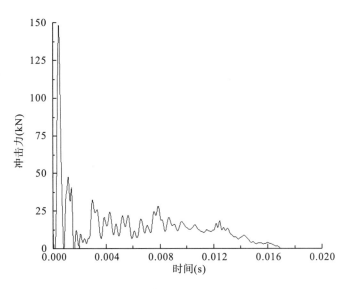

图 2.31　冲击振动荷载时间历程

2.1.4　振动荷载确定方法

测量激振力是确定振动荷载作用的直接方法。然而，多数振动设备的激振力测试较为困难，不容易直接获取振动荷载。工程中常用的间接方法包括测量振动输入的能量，动量或惯性运动量等来推算振动荷载作用；还可以通过测量振动响应和识别振动系统来推断振动荷载等方法。

振动荷载测量有两种形式：作用于系统上的作用力 $p(t)$ ；作用于基础上的位移 $z_0(t)$ 。

荷载作用如图 2.32 所示。

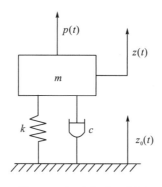

图 2.32　振动体系示意图

振动荷载测试方法可以分为以下 4 种。

(1) 直接法是在振动体系的激振输入部位直接测试作用力 $p(t)$ 。

(2) 间接法是根据振动体系振动输入部位的不同激励形式推算振动荷载，振动激励形式可以是运动量(位移，速度或加速度等)、能量或动量。

(3) 频响函数法：根据振动系统传递函数识别振动系统传递函数的各项参数，按照数据分析方法导算振动荷载。由运动微分方程：

$$m \cdot \ddot{z}(t) + c \cdot \dot{z}(t) + k \cdot z(t) = p(t) \tag{2-1}$$

得到输入位移输出体系的传递函数：

$$\left. |H(f)| \right|_{\text{P-d}} = \frac{1/k_z}{\sqrt{[1-(f/f_n)^2]^2+(2\zeta_z f/f_n)^2}} \tag{2-2}$$

于是振动荷载可按照下式计算：

$$|P(f)| = \left. |H(f)| \right|_{\text{P-d}} |Z(f)| \tag{2-3}$$

式中，m——质量；

　　c——阻尼；

　　k——刚度；

　　$z(t)$——位移；

　　$p(t)$——振动荷载；

　　f——振动荷载的激励频率；

　　f_n——结构固有频率；

　　ζ_z——阻尼比。

(4) 动平衡法。对于旋转机械中作旋转运动的零部件，旋转机械经过动平衡处理后，残余不平衡量就会产生旋转扰力。

可以根据动平衡试验的参与不平衡量来计算扰力值：

$$F = m \cdot e \cdot \omega^2 = 1.0966 \times 10^{-5} m \cdot e \cdot n^2 \tag{2-4}$$

$$\omega = \frac{2\pi n}{60} = 0.10472n \tag{2-5}$$

式中，F——旋转扰力，kN；

　　　　m——旋转部件质量，kg；

　　　　e——不平衡偏心距，m；

　　　　ω——角速度，rad/s；

　　　　n——转速，r/min。

　　激振扰力 F 通过转轴作用在轴承上，使轴承承受附加的动扰力荷载，引起转子、轴承和支承结构振动。扰力作用的方向与转轴垂直，是以转轴为圆心旋转作用的振动荷载。

2.1.5　工业建筑常见振动设备

　　工业建筑常见的振动设备有如下几种。

　　(1)旋转式机器设备：主要包含汽轮发电机组、重型燃气轮机、旋转式压缩机、离心机、电动机、通风机(图 2.33)、鼓风机、离心泵等。旋转设备工作时，由于转子系统不平衡、油膜不稳定、齿轮拟合、联轴器对中、轴承接触面形态及磨损、转子零件松动、边界层流动分离、流体介质动力等因素会引起机械振动。

图 2.33　某煤矿矿区通风机

　　(2)往复式机器设备：主要包含往复式压缩机和往复泵。其振动主要来源于由曲柄、连杆等旋转运动部件产生的不平衡质量的旋转运动惯性力和由连杆、活塞杆、活塞、连接组件等往复运动部件产生的质量往复运动惯性力(图 2.34)。

图 2.34　某厂往复式压缩机

(3)冲击式机器设备：主要包含锻锤、压力机(图 2.35)、冲床等。这些设备的振动荷载具有较明显的脉冲函数特征。

图 2.35　某公司压力机

(4)冶金机械设备：主要包含冶炼设备、轧制机械、浇筑设备、输送设备等。其中，冶炼设备振动主要来源于卷筒驱动装置旋转、钢水激振、转炉切渣、转炉倾动、钢包回转台等(图 2.36)；轧制机械振动主要来源于轧机轧制时冲击力、锯机刀片锯切时对刀槽的冲击力、滚切式剪机、矫直机、开卷机及卷取机电机等。

图 2.36　某钢厂钢包回转台

　　(5)矿山机械设备：主要包含破碎机、振动筛、磨机、脱水机、起重机、输送机等。其中，破碎机有颚式、旋回式、圆锥式、锤式、反击式和辊式等；振动筛主要有直线振动筛和圆振动筛两种方式(图 2.37)；磨机主要有球磨机、棒磨机、管磨机等；脱水机主要有立式和卧式两种；运输机主要是将破碎机和筛分机联系起来，构成破碎筛分流程(图 2.38)。

图 2.37　某新高炉振动筛外观

图 2.38　某选煤厂皮带输送机外观

（6）轻纺机械设备：主要包含纸机、复卷机、磨浆机、织机等。其中，纸机和复卷机振动主要源于各类辊、缸和纸卷在线旋转时其质量偏心引起的离心力（图 2.39）；磨浆机振动主要源于电机、主动齿轮、从动齿轮、磨浆部等在线旋转时因其质量偏心引起的离心力；织机的振动主要源于织机车速下的振动。

图 2.39　某厂房 2 号高速卫生纸机

（7）金属切削机床：主要包含车床、铣床、钻床、刨床、磨床、加工中心等（图 2.40）。产生振动荷载的因素主要有：一是由于机床本身各传动部件旋转不平衡质量所引起的振动荷载;二是机床在加工工件时转速突变产生脉冲或换刀切削时的脉冲,断续切削时的撞击。

图 2.40 某厂房内机床加工中心

(8)厂房吊车:主要是承受吊车荷载(包括起吊部件在厂房内部运行时的移动集中垂直荷载),以及吊车在起重部件时,启动或制动时产生的纵、横向水平制动荷载(图 2.41)。

图 2.41 某钢厂厂房吊车

(9) 风力发电机组：风力发电机组将风能转化成机械能时引起基座与基础之间振动扰力(图 2.42)。

图 2.42　风力发电机组外观

2.2　振 动 测 试

随着科学技术的发展，振动及设备动态特性引起的问题受到各行各业的高度关注。例如：飞机和火箭在飞行中，由于发动机和气流扰动及结构动态特性所造成的振动直接影响到飞行安全和控制精度；工业厂房内冲压设备对地基基础的冲击产生的振动直接影响到工业厂房的安全可靠性；高层建筑、桥梁、烟囱、塔架等其他一些工业厂房由于设备、风荷载和地震所产生的振动直接关系到这些结构的安全。

要解决各种各样的振动及动态特性问题，研究系统的动力学特性，分析产生振动的原因，考核工业厂房及设备适应振动与环境的关系，除了理论分析外，对结构、系统和设备进行振动测试与信号分析是必不可少的重要手段。振动测试技术是动力学学科的重要分支之一，是动力学工程应用的一个极为普遍的方面。随着设备朝着大型化、高速化的发展，振动引起的问题更为突出，需要解决的问题更为迫切，也对振动测试的研究提出了越来越高的要求。

2.2.1　测振设备及传感器

振动试验是指评定产品在预期的使用环境中抗振能力而对受振动的实物或模型进行的试验。

测量振动信号的物理量有位移、速度、加速度和加加速度，与之对应的传感器分别为位移传感器、速度传感器、加速度传感器，以及加加速度传感器，其中加加速度传感器可用加速度器加微分电路构成。

1.位移传感器

位移传感器又称为线性传感器，是一种属于金属感应的线性器件，传感器的作用是把各种被测物理量转换为电量。在生产过程中，位移的测量一般分为测量实物尺寸和机械位移两种(刘焱，2013)。按被测变量变换的形式不同，位移传感器可分为模拟式和数字式两种。模拟式又可分为物性型和结构型两种。常用位移传感器以模拟式结构型居多，包括电位器式位移传感器、电感式位移传感器、电容式位移传感器、电涡流式位移传感器、霍尔式位移传感器等。数字式位移传感器的一个重要优点是便于将信号直接送入计算机系统。这种传感器发展迅速，应用日益广泛。

由于位移传感器的工作原理、安装测量方式和所测量的被测量不同，其分类也各不相同，本书将按照测量原理做以下分类。

1)电位器式

电位器式传感器分为绕线电位器和非绕线电位器两种：绕线电位器一般由电阻丝烧制在绝缘骨架上，由电刷引出与滑动点电阻对应的输入变化(图 2.43)。电刷由待测量位移部分拖动，输出与位移成正比的电阻或电压的变化。绕线电位器的突出优点是结构简单，使用方便；缺点是存在摩擦和磨损、有阶梯误差、分辨率低、寿命短等。常见的非绕线式电位器式位移传感器是在绝缘基片上制成各种薄膜元件，如合成膜式、金属膜式、导电塑料膜式和导电玻璃釉电位器等。其优点是分辨率高、耐磨、寿命长和易校准；缺点是易受温度、湿度影响，难以实现高精度。

图 2.43 电位器式传感器

2)电阻应变式

电阻应变式传感器是以弹簧和悬臂梁串联作为弹性元件，在矩形界面悬臂梁根部正反两面贴四片应变片，并组成全桥电路，拉伸弹簧一端与测量杆连接，当测量杆随试件

产生位移时，带动弹簧使悬臂梁产生弯曲，使弯曲所产生的应变与测量杆的位移呈线性
关系(图 2.44)。这种传感器具有线性好、分辨率高、结构简单和使用方便等特点，但是
位移测量范围小，在 0.1μm～0.1mm 之间，其测量精度小于 2%，线性度为 0.1%～0.5%。

图 2.44　电阻应变式传感器

3) 电容式

　　电容式位移传感器是以理想的平板电容为基础，两个平行极板由传感器测头和被测
物体表面构成，基于运算放大器测量电路原理，当恒定频率的正弦激励电流通过传感器
电容时，传感器上产生的电压幅值与电容极板间呈比例关系(图 2.45)。电容式位移传感
器具有功率小、阻抗高、动态特性好、可进行非测量等优点，因此获得广泛的应用。但

图 2.45　电容式应变传感器

是电容传感器存在寄生电容和分布电容，会影响测量精度，且常用的变隙式电容传感器存在测量量程小，非线性误差等缺点。一般使用极距变化型电容式位移传感器和面积变化型电容式位移传感器。

4)电感式

电感式位移传感器是利用电磁感应原理进行工作的，把被测量位移量转换成为线圈的自感变化，输出的电感变化量需经电桥及放大测量电路得到电压、电流或频率变化的电信号，从而实现位移测量(图 2.46)。该传感器的优点是结构简单可靠、灵敏度高、没有摩擦、输出功率大、测量精度高、测量范围宽，有利于信号的传输。其主要缺点是灵敏度、线性度和测量范围相互制约，传感器本身频率相应低，不宜于高频动态测量；对传感器线圈供电电源的频率和振幅稳定度要求较高。在实际应用中，差动电感式位移传感器应用比较广泛。这种传感器是将两个相通的电感线圈按差动方式联结起来，利用线圈的互感作用将机械位移转换为感应电动势的变化。

电涡流式位移传感器是一种非接触的线性化计量工具。电涡流式位移传感器的敏感元件是线圈，其工作原理是通过一个高频信号源产生高频电压，将这个高频电压施加在电涡流传感器探头内的电感线圈上，这样电感线圈就会产生高频磁场，如果在这个交变的高频磁场范围内有被测导体的存在，当被测金属体靠近这一磁场，则在此金属表面产生感应电流，与此同时该电涡流场也产生一个方向与头部线圈方向相反的交变磁场，由于其反作用，使头部线圈高频电流的幅度和相位得到改变(线圈的有效阻抗)，这一变化与金属体磁导率、电导率、线圈的几何形状、几何尺寸、电流频率以及头部线圈到金属导体表面的距离等参数有关。如果使上述参量中的某一个变动，其余皆不变，就可以制成各种用途的传感器，能对表面为金属导体的物体进行多种物理量的非接触测量。这种传感器的优点是结构简单、长期工作可靠性好、频率相应宽、灵敏度高、测量线性范围大、相应速度快、抗干扰能力强、不受油污等介质的影响、体积小等。电涡流式位移传感器是一种很有发展前途的传感器，目前已经在大型旋转机械状态的在线监测与故障诊断中得到了广泛应用。

图 2.46　电感式位移传感器

5)磁敏式

磁致伸缩扭转波位位移传感器是利用磁致伸缩扭转波效应进行的。磁致伸缩指当铁磁材料置于磁场中时，它的几何尺寸会发生变化的现象。相反，极化了的铁磁棒发生形变时，会在棒内引起磁场强度的变化，这种效应就是磁致伸缩逆效应。通常利用磁致伸缩效应引发磁致伸缩材料的机械振动，向周围介质发射超声波，利用逆效应通过接收线圈就可接收该超声信号(图 2.47)。这种位移传感器安装简单、方便、能承受高温、高压和振荡的环境。最重要的一点是它具有其他位移传感器所不能达到的测量大位移、高精度的特点，在国外被广泛应用于各个部门，特别是易燃、易爆、易挥发、有腐蚀的场合。

霍尔式位移传感器主要由两个半环形磁钢组成的梯度磁场和位于磁场中心的锗材料半导体霍尔片(敏感元件)装置构成。此外，还包括测量电路(电桥、差动放大器等)及显示部分。霍尔片置于两个磁场中，调整它的初始位置，即可使初始状态的霍尔电势为零。当霍尔元件通过恒定电流时，在其垂直于磁场和电流的方向上就有霍尔电势输出。霍尔元件在梯度磁场中上、下移动时，输出的霍尔电势 V 取决于其在磁场中的位移量 x。测得霍尔电势的大小便可获知霍尔元件的静位移。磁场梯度越大，灵敏度越高；梯度变化越均匀，霍尔电势与位移的关系越接近线性。霍尔位移传感器的惯性小、频响高、工作可靠、寿命长，常用于将各种非电量转换成位移后再进行测量的场合。

磁栅也是一种测量位移的数字传感器，它是在非磁性体的平整面上镀一层磁性薄膜，并用录制磁头沿长度方向按一定的节距录上磁性刻度线而构成的，因此又把磁栅称为磁尺。磁栅可分为单面型直线磁栅、同轴型直线磁栅和旋转型磁栅等。磁栅主要用于大型机床和精密机密的位置或位移量的检测元件。磁栅位移传感器具有结构简单、使用方便、测量范围大(1～20m)和磁信号可以重新录制等特点。其缺点是需要屏蔽和防尘。

感应同步器是利用电磁感应原理把位移量转换成数字量的传感器。它有两个平面绕组，类似于变压器的初级绕组和次级绕组，位移运动引起两个绕组间的互感变化，由此可进行位移测量。按测量位移对象的不同感应同步器可分为直线型感应同步器和圆盘型感应同步器两大类，前者用于直线位移的测量，后者用于角位移的测量。感应同步器具有测量精度高、抗干扰能力强、非接触性测量、可根据需要任意接长等优点。直线型感应同步器已广泛应用于各种工业机械设备及厂房上，圆盘型感应同步器应用于导弹制导、雷达天线定位等领域。

图 2.47　磁敏式位移传感器

6) 光电式

激光位移传感器是一种非接触式的精密激光测量装置。它是根据激光三角原理设计和制造的，由半导体激光发出一定波长光束，经过发射光学系统后会聚集在被测物体的表面，形成漫反射。该漫反射像经过光学系统后成像在 CCD 上，并被转换成电信号。当被测面相对传感器在 Y 方向移动时，漫反射像也在移动，在 CCD 光敏面上的成像也必将跟着移动位置，这样即输出不同的电信号。这样将位移量最终转换成电信号，从而与其他设备进行接口（图 2.48）。激光位移传感器具有适应性强、速度快、精度高等特点，适用于检测各种回转体、箱体零件的尺寸和形位误差。该传感器可与快速的反馈跟踪系统配合使用，能够精准快速地测出表面的形状和轮廓，但存在成本比较高的问题。目前主要应用在对灵敏度和精度要求比较高的位移、角度、同轴度的非接触测量与校准领域。

光栅式位移传感器可以把位移转换为数字量输出，属于数字式传感器。基本工作原理是利用计量光栅的莫尔条纹现象进行位移测量，它一般由光源、标尺光栅、指示光栅和光电器件组成。发光二极管经聚光透镜形成平行光，平行光以一定角度射向裂向指示光栅，由标尺光栅的反射光与指示光栅作用形成莫尔条纹，光电器件接收到的莫尔条纹光电信号经电路处理后可得到两光栅的相对位移。光栅式位移传感器具有精度高、大量程测量兼有高分辨率、可实现动态测量、易于实现测量及数据处理、易于实现数字化、安装调整方便、使用稳定可靠、有较强的抗干扰能力的优点。但是价格极为昂贵、工艺复杂且抗冲击和振动能力不强，对工作环境敏感，易受油污和尘埃的影响。

光纤位移传感器可以分为元件型和反射型两种形式。元件型位移传感器通过压力或应变等形式作用在光纤上，使光在光纤内部传输过程中，引起相位、振幅、偏振态等变化，只要能测得光纤的特性变化，即可测得位移，在这里光纤是作为敏感元件使用的。反射式光纤位移传感器工作原理是入射光纤的光射向被测物体，被测物体反射的光一部分被接收光纤接收，根据光学原理可知，反射光的强度与被测物体的距离有关，因此，只要测得反射光的强度，便可知物体位移的变化，这里主要是利用光纤传输光信号的功能。光纤传感器属于非接触式测量，消除了机械接触对测量造成的影响，具有寿命长、可靠性高、测量精度高等优点，其主要缺点是数据处理复杂，光源的波动、光电器件和电路的漂移、光纤自身的弯曲损耗、被测物体表面的折射率改变和环境变化等都会影响测量的灵敏度和精度。

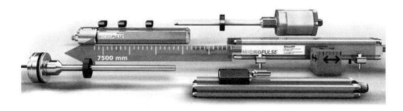

图 2.48　光电式位移传感器

7) 超声波式

超声波位移传感器是利用超声波在两种介质分界面上的反射特性而制成的。如果从发射超声波脉冲开始，到换能器接收到发射波为止的这个时间间隔为已知，就可以求出分界面的位置，从而对物体进行测量(图 2.49)(昌学年，2009)。根据发射和接收换能器的不同功能，传感器又分为单换能器和双换能器。一般在空气中超声波的传播速度 v 主要与温度 T 有关，即 $v=331.3+0.607T$，所以当温度已知时，超声波的速度是确定的，只需记录从发射到接收超声波的时间即可求出被测距离。该传感器操作简单，价格低廉，在恶劣环境下也能保持较高的精度，安装和维护方便。

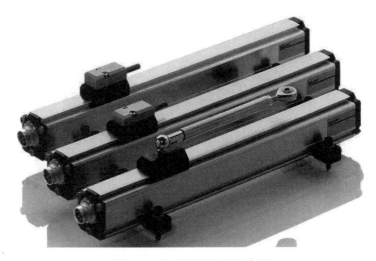

图 2.49　超声波式位移传感器

2. 速度传感器

单位时间内位移的增量就是速度。速度包括线速度和角速度，与之相对应的就有线速度传感器和角速度传感器，统称为速度传感器。

由于速度传感器的工作原理、安装测量方式和所测量的被测量不同，其分类也各不相同，本书将按照测量原理做以下分类。

1) 光电式

光电式速度传感器由带孔的转盘，两个光导体纤维，一个发光二极管，一个作为光传感器的光电三极管组成(图 2.50)。一个以光电三极管为基础的放大器提供足够功率的信号，光电三极管和放大器产生数字输出信号(开关脉冲)。发光二极管透过转盘上的孔照到光电二极管上实现光的传递与接收。

图 2.50　光电式速度传感器

2)磁电式

磁电式速度传感器有时也称作电动式或感应式传感器，它只适合进行动态测量。由于它有较大的输出功率，故配用电路较简单，零位及性能稳定。磁电式速度传感器是利用电磁感应原理，将输入运动速度变换成感应电势输出的传感器。它不需要辅助电源，就能把被测对象的机械能转换成易于测量的电信号，是一种有源传感器。

磁电感应式传感器由两个基本元件组成：一个是产生恒定直流磁场的磁路系统，为了减小传感器体积，一般采用永久磁铁；另一个是线圈，由它与磁场中的磁通交链产生感应电动势(图 2.51)。感应电动势与磁通变化率或者线圈与磁场相对运动速度成正比，因此必须使它们之间有一个相对运动。作为运动部件，可以是线圈，也可以是永久磁铁。所以，必须合理地选择它们的结构形式、材料和结构尺寸，以满足传感器的基本性能要求。

图 2.51　磁电式速度传感器

3)霍尔式

霍尔式传感器是基于霍尔效应的一种传感器。1879 年美国物理学家霍尔首先在金属材料中发现了霍尔效应，但是由于金属材料的霍尔效应太弱而没有得到应用。随着半导体技术的发展，开始用半导体材料制作霍尔元件，由于它的霍尔效应显著而得到应用和发展。霍尔传感器是一种当交变磁场经过时产生输出电压脉冲的传感器，脉冲的幅度是由激励磁场的场强决定的(图 2.52)。因此，霍尔传感器不需要外界电源供电。

图 2.52　霍尔式速度传感器

4)激光式

激光式传感器是基于多普勒原理测量物体的振动速度。多普勒原理指若波源或接收波的观察者相对于传播波的媒质而运动,那么观察者所测到的频率不仅取决于波源发出的振动频率,而且还取决于波源或观察者运动速度的大小和方向。所测频率与波源的频率之差称为多普勒频移。在振动方向与传播方向一致时多普勒频移 $f_d = v/\lambda$,式中 v 为振动速度、λ 为波长。在激光多普勒振动速度测量仪中,由于光往返的原因,$f_d = 2v/\lambda$。这种测振仪在测量时由光学部分将物体的振动转换为相应的多普勒频移,并由光检测器将此频移转换为电信号,再由电路部分作适当处理后送往多普勒信号处理器,并将多普勒频移信号变换为与振动速度相对应的电信号,最后记录于磁带。这种测振仪采用波长为 6328 埃(Å)的氦氖激光器,用声光调制器进行光频调制,用石英晶体振荡器加功率放大电路作为声光调制器的驱动源,用光电倍增管进行光电检测,用频率跟踪器来处理多普勒信号。它的优点是使用方便,不需要固定参考系,不影响物体本身的振动,测量频率范围宽、精度高、动态范围大。缺点是测量过程受其他杂散光的影响较大。

图 2.53　激光式速度传感器

3.加速度传感器

加速度传感器是一种能够测量加速力,将加速度转换为电信号的电子设备。加速力就是当物体在加速过程中作用在物体上的力,就好比地球引力,也就是重力(刘宇,2010)。加速力可以是个常量,比如 g,也可以是变量。加速度计有两种:一种是角加速度计,是由陀螺仪(角速度传感器)改进的;另一种就是线加速度计。加速度传感器可应用在工业控制、仪器仪表;手柄振动和摇晃、玩具、鼠标;汽车制动启动检测、报警系统;结构物、环境监视;工程测振、地质勘探、地震检测;铁路、桥梁、大坝的振动测试与分析;高层建筑结构动态特性和安全保卫振动侦察上。

加速度传感器的本质是通过作用力造成传感器内部敏感部件发生变形,通过测量其变形并用相关电路转化成电压输出,得到相应的加速度信号。加速度传感器根据工作原理可分为 5 种。

1) 压电式

压电式加速度传感器是基于压电晶体的压电效应工作的。某些晶体在一定方向上受力变形时，其内部会产生极化现象，同时在它的两个表面上产生符号相反的电荷；当外力去除后，又重新恢复到不带电状态，这种现象称为"压电效应"。在加速度计受振时，质量块加在压电元件上的力也随之变化。当被测振动频率远低于加速度计的固有频率时，则力的变化与被测加速度成正比(图 2.54)。压电式加速度传感器具有动态范围大、频率范围宽、坚固耐用、受外界干扰小以及压电材料受力自产生电荷信号不需要任何外界电源等特点，是最为广泛使用的振动测量传感器。虽然压电式加速度传感器的结构简单，商业化使用历史也很长，但因其性能指标与材料特性、设计和加工工艺密切相关，因此在市场上销售的同类传感器性能的实际参数以及其稳定性和一致性差别非常大。与压阻和电容式相比，其最大的缺点是压电式加速度传感器不能测量零频率的信号。

图 2.54　压电式加速度传感器

2) 压阻式

压阻式加速度传感器是最早开发的硅微加速度传感器(基于 MEMS 硅微加工技术)，压阻式加速度传感器的弹性元件一般采用硅梁外加质量块，质量块由悬臂梁支撑，并在悬臂梁上制作电阻，连接成测量电桥。在惯性力作用下质量块上下运动，悬臂梁上电阻的阻值随应力的作用而发生变化，引起测量电桥输出电压变化，以此实现对加速度的测量(图 2.55)。

压阻式加速度传感器的典型结构形式有很多种，有悬臂梁、双臂梁、4 梁和双岛-5 梁等结构形式。弹性元件的结构形式及尺寸决定传感器的灵敏度、频响、量程等。质量块能够在较小的加速度作用下，使得悬臂梁上的应力较大，提高传感器的输出灵敏度。

压阻式加速度传感器测量频率范围也可从直流信号到具有刚度高，测量频率范围到几十千赫兹的高频测量。超小型化的设计也是压阻式传感器的一个亮点。需要指出的是尽管压阻敏感芯体的设计和应用具有很大灵活性，但对某个特定设计的压阻式芯体而言其使用范围一般要小于压电型传感器。压阻式加速度传感器的另一缺点是受温度的影响较大，实用的传感器一般都需要进行温度补偿。在价格方面，大批量使用的压阻式传感器成本价具有很大的市场竞争力，但对特殊

图 2.55　压阻式加速度传感器

使用的敏感芯体制造成本将远高于压电型加速度传感器。

3) 电容式

电容式加速度传感器是基于电容原理的极距变化型的电容传感器。其中一个电极是固定的，另一变化电极是弹性膜片。弹性膜片在外力(气压、液压等)作用下发生位移，使电容量发生变化。这种传感器可以测量气流(或液流)的振动速度(或加速度)，还可以进一步测出压力(图 2.56)。

电容式加速度传感器，具有电路结构简单，频率范围宽约为 0~450Hz，线性度小于1%，灵敏度高，输出稳定，温度漂移小，测量误差小，稳态响应，输出阻抗低，输出电量与振动加速度的关系式简单方便易于计算等优点，具有较高的实际应用价值。但不足之处表现在信号的输入与输出为非线性，量

图 2.56　电容式加速度传感器

程有限，受电缆的电容影响，以及电容传感器本身是高阻抗信号源，因此电容传感器的输出信号往往需通过后继电路给予改善。在实际应用中电容式加速度传感器较多地用于低频测量，其通用性不如压电式加速度传感器，且成本也比压电式加速度传感器高得多。

4) 伺服式

当被测振动物体通过加速度计壳体有加速度输入时，质量块偏离静平衡位置，位移传感器检测出位移信号，经伺服放大器放大后输出电流，该电流流过电磁线圈，从而在永久磁铁的磁场中产生电磁恢复力，迫使质量块回到原来的静平衡位置，即加速度计工作在闭环状态，传感器输出与加速度计呈一定比例的模拟信号，它与加速度值呈正比关系。

伺服式加速度传感器是一种闭环测试系统，具有动态性能好、动态范围大和线性度好等特点。其工作原理是传感器的振动系统由"m-k"系统组成，与一般加速度计相同，但质量 m 上还接着一个电磁线圈，当基座上有加速度输入时，质量块偏离平衡位置，该位移大小由位移传感器检测出来，经伺服放大器放大后转换为电流输出，该电流流过电磁线圈，在永久磁铁的磁场中产生电磁恢复力，力图使质量块保持在仪表壳体中原来的平衡位置上，所以伺服加速度传感器在闭环状态下工作(图 2.57)。

由于有反馈作用，增强了抗干扰的能力，提高测量精度，扩大了测量范围，伺服加速度测量技术广泛地应用于惯性导航和惯性制导系统中，在高精度的振动测量和标定中也有应用。

图 2.57　伺服式加速度传感器

5) 三轴式

三轴式加速度传感器是基于加速度的基本原理去实现工作的，加速度是个空间矢量，一方面，要准确了解物体的运动状态，必须测得其三个坐标轴上的分量；另一方面，在预先不知道物体运动方向的场合下，只有应用三轴加速度传感器来检测加速度信号。

由于三轴加速度传感器也是基于重力原理的，因此用三轴加速度传感器可以实现双轴正负 90° 或双轴 0°～360° 的倾角，通过校正后期精度要高于双轴加速度传感器大于测量角度为 60° 的情况。

目前的三轴加速度传感器和三轴加速度计大多采用压阻式、压电式和电容式工作原理，产生的加速度正比于电阻、电压和电容的变化，通过相应的放大和滤波电路进行采集。

三轴加速度传感器具有体积小和质量轻的特点，可以测量空间加速度，能够全面准确反映物体的运动性质，在航空航天、机器人、汽车和医学等领域得到广泛的应用（图 2.58）。

4. 加加速度传感器

加加速度传感器是在加速度传感器的基础上增加了微分电路，对测量出的加速度进行微分得到的就是加加速度，其传感器与加速度传感器相似。

2.2.2　测试方法

根据振动所发生的条件不同，可以把测试方法分为三类。

图 2.58　三轴式加速度传感器

1）激振法

激振法（impulse excitation technique，IET）是一种无损检测方法，是通过试样固有频率、尺寸和质量来获取材料杨氏模量、剪切模量、泊松比及阻尼比的一种方法。

脉冲激振技术是指通过合适的外力冲击试样，给予试样一个连续的脉冲波，当该连续脉冲波中某一频率的波与试件本身的固有频率相一致时，振幅最大，延时最长，这个共振波通过测试探针或传感器的传递转换成电讯号送入计算机，由计算机分析处理获得材料的固有频率，用该频率值可计算出材料杨氏模量、剪切模量、泊松比及阻尼比。

该方法是一种高效、简便且准确的测试方法，设备简单，易于操作，容易实现高温弹性模量的测试；该技术已被广泛应用于研究与质量控制领域，适用于各种固体材料，如金属、合金、陶瓷、玻璃、耐火材料、石墨等。IET 技术在分辨率，量程和可靠性上超过其他原理的测试方法，是世界上公认的先进的非接触测定各种材料弹性模量的一种理想检测方法。

强迫振动法实质上就是利用共振时振幅最大的特点来测量结构的自振频率。该方法使结构在激振器简谐扰力作用下发生受迫振动，利用激振器可以连续改变激振频率的特点，当结构产生共振时振幅出现极大值，这时激振器的频率即为结构的自振频率。因此利用强迫振动法可以确定多个自由度体系结构的各阶自振频率。由于阻尼比的影响，强迫振动法测出的结构自振频率略小于实际自振频率，但当阻尼很小时二者非常接近。

单自由度有阻尼体系强迫振动的微分方程：

$$m\ddot{x} + c\dot{x} + kx = p_0 \sin \overline{w}t \tag{2-6}$$

上述方程可以写为

$$\ddot{x} + 2\varepsilon\omega\dot{x} + w^2 x = \frac{p_0}{m} \sin \overline{w}t \tag{2-7}$$

求得方程解为

$$x = \left(A \cos w_D t + B \cos w_D t \right) e^{-\varepsilon\omega t} + \rho \sin(\overline{w}t - \theta) \tag{2-8}$$

由于阻尼的影响，按自振频率 w_D 振动的部分很快消失，最后留下按荷载频率 $\overline{w}$ 振动的稳态强迫振动：

$$x = \rho \sin(\overline{w}t - \theta) \tag{2-9}$$

式中，

$$\rho = \frac{p_0}{k} \frac{1}{\sqrt{(1-\beta^2)^2 + (2\varepsilon\beta)^2}} \tag{2-10}$$

$$\theta = \arctan\left(\frac{-2\varepsilon\beta}{1-\beta^2}\right) \tag{2-11}$$

$$\beta = \frac{\overline{w}}{w} \tag{2-12}$$

荷载 p_0 引起的动振幅与静位移比值 D 称为动力方法系数。

$$D = \frac{\rho}{p_0/k} \frac{1}{\sqrt{(1-\beta^2)^2 + (2\varepsilon\beta)^2}} \tag{2-13}$$

对式(2-13)求导可知，当 $\beta = \sqrt{1-2\varepsilon^2}$ 时，动力放大系数有最大值：

$$D_{\max} = \frac{1}{2\varepsilon\sqrt{1-\varepsilon^2}} \tag{2-14}$$

所以可以用半功率法求结构阻尼比，即由稳态强迫振动的振幅 ρ 降到振幅峰值 $\rho_{\max}$ 的 $1/\sqrt{2}$ 时的频率来确定阻尼比：

$$\rho = \frac{p_0}{k}\frac{1}{\sqrt{(1-\beta)^2+(2\varepsilon\beta)^2}} = \frac{1}{\sqrt{2}}D_{\max}\frac{p_o}{k} \tag{2-15}$$

可得

$$\varepsilon = \frac{\beta_2-\beta_1}{\beta_2+\beta_1} \tag{2-16}$$

式中，β_1、β_2——稳态强迫振动的振幅 ρ 等于振幅峰值 $\rho_{\max}$ 的 $1/\sqrt{2}$ 时的频率。

与自由振动衰减法不同，强迫振动法可以通过连续改变激振器频率使结构在各阶自振频率下共振，即可得到该阶自振频率下的主振型。

在结构上布置激振器或施加激振力时，先将激振力作用在振型曲线上位移最大的部位，然后在结构的若干个部位布置若干个拾振器，当激振器使结构发生共振时，同时记录下结构各部位的振动图，通过比较各点的振幅和相位，即可给出该阶自振频率下的振动图。

2) 脉动法

建筑物的脉动是一种很微小的振动，脉动源自于地壳内部微小的振动，地面车辆运动、机器运转所引起的微小振动以及风引起的建筑物的振动等，利用建筑物的脉动相应来确定其动力特性，俗称脉动试验。利用高灵敏度的传感器、放大记录设备，借助于随机信号数据处理的技术，利用环境激励测量结构物的响应，分析确定结构物的动力特性是一种有效而简单的方法，它可以不用任何激振设备，对建筑物丝毫没有损伤，也不影响建筑物内正常工作的进行，在自然环境条件下，就可以测量建筑物的响应，经过数据分析就可以确定其动力特性。

采用脉动法进行动力特性试验和数据分析时，需作 5 条假设。

(1) 建筑物的脉动是一种各态历经的平稳随机过程。

(2) 只要有足够长的记录时间，可以用单个样本函数上的时间平均来描述这个过程的所有样本的平均特性。

(3) 对于有多个外界激励输入的多自由度系统，可近似认为共振频率附近测得的振幅就是纯模态的振型幅值。

(4) 对于低阻尼体系的多自由度系统，假设系统的各阶自振频率相差较大，因此可近似认为在某阶共振频率附近测得的数据不受其他振型影响，也即可以利用峰值来确定系统的各阶自振频率和相应主振型。

(5) 脉冲源的频谱较为平坦，可近似为有限带宽白噪声，即脉动源的傅里叶谱或功率普函数是一个常数。

在随机振动中，由于振动时间历程明显是非周期函数，用傅里叶变换的方法可知这种振动有连续的各种频率成分，且每种频率有它对应的功率或能量，把它们的关系用图表表示，称为功率在频域内的函数，简称为功率谱函数。

在平稳随机过程中，我们可采用功率谱函数来判别某一过程中各种频率的能量强弱和对动态结构的响应分析，这是因为功率谱函数已将该过程的"功率"在频率域上的分布方式给了出来。

与一般振动问题相类似，随机振动也是研究系统的输入(激励)、输出(响应)以及动态特性三者之间的关系。因此假设脉动源的功率谱函数为常数时，结构响应的频谱函数反映的就是结构自身的动力特性，不仅可以确定结构的自振频率，还可以在脉动源的功率谱函数上，利用半功率法确定结构的阻尼比。

基于以上假设，结构动力特性的确定方法为以下三种。

(1)确定自振频率。基于平稳随机过程的假定，根据随机振动理论，频响函数的计算公式如下：

$$|H(\omega)|^2 = \frac{G_{xx}(\omega)}{G_{ff}(\omega)} = \frac{G_{xx}(\omega)}{C} \tag{2-17}$$

式中，$G_{ff}(\omega)$——脉动源 $f_{(t)}$ 的自功率谱函数，根据假设(3)，$G_{ff}(\omega)$ 为常数 C；

$G_{xx}(\omega)$——结构响应 $x_{(t)}$ 的自功率谱函数。

由上式可知，在脉动源自功率谱函数 $G_{ff}(\omega)$ 为常数的情况下，频响函数 $H(\omega)$ 与结构响应的自功率谱函数 $G_{xx}(\omega)$ 的频谱特征是一致的，故实际中结构自振频率的识别常依据结构响应的自功率谱函数。但由于测量噪声和激励谱的影响，结构响应自功率谱的峰值处不一定是模态频率。可依据下列原则由结构响应频谱特征差别确定模态频率：各测点的自功率谱峰值位于同一频率处；模态频率处各测点的相干函数较大，接近于 1；各测点在模态频率处具有近似同相位(相位角 0°)或反相位(相位角 180°)的特点。

(2)确定振型。在确定固有频率后，用不同测点在固有频率处响应的比值就能获得固有振型，结构响应的自谱与互谱的幅值之比(即为其传递函数)可近似地确定振型。以参考点为输入，测点为输出，用参考点与测点之间的传递函数分析振型可表示为

$$H(\omega) = \frac{G_{yx}(\omega)}{G_{xx}(\omega)} \tag{2-18}$$

式中，$G_{xx}(\omega)$、$G_{yx}(\omega)$——分别为结构响应的自功率谱与互动功率谱函数。

(3)确定阻尼比。结构的阻尼比分析是在频域上进行的。根据各测点的频谱图，用半功率法算出各测点在指定频率上的阻尼比 ε_i，即：

$$\varepsilon_i = \frac{B_m}{2f_m} \tag{2-19}$$

式中，B_m——与第 j 振型有关的谱峰值的半功率带宽；

f_m——第 j 阶自振频率。

采用脉动法测试时对仪器设备和测试环境有较高的要求。

(1)高灵敏度的传感器和放大记录仪器。脉动源的振动都是极其微弱的，所引起的结构振幅一般不超过 10μm，这就要求有高灵敏度的传感器能够采集这种极其微弱的振动信

号，并通过放大记录仪器放大振动信号。

(2) 较低的下限频率。高层建筑结构的动力特性测试主要采用脉动法，而高层建筑的自振频率较低，为满足测试要求，传感器及放大记录仪器应具有较低的下限频率。

(3) 良好的测试环境。脉动源本身的振动极其微弱，很容易受周围环境和机器设备的振动干扰，从而影响测试精度。因此一般脉动试验选择在夜间停工或生产施工间隙时进行；并且应有足够长的记录时间以保证随机振动信号的统计精度；同时应注意数据平稳性，若有较大波动应重新采集。

3) 自由振动法

作振动的系统在外力的作用下物体离开平衡位置以后就能自行按其固有频率振动，而不再需要外力的作用，这种不在外力作用下的振动称为自由振动。理想情况下的自由振动叫无阻尼自由振动，自由振动时的周期叫固有周期，自由振动时的频率叫固有频率。它们由振动系统自身条件所决定，与振幅无关。根据自由振动发射的自振频率，利用测振设备及传感器进行收集处理这些信号，进而得到自振频率及其他参数。

主要是常采用初位移法或者是初速度法，在采用自由振动法对结构的动力特性进行测试的过程中，也就是让结构产生在受到一个冲击荷载作用下的有阻尼自由振动。实际工程现场中，冲击荷载的产生可以通过突然发动或是制动驱动电机的方法，或是可以利用反冲激振器，产生冲击荷载施加于结构上，从而使结构产生自由振动，并通过机器设备将结构的自由振动的时间历程曲线记录下来，如图 2.59 所示。

运用此方法的过程中，于结构振幅最大的位置放置传感器，同时还要避免放在结构的某一杆件的局部发生振动的位置，解决这个问题最好的方法是在结构的纵、横两个方向多布置些测试点，通过这些测试点来观察结构的整体振动情况。

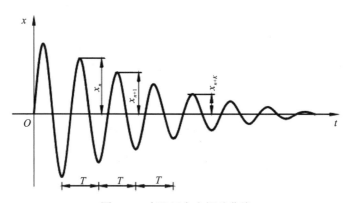

图 2.59　有阻尼自由振动曲线

从图 2.59 结构的有阻尼自由振动的时间历程曲线上，根据时间坐标直接取得结构振动的周期，从而得到结构振动的基本频率。一般地，最开始的几个波是不用的，以提高测试的精确度，并消除外界荷载的影响。同时，可以用若干个波相比较好的几个波测得它们的振动频率值，求出它们的平均值作为基本振动频率，以提高测试的精度。

在对振动有影响的各个因素中，阻尼是对其影响最大的一个因素。这是因为阻尼会使结构振动的能力削弱甚至消散，从而造成结构的振动幅度不断地减小。故可以采用图 2.59 所示的有阻尼的自由振动时间历程曲线得到结构的振幅变化，然后按照式(2-20)对结构阻尼比 ζ 进行确定，进而求得结构的阻尼系数 $C=2m\omega\zeta$。

$$\varepsilon = \frac{1}{2\pi}\ln\frac{x_n}{x_{n+1}} \tag{2-20}$$

式中，$\ln\dfrac{x_n}{x_{n+1}}$ 称为对数衰减率。

实际工程中，进行计算时常取振动时间历程曲线中的 K 个周期，从而得出结构的平均阻尼比，按式(2-21)进行计算。

$$\varepsilon = \frac{1}{2\pi K}\ln\frac{x_n}{x_{n+1}} \tag{2-21}$$

结构在以某一固有频率产生振动时，结构对应这一固有频率下的结构振型图就可以通过如下方法得到：用光滑的曲线将在同一时刻的结构各个点之间的振幅进行连接。其上各个点之间的振幅会呈现一定的比例关系。采用自由振动法时，通常只可以得到结构的基本频率及这个频率所对应的主振型的振型图。

4)常用振动参数测试方法

工程振动量值的物理参数常用位移、速度和加速度来表示。由于在通常的频率范围内振动位移幅值量很小，且位移、速度和加速度之间都可互相转换，所以在实际使用中振动量的大小一般用加速度的值来度量。常用单位为：米/秒^2(m/s^2)，或重力加速度(g)。

描述振动信号的另一重要参数是信号的频率。绝大多数的工程振动信号均可分解成一系列特定频率和幅值的正弦信号，因此，对某一振动信号的测量，实际上是对组成该振动信号的正弦频率分量的测量。对传感器主要性能指标的考核也是根据传感器在其规定的频率范围内测量幅值精度的高低来评定。

最常用的振动测量传感器按各自的工作原理可分为压电式、压阻式、电容式、电感式以及光电式。压电式加速度传感器因为测量频率范围宽、量程大、体积小、质量轻、对被测件的影响小以及安装使用方便，所以成为最常用的振动测量传感器。

(1)工程振动测试方法。

在工程振动测试领域中，测试手段与方法多种多样，但是按各种参数的测量方法及测量过程的物理性质来分，可以分成三类。

机械式振动测量方法：振动传感器将工程振动的参量转换成机械信号，再经机械系统放大后，进行测量、记录，常用的仪器有杠杆式测振仪和盖格尔测振仪，它能测量的频率较低，精度也较差。但在现场测试时较为简单方便。

光学式测量方法：将工程振动的参量转换为光学信号，经光学系统放大后显示和记录。如读数显微镜和激光测振仪等。

电测方法：将工程振动的参量转换成电信号，经电子线路放大后显示和记录。电测法的要点在于先将机械振动量转换为电量(电动势、电荷及其他电量)，然后再对电量进行测量，从而得到所要测量的机械量。这是目前应用得最广泛的测量方法。

　　上述三种测量方法的物理性质虽然各不相同，但是，组成的测量系统基本相同，它们都包含拾振、测量放大线路和显示记录三个环节。①拾振环节。把被测的机械振动量转换为机械的、光学的或电的信号，完成这项转换工作的器件叫传感器。②测量线路。测量线路的种类甚多，它们都是针对各种传感器的变换原理而设计的。比如，专配压电式传感器的测量线路有电压放大器、电荷放大器等；此外，还有积分线路、微分线路、滤波线路、归一化装置等等。③信号分析及显示、记录环节。从测量线路输出的电压信号，可按测量的要求输入给信号分析仪或输送给显示仪器(如电子电压表、示波器、相位计等)、记录设备(如光线示波器、磁带记录仪、X-Y 记录仪等)等。也可在必要时记录在磁带上，然后再输入到信号分析仪进行各种分析处理，从而得到最终结果。

　　(2)传感器的机械接收原理。

　　振动传感器在测试技术中是关键部件之一，它的原理是将机械量接收下来，并转换为与之成比例的电量。由于它也是一种机电转换装置，所以有时也被称为换能器、拾振器等。振动传感器并不是直接将原始要测的机械量转变为电量，而是将原始要测的机械量作为振动传感器的输入量，然后由机械接收部分加以接收，形成另一个适合于变换的机械量，最后由机电变换部分再将其变换为电量。因此一个传感器的工作性能是由机械接收部分和机电变换部分的工作性能来决定的。

　　相对式机械接收原理：由于机械运动是物质运动的最简单的形式，因此人们最先想到的是用机械方法测量振动，从而制造出了机械式测振仪(如盖格尔测振仪等)。传感器的机械接收原理就是建立在此基础上的。相对式测振仪的工作接收原理是在测量时，把仪器固定在不动的支架上，使触杆与被测物体的振动方向一致，并借弹簧的弹性力与被测物体表面相接触，当物体振动时，触杆就跟随它一起运动，并推动记录笔杆在移动的纸带上描绘出振动物体的位移随时间的变化曲线，根据这个记录曲线可以计算出位移的大小及频率等参数。由此可知，相对式机械接收部分所测得的结果是被测物体相对于参考体的相对振动，只有当参考体绝对不动时，才能测得被测物体的绝对振动。这样，就发生一个问题，当需要测的是绝对振动，但又找不到不动的参考点时，这类仪器就无用武之地。例如，在行驶的内燃机车上测试内燃机车的振动，在地震时测量地面及楼房的振动等，都不存在一个不动的参考点。在这种情况下，必须用另一种测量方式的测振仪进行测量，即利用惯性式测振仪。

　　惯性式机械接收原理：惯性式机械测振仪测振时，是将测振仪直接固定在被测振动物体的测点上，当传感器外壳随被测振动物体运动时，由弹性支承的惯性质量块将与外壳发生相对运动，则装在质量块上的记录笔就记录下质量元件与外壳的相对振动位移幅值，然后利用惯性质量块与外壳的相对振动位移的关系式，即可求出被测物体的绝对振动位移波形。

2.2.3　振动数据分析及处理

　　振动信号的分析和处理技术一般可分为时域分析、频域分析、时频分析和时间序列建模分析等。这些分析处理技术从不同的角度对信号进行观察和分析，为提取与建筑物有关的特征信息提供了不同的手段(纪国宜，2015)。

1.数据的时域分析

时域分析包括时域统计分析、时域波形分析和时域相对分析。

1)时域统计分析

时域统计分析常用的统计特征值包括均值、最大值、最小值、均方值、方根幅值、斜度、峭度、峰值指标、脉冲指标、裕度指标、峭度指标和概率密度分布(概率密度分布有的也算作幅值域分析)等，它是对振动信号进行幅值上的各种处理。振动信号的时域均值反映平均振动能量；而最大值、最小值、峰值指标在一定程度上反映振动信号是否含有冲击成分；斜度则反映幅值概率密度对于纵坐标的不对称性，不对称越厉害，斜度越大；一般来说，随着设备状态的改变，方根幅值、平均幅值，以及峭度均会逐渐增大，其中，峭度对大幅值非常敏感；峭度、裕度和脉冲指标对于冲击类型故障比较敏感，特别是对早期故障有较高的敏感性。

2)时域波形分析

时域波形分析的特点是信号的时间顺序，即数据产生的先后顺序。它可以直观地描述振动随时间的变化情况，初略地估量振动平稳与否及对称程度。时间波形有直观、易于理解等特点，由于是原始信号，所以包含的信息量大，对于某些故障信号，其波形具有明显的特征，这时可以利用时间波形做出初步判断。

3)时域相关分析

时域相关分析包括自相关分析和互相关分析。自相关分析是研究信号在振动过程中不同时刻的相关程度。用自相关函数可以区别信号的类型，检测随机噪声中的确定性信号。互相关分析是描述两个振动过程中在不同时刻的相关程度。它可以找出两个信号之间的关系和相似之处，也可以找出同一信号的现在值与过去值的关系，或者根据过去值、现在值来估算未来值。相关分析可以协助找出振动的振源，也可以在噪声背景下提取有用信息，它是旋转机械状态监测与故障诊断重要的手段之一。

2.数据的频域分析

对评价工业建筑振动和故障诊断而言，时域分析往往是初步的。频域分析是工业建筑监测中信号处理的最重要、最常用的分析方法。工程上所测得的信号一般为时域信号，然后由于故障的发生往往会引起信号频率结构的变化，为了对所测信号了解、观测对象的动态行为，往往需要频域信息。它能通过了解测试对象的动态特性，对工业建筑的状态做出评价并准确而有效地诊断测试对象和对故障进行定位，进而为防止故障的再次发生提供分析依据。通过频域分析把复杂的时间历程经傅里叶分解为若干单一的谐波分量，可以获得信号的频率结构以及各谐波幅值和相位信息。根据信号的性质及变换方法的不同，常用的频域分析方法有频谱、自功率谱、互功率谱、倒频谱、细化谱、解调谱、相干函数、频响函数分析等。这些频域分析的核心算法是快速傅里叶变换。

1) 幅值谱、相位谱、功率谱分析

频域分析是基于频谱分析展开的，即在频率域将一个复杂的信号分解为简单信号的叠加，这些简单信号对应各种频率分量并同时体现幅值、相位、功率及能量与频率的关系。频谱分析中常用的有幅值谱、功率谱以及相位谱。幅值谱表示了振动参数(位移、速度、加速度)的幅值随频率分布的情况；功率谱表示了振动参量的能量随频率的分布。

频谱分析能够分析信号的能量(或功率)的频率分布，因此频谱分析在工业建筑故障诊断中查找振源、分析寻找故障原因、部位、类型等方面具有极为广泛的用途。频谱分析计算是以傅里叶变换为基础的，它将复杂信号分解为有限或无限个频率的简谐分量。

2) 倒频谱分析

倒频谱分析亦称为二次频谱分析，是近代信号分析科学中的一项新技术。倒频谱分析可以将输入信号与传递函数区分开来，便于识别，还能区分出因调制引起的功率谱中的周期量，找出调制源。倒频谱分析是对功率谱取对数再进行傅里叶正变换等运算，得到输入信号的幅值。因而倒频谱分析能将响应信号中的输入效应和传输途径效应区分开来，使分析结果受传输途径的影响减小，倒频谱识别能将原来谱图上成簇的边频带谱线简化为单根谱线，以便观察。利用这一特点，可识别出复杂频谱图上的周期结构，分离和提取密集泛频信号的周期成分，这对于具有周期成分及多成分变频等复杂信号的识别尤为有效。

3) 细化分析

在故障诊断中，故障的特征信息往往只集中在某些频段内，根据故障敏感频段内各频率成分的变化情况，便可以知道故障产生的原因和程度。为了提高诊断的准确性和可靠性，需在该频段内有较高的频率分辨率。细化分析对信号频谱中某一频段进行局部放大，使得分析频段的频率分辨率和频谱分析精度大为提高，它是非常重要的一种高精度谱分析手段。

4) 解调分析

解调分析是把包络信号与其载波信号分离开来。目前比较成熟的解调算法有三种：高通绝对值分析、检波滤波和希尔伯特变换。比较常用的是基于复解析带通滤波器的优化希尔伯特变换算法。

5) 相干函数分析

相干函数分析是谱相关分析的重要参数，它类似于时域相关系数，特别是在系统辨识中，相干函数可以判明输入与输出之间的关系。

6) 频响函数分析

频响函数分析是动力学系统的动态特性在频域上的最完善的描述。频响函数测量和分析是振动测试与分析中的重要内容。

3.信号的时频域分析

对非平稳或时变信号的分析方法统称为时频分析，它在时间、频率域上对信号进行分析。时域分析将时域和频域组合成一体，兼顾到非平稳信号的要求。它的主要特点在于时间和频率的局部变化，通过时间轴和频率轴两个坐标组成的相平面，可以得到整体信号在局部时域内的频率组成，或者看出整体信号各个频带在局部时间上的分布和排列情况。它的基本任务是建立一个函数，要求这个函数不仅能够同时用时间和频率描述信号的能量分布密度，还能够以同样的方式计算信号的其他特征能量。时频分析方法应用于工业厂房监测与故障诊断，可以很好地为确定工业厂房的状态提供判断依据。时频分析中最重要的是短时傅里叶变换、小波变换、Wigner-Ville 时频分析和 Hilbert-Huang 变换。

1）短时傅里叶变换

短时傅里叶变换是研究非平稳信号最广泛使用的方法，它的基本思想是把信号划分成许多小的时间间隔，用傅里叶变换分析每一个时间间隔，以便确定在那个时间间隔存在的频率。这些频谱的总体就表示了频谱在时间上是怎么变化的。

短时傅里叶变化通过对信号的分段截取来处理时变信号，是基于对所截取的每一段信号认为是线性、平稳的。因此，严格地说，短时傅里叶变换是一种平稳信号分析法，只适用于对缓变信号的分析。

2）小波变换

小波分析是一种优良的时频分析方法，可把任何信号正交分解到独立的频带内，同时从时域和频域给出信号特征，为在不同频带内检测故障提供了有效手段。小波变换核心是多分辨分析，是近年来出现的一种研究非平稳信号有力的时频域分析工具，它在不同尺度下由粗到精的处理方式，使其不仅能反映信号的整体特性，同时也能反映信号的局部信息。由于小波变换的分析精度可调，使其既能对信号中的短时高频成分进行定位，又能对信号中的低频率成分进行分析，克服了傅里叶分析在时域上无任何分辨率的缺陷，并较短时傅里叶变换能提取更详尽的信号信息。由于小波分析具有的优点，它在机械故障诊断领域获得了广泛的应用。

虽然小波变换分析取得了很大的成功，但也存在缺点：首先，小波变换的本质是线性的；其次，参数选择的敏感性，基小波的选择要依赖信号的先验信息，目前，基小波的选择在理论上和实际应用上都还是一个难点；再次，小波分析是非自适应的，一旦基本小波函数选定，那么分析所有的数据都必须用此小波函数，因此有可能该基小波在全局上是最佳的，但对某个局部区域来说可能是最差的，从而使某些特征因应用小波分解而失去其本身的物理意义；最后，小波变换本质上是窗口可调的傅里叶变换，其小波窗内的信号则视为平稳状态，因而没有摆脱傅里叶变换的局限，基小波的有限长会造成信号能量的泄露。使信号能量—时间—频率分布很难定量给出。

小波分析是适应信号处理的实际需要而发展起来的一种时频分析方法，与传统的信号处理方法相比，小波变换在时域和频域同时具有良好的局部化特征，目前，基于小波包和多分辨分析的小波分析方法已经在工业厂房故障征兆的提取中得到了研究和应用。

3) Wigner-Ville 时频分析

Wigner-Ville 分布真正将一维的时间或频率函数映射为时间—频率的二维函数,比较准确地反映了信号能量随时间和频率的分布情况,但是该方法存在频率干涉现象,难以将含有多成分的信号表示清楚。

4) Hilbert-Huang 变换

美国宇航局 Norden E. Huang 等学者于 1998 年首次提出希尔伯特-黄变换,这是一种先对一时间序列数据进行经验模态分解,将原数据分解成为一系列的固有模态函数分量,然后对各分量做希尔伯特变换的信号处理方法,它不受傅里叶变换分析的局限,能描绘信号时频谱和频域幅值谱等,是一种更具有适应性的时频局部分析方法。该方法被认为是近年来对以傅里叶变换为基础的线性和稳态谱分析的一个重大突破。

4.时间序列分析

与经典的基于快速傅里叶变换(FFT)的分析方法不同,时间序列分析是对采集到的振动信号建立时间序列模型,通过对模型参数的分析识别系统的特性和状态。

时间序列模型有自回归滑动平均模型,自回归模型和滑动平均模型(MA)三种。因自回归模型建模比较方便快捷,在工业厂房状态监测等方面获得了很好的应用。自回归谱具有频率精度高、幅值非线性的特点。因时间序列分析是对采集的数据建立差分方程模型,因而其用来进行趋势分析和预报比较方便。

2.3　工业建筑容许振动标准体系

振动有时对建筑物、机器、仪器设备和人体产生较大影响。本节旨在归纳明确各类影响对象的容许振动标准体系。一般情况下,仪器及设备采用的容许振动标准,应由设备制造厂家提供,或由技术人员研究提出,或通过试验确定。当设备制造厂家和技术人员不能提供且无法进行试验时,按本节规定采用。

2.3.1　振动的影响

1.振动对建筑物的影响与损害

除了地震,工厂生产、建筑施工和过往交通车辆等往往也会引起结构物的振动,这些振动通过周围地层(地下或地面)向外传播,进一步诱发附近地下结构以及邻近建筑物的二次振动和噪声。如果建筑物的振动超过它所容许的振动阈值时,通常会引起结构物的开裂、脱落甚至会造成毁坏,如墙壁裂缝、涂料脱落、门窗的玻璃振裂、基础变形或下沉等(图 2.60~图 2.65)。工厂中风机、电机、破碎机、振动筛、锻锤、轧机等动力设备振动较大,对其支承结构及临近建筑物影响较大。建筑施工如打桩离不开振动型机械，打桩引起的振动不能忽视，振动的危害可能对周围既有建筑物产生损伤，影响周围既有建筑物的安全，振动对人身也可能引起感觉不适和影响健康。另外，随着城市规模的不断扩大，交通设施的不断建设，人们对生活环境的要求越来越高，由交通系统引起的临近建筑物的振动也愈来愈受到重视。虽然交通引起的振动一般不会对建筑结构造成很大的破坏，但会对建筑物特别是古旧建筑物的结构安全以及其中的居民和工作人员的工作和日常生活产生很大的影响。例如：在捷克，繁忙的公路或轨道交通线附近的一些砖石结构的古建筑因车辆通过时引起的振动而产生了裂缝，其中布拉格、哈斯特帕斯和霍索夫等地甚至发生了由于裂缝不断扩大导致古教堂倒塌的恶性事件。在北京西直门附近距铁路约 100m 处一座五层楼内的居民，当列车通过时可感到室内有较强的振动，门窗和家具的玻璃发出噪声，一段时间后室内家具由于振动而发生了错位。因此，在交通线路的规划和设计中，振动对建筑物的影响成为一个必不可少的考虑因素。振动对建筑物的影响不仅与振源的强度和建筑物的结构形式、基础类型、质量和刚度分布等自身特性有密切的关系，而且还受地基土壤条件、建筑物距振源的距离等外部条件的影响(曹艳梅和夏禾，2002)。

图 2.60　振动导致楼板开裂

图 2.61　振动导致梁柱连接位置螺栓松动

图 2.62　振动导致某基础二次浇筑层脱开

图 2.63　振动导致桥梁垮塌

图 2.64   某大型设备基础二次浇筑层振碎   图 2.65   振动导致塔顶管线连接错位

2.振动对动力设备的影响

动力设备在运行过程中产生振动，不同类型的动力设备，在不同的工作状态下产生的振动不同。动力设备本身振动大小反映动力设备本身质量等级，如果振动过大，则动力设备无法正常工作，动力设备的振动可由机械表面，轴承及安装等处的振动得以反映和表征。考虑动力设备振动要涉及到动力设备性能、动力设备能否安全工作，动力设备中关键零部件由振动产生的压力大小，以及动力设备本身所带有关仪器能否正常工作等(徐建，2016)。

3.振动对精密仪器设备的影响

许多精密仪器和设备对工作环境的振动要求非常严格，某些特殊的精密仪器要求工作环境的振动级别甚至以 μg 来衡量。

精密仪器、设备的允许振动与振动方向、频率以及持续时间都有关系。一般来说，振动方向不同，允许振动特性曲线和数值就不一样。对于差别大的仪器和设备，允许振动数值最小的方向为允许振动的控制方向。不同的干扰频率有不同的允许振幅。允许振动与仪器、设备每一工作过程的持续时间成反比，持续工作时间长，则允许振动小。对于工作原理相同的同一类型的设备来说，其允许振动的物理量是相同的，只是具体数值不一样。而工作原理和精度不同的设备，允许振动的特性不同。允许振动的控制因素多为位移和速度，加速度控制比较少。

1)振动对精密仪器的影响

影响仪器仪表的正常运行。振动过大时，会使仪器仪表受到损害和破坏。

影响对仪器仪表的刻度阅读的准确性和阅读速度，甚至根本无法读数。

对某些精密和灵敏的电器，例如灵敏继电器，振动能使其自保持触头断开，从而引起主电路断路等连锁反应，造成机器停转等重大事故。

2)振动对精密设备的影响

振动会影响精密设备的正常运行，使机械设备本身疲劳和磨损，降低机械设备的使用寿命，甚至使机械设备中的构件发生破坏、某些零件产生变形或断裂，从而造成重大设备事故和人身事故。

对精密机械加工机床，振动会使工件的加工尺寸精度和表面光洁度下降，并且还会降低刀具的使用寿命。

4.振动对人体的影响

振动对人体的影响分为全身振动、局部振动和间接振动。全身振动是由振动源(振动机械、车辆、活动的工作平台)通过身体的支持部位(足部和臀部)，将振动沿下肢或躯干传布全身。局部振动是振动通过振动工具、振动机械或振动工件传向操作者的手和前臂。间接振动是振动源(仪器、仪表)的振动使操作者无法正常工作且产生身体不适等。振动超过人们的容许振动指标，会降低人的工作效率甚至导致人无法工作，严重时还会影响身体健康。

1)全身振动对人体的影响

接触强烈的全身振动可能导致内脏器官的损伤或位移，周围神经和血管功能的改变，可造成各种类型的、组织的、生物化学的改变，导致组织营养不良，如足部疼痛、下肢疲劳、足背脉搏动减弱、皮肤温度降低；女工可发生子宫下垂、自然流产及异常分娩率增加。一般人可发生性机能下降、气体代谢增加。振动加速度还可使人出现前庭功能障碍，导致内耳调节平衡功能失调，出现脸色苍白、恶心、呕吐、出冷汗、头疼头晕、呼吸浅表、心率和血压降低等症状。晕车晕船即属全身振动性疾病。全身振动还可造成腰椎损伤等运动系统影响。

2)局部振动对人体的影响

局部接触强烈振动主要以手接触振动工具的方式为主，由于工作状态的不同，振动可传给一侧或双侧手臂，有时可传到肩部。长期持续使用振动工具能引起末梢循环、末神经和骨关节肌肉运动系统的障碍，严重时可引起国家法定职业病——局部振动病。局部振动病也称职业性雷诺现象、振动性血管神经病或振动性白指病等。主要是由于人体长期受低频率、大振幅的振动，使植物神经功能紊乱，引起皮肤振动感受器及外周血管循环机能改变，久而久之，可出现一系列病理改变。早期可出现肢端感觉异常、振动感觉减退。主诉手部症状为手麻、手疼、手胀、手凉、手掌多汗、手疼(多在夜间发生)；其次为手僵、手颤、手无力(多在工作后发生)，手指遇冷即出现缺血发白，严重时血管痉挛明显。X 片可见骨及关节改变。

3)间接振动对人体的影响

间接振动虽然没有直接作用于人体，但仍能对人造成影响。例如仪表振动不仅使操作者看不准仪表的指示，而且会使操作者感到头晕、心烦等。

4)影响振动作用的因素

振动的频率、振幅和加速度是振动作用于人体的主要因素。另外，气温(尤其是寒冷)、噪声、接触时间、体位和姿势、个体差异、被加工部件的硬度、冲击力及紧张等因素等均可影响振动对人体的作用。

2.3.2　工业建筑强振动容许标准体系

1.动力机器基础振动容许标准

1)机器基础

《机器动荷载作用下建筑物承重结构的振动计算和隔振设计规程》(YBJ 55—90)规定动力机器基础在垂直和水平方向的允许振动限值，可根据机器类别(表 2.1)按图 2.66 确定。

机器在开停机过程中的允许振动限值，应按机器制造部门提供的数据取用。

表 2.1　动力机器的分类

类别	机器名称
I	高转速机组(转速大于 3000r/min)和制氧机机组(透平压缩机、透平膨胀机、螺杆压缩机、迷宫式压缩机等)及有类似振动要求的其他设备
II	汽轮机组(发电机、鼓风机、压缩机)，电机，活塞式压缩机及有类似振动要求的其他设备
III	风机，小型电机，泵，低转速机组(调相机)，离心机及有类似振动要求的其他设备
IV	各种型式的破碎机、磨机，振动筛，摇床，混合机，对辊机及有类似振动要求的其他设备

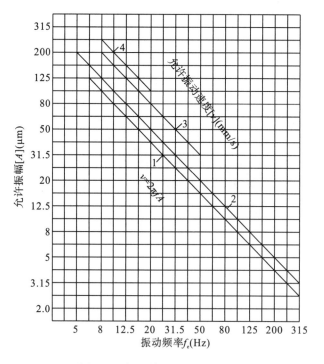

图 2.66　机器基础允许振动限值

2) 压缩机基础

(1) 活塞式压缩机基础。

①《动力机器基础设计规范》(GB 50040—96) 规定，活塞式压缩机基础的振动应同时控制顶面的最大振动线位移和最大振动速度。基础顶面控制点的最大振动线位移不应大于 0.20mm，最大振动速度不应大于 6.30mm/s。对于排气压力大于 100MPa 的超扁压压缩机基础的允许振动值，应按专门规定确定。

②《建筑工程容许振动标准》(GB 50868—2013) 规定，当活塞式压缩机采用块式或墙式基础时，活塞式压缩机基础在时域范围内的容许振动值，应按表 2.2 的规定确定；排气压力大于 100MPa 的超高压活塞式压缩机基础的容许振动值，应由设备制造厂提供。

表 2.2　活塞式压缩机基础在时域范围内的容许振动值

基础类型	容许振动位移峰值(mm)	容许振动速度峰值(mm/s)
普通基础	0.2	6.3
隔振基础	—	20.0

(2) 离心式压缩机基础。

《建筑工程容许振动标准》(GB 50868—2013) 规定，工作转速大于 3000r/min 的离心式压缩机基础在时域范围内的容许振动值，应按表 2.3 的规定确定。

表 2.3　离心式压缩机基础在时域范围内的容许振动值

基础类型	容许振动速度峰值(mm/s)
普通基础	5.0
隔振基础	10.0

(3) 透平压缩机基础。

《动力机器基础设计规范》(GB 50040—96) 规定，透平压缩机基础顶面控制点的最大振动速度应小于 5.0mm/s。

3) 汽轮机组和电机基础

(1)《动力机器基础设计规范》(GB 50040—96) 规定，当缺乏扰力资料时，汽轮机组基础的允许振动线位移可按表 2.4 采用。

表 2.4　扰力及允许振动线位移

机器工作转速(r/min)		3000	15000
计算振动位移时，第 i 点的扰力 P_{gi}(kN)	竖向、横向	$0.20W_{gi}$	$0.16W_{gi}$
	纵向	$0.10W_{gi}$	$0.08W_{gi}$
允许振动线位移(mm)		0.02	0.04

注：(1) 表中数值为机器正常运转时的扰力和振动线位移。
　　(2) W_{gi} 为作用在基础第 i 点的机器转子重力(kN)，一般为集中到梁中或柱顶的转子重力。

（2）《动力机器基础设计规范》（GB 50040—96）规定，当进行低转速电机（机器工作转速 1000r/min 及以下）基础的动力计算时，其扰力、允许振动线位移及当量荷载，可按表 2.5 采用。

表 2.5　扰力、允许振动线位移及当量荷载

机器工作转速(r/min)		<500	500～750	>750
计算横向振动线位移的扰力 P_x(kN)		$0.10W_{gi}$	$0.15W_{gi}$	$0.20W_{gi}$
允许振动线位移[A](mm)		0.16	0.12	0.08
当量荷载(kN)	竖向 N_{Yi}	$4W_{gi}$	$8W_{gi}$	
	横向 N_{Xi}	$2W_{gi}$	$2W_{gi}$	

注：表中当量荷载中，已包括材料的疲劳影响系数 2.0。W_g 为机器转子重力(kN)。

（3）《建筑工程容许振动标准》（GB 50868—2013）规定，汽轮发电机组普通基础在时域范围内的容许振动值，应按表 2.6 采用。

表 2.6　汽轮发电机组普通基础在时域范围内的容许振动值

机器额定转速(r/min)	容许振动位移峰值(mm)
3000	0.02
1500	0.04

注：当汽轮发电机组转速小于额定转速的 75% 时，其容许振动值应取表中规定数值的 1.5 倍。

（4）《建筑工程容许振动标准》（GB 50868—2013）规定，弹簧隔振汽轮发电机组基础在时域范围内的容许振动值，应按表 2.7 采用。

表 2.7　弹簧隔振汽轮发电机组基础在时域范围内的容许振动值

机器额定转速(r/min)	容许振动速度均方根值(mm/s)
3000	3.8
1500	2.8

（5）《建筑工程容许振动标准》（GB 50868—2013）规定，功率大于 3MW、转速在 3000～20000r/min 范围内的发电和机械驱动的重型燃气轮机基础，在时域范围内的容许振动速度均方根值应取 4.5mm/s。

（6）《隔振设计规范》（GB 50463—2008）规定，汽轮发电机组和电机基础的容许振动值，可按表 2.8 采用。

表 2.8　汽轮发电机组和电机基础的容许振动值

机器工作转速(r/min)	3000	1500	1000	750	≤500
容许振动线位移(mm)	0.02	0.04	0.08	0.12	0.16

4)破碎机和磨机基础

（1）《动力机器基础设计规范》（GB 50040—96）规定，破碎机基础顶面的水平向允许振动线位移可按表 2.9 采用。

表 2.9　破碎机基础顶面的水平向允许振动线位移

机器转速 n(r/min)	允许振动线位移(mm)
$n \leqslant 300$	0.25
$300 < n \leqslant 750$	0.20
$n > 750$	0.15

（2）《建筑工程容许振动标准》（GB 50868—2013）规定，破碎机基础在时域范围内的容许振动值，按表 2.10 的规定确定。

表 2.10　破碎机基础在时域范围内的容许振动值

机器额定转速(r/min)	水平容许振动位移峰值(mm)	竖向容许振动位移峰值(mm)
$n \leqslant 300$	0.25	—
$300 < n \leqslant 750$	0.20	0.15
$n > 750$	0.15	0.10

注：(1)表中容许振动值仅适用于基础布置在建筑物楼层上的情况。
　　(2) n 为机器额定转速。

（3）《建筑工程容许振动标准》（GB 50868—2013）规定，风扇类磨机基础在时域范围内的容许振动值，按表 2.11 的规定确定。

表 2.11　风扇类磨机基础在时域范围内的容许振动值

机器额定转速(r/min)	水平容许振动位移峰值(mm)
$n < 500$	0.20
$500 \leqslant n \leqslant 750$	0.15

注： n 为机器额定转速。

（4）《隔振设计规范》（GB 50463—2008）规定，破碎机基础顶面的水平向容许振动值，可按表 2.12 采用。

表 2.12　破碎机基础顶面水平向的容许振动值

机器转速(r/min)	容许振动线位移(mm)
$n \leqslant 300$	0.25
$300 < n \leqslant 750$	0.20
$n > 750$	0.15

注： n 为机器转速。

5) 锻锤基础

(1)《动力机器基础设计规范》(GB 50040—96)规定，锻锤基础的允许振动线位移及允许振动加速度应同时满足，并应按下列规定采用：

①对于 2～5t 的锻锤基础，应按表 2.13 采用；

②小于 2t 的锻锤基础可按表 2.13 数值乘以 1.15；

③大于 5t 的锻锤基础可按表 2.13 中数值乘以 0.80。

表 2.13　锻锤基础允许振动线位移及允许振动加速度

土的类别	允许振动线位移(mm)	允许振动加速度(m/s²)
一类土	0.80～1.20	0.85g～1.3g
二类土	0.65～0.80	0.65g～0.85g
三类土	0.40～0.65	0.45g～0.65g
四类土	<0.40	<0.45g

(2)《动力机器基础设计规范》(GB 50040—96)规定，不隔振锻锤基础的砧座竖向允许振动线位移，可按表 2.14 采用。

表 2.14　砧座的竖向允许振动线位移

落下部分公称质量(t)	竖向允许振动线位移(mm)
≤1.0	1.7
2.0	2.0
3.0	3.0
5.0	4.0
10.0	4.5
16.0	5.0

注：当砧座下采取隔振装置时，砧座竖向允许振动线位移不宜大于 20mm。

(3)《建筑工程容许振动标准》(GB 50868—2013)规定，锻锤基础在时域范围内的容许振动值，应根据地基土类别、地基土承载力特征值和锻锤落下部分的公称质量，按表 2.15 的规定确定。

表 2.15　锻锤基础在时域范围内的容许振动值

地基土类别	锻锤落下部分的公称质量(t)	容许振动位移峰值(mm)	容许振动加速度峰值(m/s²)
碎石土：f_{ak}>500 黏性土：f_{ak}>250	<2	0.92～1.38	9.78～14.95
	2～5	0.80～1.20	8.50～13.00
	>5	0.64～0.96	6.80～10.40

续表

地基土类别	锻锤落下部分的公称质量(t)	容许振动位移峰值(mm)	容许振动加速度峰值(m/s²)
碎石土：300<f_{ak}≤500 粉土、砂土：250<f_{ak}≤400 黏性土：180<f_{ak}≤250	<2	0.75～0.92	7.48～9.78
	2～5	0.65～0.80	6.50～8.50
	>5	0.52～0.64	5.20～6.80
碎石土：180<f_{ak}≤300 粉土、砂土：160<f_{ak}≤250 黏性土：130<f_{ak}≤180	<2	0.46～0.75	5.18～7.48
	2～5	0.40～0.65	4.50～6.50
	>5	0.32～0.52	3.60～5.20
粉土、砂土：120<f_{ak}≤160 黏性土：80<f_{ak}≤130	<2	0.46	5.18
	2～5	0.40	4.50
	>5	0.32	3.60

注：(1) f_{ak} 为地基土承载力特征值(kPa)。
(2) 对孔隙比较大的黏性土、松散的碎石土、稍密或很湿到饱和的砂土，细、粉砂以及软塑到可塑的黏性土，容许振动位移和容许振动加速度应取表中相应地基土类别的较小值。对孔隙比较小的黏性土、密实的碎石土、砂土以及硬塑黏性土，容许振动位移和容许振动加速度应取表中相应地基土类别的较大值。
(3) 当湿陷性黄土及膨胀土采取有关措施后，可按表内相应的地基土类别选用容许振动值。
(4) 当锻锤基础与厂房柱基础在不同地基上时，应按较差的土质选用容许振动值。
(5) 当锻锤基础和厂房柱基均为桩基时，可按桩端处的地基土类别选用容许振动值。

(4)《建筑工程容许振动标准》(GB 50868—2013)规定，锻锤隔振基础在时域范围内的容许振动值应按下列规定确定：

①当隔振装置间接支承在块体基础下部时，模锻锤块体基础的竖向容许振动位移峰值应取 8mm，自由锻锤块体基础的竖向容许振动位移峰值应取 5mm；

②当隔振装置直接支承在锻锤底部时，锤身竖向容许振动位移峰值应取 20mm。

(5)《隔振设计规范》(GB 50463—2008)规定，锻锤基础的容许振动值，宜符合下列规定：

①当块体基础下设置隔振装置时，块体基础竖向容许振动线位移宜取 8mm；

②当砧座下设有隔振装置时，砧座竖向容许振动线位移宜取 20mm。

6) 落锤基础

《动力机器基础设计规范》(GB 50040—96)规定，落锤破碎坑基础的允许振动线位移和允许振动加速度可按表 2.16 采用。

表 2.16　破碎坑基础的允许振动线位移和允许振动加速度

地基土类别	一类土	二类土	三类土	四类土
允许振动线位移(mm)	2.5			
允许振动加速度(m/s²)	0.9g～1.2g	0.7g～0.9g	0.5g～0.7g	0.4g～0.5g

7) 压力机基础

(1)《动力机器基础设计规范》(GB 50040—96)规定，热模锻压力机基础控制点的允许振动线位移，应按表 2.17 采用。

表 2.17 热模锻压力机基础的允许振动线位移

基组固有频率 f_n(Hz)	允许振动线位移(mm)
$f_n \leqslant 3.6$	0.5
$3.6 < f_n \leqslant 6.0$	$1.8/f_n$
$6.0 < f_n \leqslant 15.0$	0.3
$f_n > 15.0$	$0.1 + 3/f_n$

注：当计算竖向允许振动线位移时，基组固有频率 f_n 可取 $\omega_{nz}/(2\pi)$；当计算水平向允许振动线位移时，基组固有频率 f_n 可取 $\omega_{n1}/(2\pi)$。

（2）《建筑工程容许振动标准》（GB 50868—2013）规定，压力机基础底座处在时域范围内的容许振动位移峰值，按表 2.18 的规定确定。

表 2.18 压力机基础底座处在时域范围内的容许振动值

机组固有频率 f_n(Hz)	允许振动位移峰值(mm)
$f_n \leqslant 3.6$	0.5
$3.6 < f_n \leqslant 6.0$	$1.8/f_n$
$6.0 < f_n \leqslant 15.0$	0.3
$f_n > 15.0$	$0.1 + 3/f_n$

注：f_n 为机组固有频率。

（3）《建筑工程容许振动标准》（GB 50868—2013）规定，压力机隔振基础底座处在时域范围内的容许振动位移峰值应取 3mm；当不带有动平衡机构的高速冲床和冲剪厚板料时，压力机底座处在时域范围内的容许振动位移峰值应取 5mm。

（4）《隔振设计规范》（GB 50463—2008）规定，压力机基础控制点的容许振动值，可按表 2.19 采用。

表 2.19 压力机基础控制点的容许振动值

基组固有频率(Hz)	允许振动线位移(mm)
$f_n \leqslant 3.6$	1.0
$3.6 < f_n \leqslant 6.0$	$3.6/f_n$

注：f_n 为基组固有频率。

8）发动机基础

（1）《建筑工程容许振动标准》（GB 50868—2013）规定，活塞式发动机基础在时域范围内的容许振动值，应按表 2.20 的规定确定。

表 2.20 活塞式发动机基础在时域范围内的容许振动值

基础类型	容许振动速度峰值(mm/s)
普通基础	10.0
隔振基础	20.0

注:(1)对于惯性力和惯性力矩均已平衡的发动机基础、功率小于 100kW 的发动机基础,表中的容许振动值应降低 30%。

(2)当地基为松散砂土、软土、饱和土和桩基时,应进行专门研究。

(3)当发动机或柴油发电机组所处场地的周边有振动控制要求时,发动机基础的容许振动值应由设备制造商或工艺专业提供,或通过振动衰减计算确定。

(2)《建筑工程容许振动标准》(GB 50868—2013)规定,活塞式发动机试验台基础在时域范围内的容许振动值,应按表 2.21 的规定确定。

表 2.21 活塞式发动机试验台基础在时域范围内的容许振动值

基础类型	容许振动速度峰值(mm/s)
普通基础	3.2
隔振基础	6.3

注:对于振动有特殊要求的试验台,容许振动值应由设备制造厂家或工艺专业提供。

(3)《隔振设计规范》(GB 50463—2008)规定,发动机等动力机器基础的容许振动值,可按表 2.22 采用。

表 2.22 发动机等动力机器基础的容许振动值

机器名称	容许振动速度(mm/s)
发动机普通试验台	6
水泵、离心机、风机	10
活塞式压缩机和发动机	22

9)振动试验台基础

(1)《建筑工程容许振动标准》(GB 50868—2013)规定,电液伺服液压振动试验台基础在时域范围内的容许振动值,应按表 2.23 的规定确定。

表 2.23 电液伺服液压振动试验台基础在时域范围内的容许振动值

振动形式	容许振动位移峰值(mm)	容许振动位移均方根值(mm)	容许振动加速度峰值(m/s²)	容许振动加速度均方根值(m/s²)
稳态振动	0.1	—	1.00	—
随机振动	—	0.07	—	0.70

注:(1)表中数值适用于单个作动器激振力不大于 500kN,激振频率范围不超过 200Hz,最大的加速度不大于 300m/s²,最大行程不大于 300mm。

(2)振动测试频率不宜大于 100Hz。

(2)《建筑工程容许振动标准》(GB 50868—2013)规定,电动振动试验台基础在时域范围内的容许振动值,应按表 2.24 的规定确定。

表 2.24　电动振动试验台基础在时域范围内的容许振动值

激振力(kN)	容许振动速度峰值(mm/s)	容许振动加速度峰值(m/s²)
≤6.0	6.3	0.5
>6.0	10.0	0.8

注：(1)电动振动试验台最大激振力不大于 200kN，激振频率不超过 2000Hz，最大加速度不大于 1000m/s²，最大行程不大于 55mm。

(2)振动试验台基础的振动控制点宜取基础中点和作动器底座附近，以及基础的四个角点处。

10)通用机械基础

(1)《建筑工程容许振动标准》(GB 50868—2013)规定，通用机械基础在时域范围内的容许振动值，应按表 2.25 的规定确定。

表 2.25　通用机械基础在时域范围内的容许振动值

机械类别及分类		容许振动速度峰值(mm/s)	
		普通基础	隔振基础
泵	功率≤75kW	3.0	7.0
	功率>75kW	5.0	10.0
风机	功率≤15kW	3.0	7.0
	15kW<功率<75kW	5.0	10.0
	功率≥75kW	6.3	12.0
离心机、分离机、膨胀机		5.0	10.0
电机	轴心高度<315mm	3.0	—
	轴心高度≥315mm	5.0	—

注：表中数值适用于块体式基础和隔振基础或刚性台座，不适用于设置在楼面或平台上的通用机械。

(2)《建筑工程容许振动标准》(GB 50868—2013)规定，当通用机械转速低于 600r/min 时，基础在时域范围内的容许振动位移峰值应取 0.1mm。

(3)《建筑工程容许振动标准》(GB 50868—2013)规定，汽动给水泵与电动给水泵组基础在时域范围内的容许振动值，应按表 2.26 的规定确定。

表 2.26　汽动给水泵与电动给水泵组基础在时域范围内的容许振动值

基础类型	容许振动速度均方根值(mm/s)
普通基础	2.3
隔振基础	3.5

11)纺织机基础

(1)《建筑工程容许振动标准》(GB 50868—2013)规定，振动频率不大于 60Hz 的有梭纺织机基础，在时域范围内的水平和竖向容许振动位移峰值应取 0.08mm。

(2)《建筑工程容许振动标准》(GB 50868—2013)规定，振动频率不大于 60Hz 的剑杆纺织机基础，在时域范围内的水平和竖向容许振动位移峰值应取 0.05mm。

12）金属切削机床基础

（1）《建筑工程容许振动标准》（GB 50868—2013）规定，金属切削机床基础在频域范围内 1/3 倍频程的竖向容许振动值，应按表 2.27 的规定确定；当金属切削机床基础振动有特殊要求时，应按国家现行有关标准的规定确定。

表 2.27　金属切削机床基础在频域范围内 1/3 倍频程的竖向容许振动值

金属切削机床精度等级	竖向容许振动速度均方根值(mm/s)	对应频率(Hz)
Ⅰ	0.07	
Ⅱ	0.10	
Ⅲ	0.20	3~100
Ⅳ	0.30	
Ⅴ	0.50	
Ⅵ	1.00	

注：金属切削机床的精度等级应按现行国家标准《金属切削机床 精度分级》（GB/T 25372）的规定确定。

（2）《建筑工程容许振动标准》（GB 50868—2013）规定，金属切削机床基础在频域范围内 1/3 倍频程的水平容许振动值，应取表 2.27 中相应数值的 75%。

13）振动筛和轧机基础

（1）《建筑工程容许振动标准》（GB 50868—2013）规定，冶金工业用的直线型振动筛、圆振动筛和共振筛，在时域范围内的水平及竖向容许振动速度峰值应取 10.0mm/s。

（2）《建筑工程容许振动标准》（GB 50868—2013）规定，冶金工业用的各类轧机，在时域范围内的水平及竖向容许振动加速度峰值应取 1.0m/s^2。

2.建筑物结构振动容许标准

1）ISO 和日本推荐的建筑物的振动允许标准

图 2.67 为 ISO 推荐的建筑振动标准。

日本烟中元弘归纳的建筑物振动允许界限位移的允许值：

（1）R.WESTWATER。

普通建筑物　　　　　　　　　0.067mm

强度特别好的建筑物　　　　　0.135mm

（2）A.G.REID。

设备和基础结构　　　　　　　0.406mm

可以有轻微受害的场所　　　　0.406mm

住宅和建筑物　　　　　　　　0.203mm

教堂、旧纪念馆　　　　　　　0.127mm

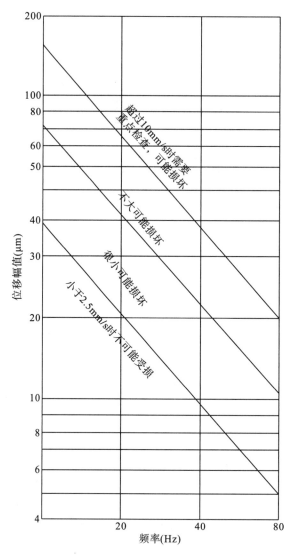

图 2.67　ISO 推荐的建筑振动标准

振动速度允许值：

（1）E.BANIK。

建筑物基本没有损坏　　　　　　　　5mm/s

轻微损坏　　　　　　　　　　　　　10mm/s

有相当的损坏发生　　　　　　　　　50mm/s

损坏相当大　　　　　　　　　　　　1000mm/s

（2）E.J.GRANDELL。

损害的危险范围　　　　　　　　　　＞84mm/s

损害发生　　　　　　　　　　　　　＞119mm/s

加速度的允许值：

安全范围　　　　　　　　　　　　　　0.102g

开始引起损坏　　　　　　　　　　　＞1.02g

2)机械振动与冲击

《机械振动与冲击 建筑物的振动 振动测量及其对建筑物影响的评价指南》(GB/T 14124—2009)规定,真实的振动输入和响应的特性可能受到不同的位移、速度或加速度传感器的影响,传感器拾取速度或加速度运动,并能够提供振动的时程曲线记录。在掌握传感系统准确的传递函数后,每一种量都能通过积分或者微分的方法转换为其他的量。对传感器和整个仪器系统的振幅—相位响应,在较低的频率段进行积分时要更加细心。只要传感器满足物理量转换、数据处理和表示的要求,就可以用所选择的量表述。根据经验建议在不同情况下优先的测量参量见表 2.28。

表 2.28　在各种振源条件下结构响应的典型范围

振源类型	频率范围 (Hz)	幅值范围 (μm)	质点速度范围 (mm/s)	质点加速度范围 (m/s²)	时间特征	测量
交通运输:公路、铁路、地面传播	1～80	1～200	0.2～50	0.02～1	C/T	pvth
爆破振动 地面传播	1～300	100～2500	0.2～500	0.02～50	T	pvth
打桩 地面传播	1～100	10～50	0.2～50	0.02～2	T	pvth
室外机械 地面传播	1～300	10～1000	0.2～50	0.02～1	C/T	pvth/ath
声响 交通运输 室外机械	10～250	1～1100	0.2～30	0.02～1	C	pvth/ath
外界气压	1～40				T	pvth
室内机械	1～1000	1～100	0.2～30	0.02～1	C/T	pvth/ath
人的活动: (1)冲击; (2)直接的	0.1～100 0.1～12	100～500 100～5000	0.2～20 0.2～5	0.02～5 0.02～0.2	T	pvth/ath
地震	0.1～30	10～10⁵	0.2～400	0.02～20	T	pvth/ath
风	0.1～10	10～10⁵			T	ath
室内声响	5～500					
C—连续的;T—瞬态的;pvth—质点的速度时间历程;ath—质点的加速度时间历程						

注:(1)以上所给的范围是极端情况,而给出的值可能是经验的也可能是测试的。位移幅值和频率的极端范围不能用来推导质点的速度和加速度。

(2)给出的频率范围参照建筑物和建筑构件对具体激励形式的响应,仅是指导性的。

(3)在给定的范围内的振动值要予以重视。目前尚无某个标准能涵盖所有建筑物及其状态和暴露持续时间的所有种类,但许多国家的法规将建筑物的基础上每秒几毫米的峰值点速度作为有明显效应的界限。质点速度峰值为每秒几百毫米时,产生损伤的可能性很大。对低于人们所能感觉的振动量级(见 GB/T13441.2—2008),在精密的生产工业过程中可能予以重视。

3)交通振动

《建筑工程容许振动标准》(GB 50868—2013)规定,交通振动对建筑结构影响评价的频率范围应为1～100Hz，应评价下列位置和参数。

建筑物顶层楼面中心位置处水平两个主轴方向的振动速度峰值及其对应的频率。

建筑物基础处竖向和水平向两个主轴方向的振动速度峰值及其对应的频率。

注：本章所称交通，是指公路、铁路和城市轨道交通的通称。

《建筑工程容许振动标准》（GB 50868—2013）规定，交通振动对建筑结构影响在时域范围内的容许振动值，宜按表 2.29 的规定确定。

表 2.29　交通振动对建筑结构影响在时域范围内的容许振动值

建筑物类型	顶层楼面处容许振动速度峰值（mm/s）	基础处容许振动速度峰值（mm/s）		
	1～100Hz	1～10Hz	50Hz	100Hz
工业建筑、公共建筑	10.0	5.0	10.0	12.5
居住建筑	5.0	2.0	5.0	7.0
对振动敏感、具有保护价值、不能划归上述两类的建筑	2.5	1.0	2.5	3.0

注：（1）表中容许振动值应按频率线性插值确定。
　　（2）当无法在基础处评价时，评价位置可取最底层主要承重外墙的底部。

《建筑工程容许振动标准》（GB 50868—2013）规定，对于未达到国家现行抗震设防标准的城市旧房和镇（乡）村未经正规设计自行建造的房屋的容许振动值，宜按表 2.29 中居住建筑的 70%确定。

4）建筑施工振动

《建筑工程容许振动标准》（GB 50868—2013）规定，建筑施工振动对建筑结构影响评价的频率范围应为 1～100Hz；建筑结构基础和顶层楼面的振动速度时域信号测试应取竖向和水平向两个主轴方向，评价指标应取三者峰值的最大值及其对应的振动频率。

《建筑工程容许振动标准》（GB 50868—2013）规定，当采用锤击和振动法打桩、振冲法处理地基时，打桩、振冲等基础施工对建筑结构影响在时域范围内的容许振动值，宜按表 2.30 的规定确定；当采用强夯处理地基时，强夯施工对建筑结构影响在时域范围内的容许振动值，宜按表 2.31 的规定确定。岩土爆破施工对建筑结构影响的容许振动值，应符合现行国家标准《爆破安全规程》（GB 6722—2014）的要求。

表 2.30　打桩、振冲等基础施工对建筑结构影响在时域范围内的容许振动值

建筑物类型	顶层楼面处容许振动速度峰值（mm/s）	基础处容许振动速度峰值（mm/s）		
	1～100Hz	1～10Hz	50Hz	100Hz
工业建筑、公共建筑	12.0	6.0	12.0	15.0
居住建筑	6.0	3.0	6.0	8.0
对振动敏感、具有保护价值、不能划归上述两类的建筑	3.0	1.5	3.0	4.0

注：表中容许振动值应按频率线性插值确定。

表 2.31　强夯施工对建筑结构影响在时域范围内的容许振动值

建筑物类型	顶层楼面处容许振动速度峰值(mm/s)		基础处容许振动速度峰值(mm/s)	
	1～50Hz	1～10Hz	1～10Hz	50Hz
工业建筑、公共建筑	24.0		12.0	24.0
居住建筑	12.0		5.0	12.0
对振动敏感、具有保护价值、不能划归上述两类的建筑	6.0		3.0	6.0

注：表中容许振动值应按频率线性插值确定。

《建筑工程容许振动标准》(GB 50868—2013)规定，对于未达到国家现行抗震设防标准的城市旧房和镇(乡)村未经正规设计自行建造的房屋的容许振动值，宜按表 2.30 或表 2.31 中居住建筑的 70% 确定。

《建筑工程容许振动标准》(GB 50868—2013)规定，当打桩根数少于 10 根时，建筑物容许振动值，可在表 2.30 中规定值的基础上适当提高，但不应超过表 2.31 中相应的数值。

《建筑工程容许振动标准》(GB 50868—2013)规定，对于处于施工期的建筑结构，当混凝土、砂浆的强度低于设计要求的 50%时，应避免遭受施工振动影响；当混凝土、砂浆的强度达到设计要求的 50%～70%时，其容许振动值不宜超过表 2.30 或表 2.31 中数值的 70%。

5)声学环境振动

《机器动荷载作用下建筑物承重结构的振动计算和隔振设计规程》(YBJ 55—90)规定，生产操作区以外的工作和生活环境，如无特殊要求，其允许振动速度可按表 2.32 的规定采用。

表 2.32　工作和生活环境的允许振动速度

环境类别	允许振动速度 v(mm/s)	
	白天(6 时至 20 时)	夜晚(20 时至次日 6 时)
I	0.25	0.13
II	0.50	0.25
III	1.00	0.50
IV	2.80	2.80

注：(1)环境类别按下列规定划分：
Ⅰ类——对环境振动要求特别严格，如医院、学校等。
Ⅱ类——对环境振动要求比较严格，如宿舍等生活区。
Ⅲ类——允许有轻微的振动感觉，但不影响精神集中，如一般办公室等公共场所。
Ⅳ类——车间范围内的非操作区。
(2)仅受水平向振动影响的工作和生活环境，其允许振动速度可按本表规定值乘以增大系数 2.0 取用。

6)爆破振动

《爆破安全规程》(GB 6722—2014)规定，地面建筑物、电站(厂)中心控制室设备、隧道与巷道、岩石高边坡和新浇大体积混凝土的爆破振动判据，采用保护对象所在地基础质点峰值振动速度和主振频率。安全允许标准见表 2.33。

表 2.33　爆破振动安全允许标准

序号	保护对象类别	安全允许质点振动速度 v(cm/s)		
		$f \leq 10$ Hz	10Hz$<f \leq$50Hz	$f>50$ Hz
1	土窑洞、土坯房、毛石房屋	0.15~0.45	0.45~0.9	0.9~1.5
2	一般民用建筑物	1.5~2.0	2.0~2.5	2.5~3.0
3	工业和商业建筑物	2.5~3.5	3.5~4.5	4.2~5.0
4	一般古建筑与古迹	0.1~0.2	0.2~0.3	0.3~0.5
5	运行中的水电站及发电厂中心控制室设备	0.5~0.6	0.6~0.7	0.7~0.9
6	水工隧洞	7~8	8~10	10~15
7	交通隧道	10~12	12~15	15~20
8	矿山巷道	15~18	18~25	20~30
9	永久性岩石高边坡	5~9	8~12	10~15
10	新浇大体积混凝土(C20)： 龄期：初凝~3d 龄期：3~7d 龄期：7~28d	1.5~2.0 3.0~4.0 7.0~8.0	2.0~2.5 4.0~5.0 8.0~10.0	2.5~3.0 5.0~7.0 10.0~12
	爆破振动监测应同时测定质点振动相互垂直的三个分量。			

注：(1) 表中质点振动速度为三个分量中的最大值，振动频率为主振频率。
　　(2) 频率范围根据现场实测波形确定或按如下数据选取：硐室爆破 f 小于 20Hz，露天深孔爆破 f 为 10~60Hz，露天浅孔爆破 f 在 40~100Hz；地下深孔爆破 f 为 30~100Hz，地下浅孔爆破 f 为 60~300Hz。

7) 结构振动

《民用建筑可靠性鉴定标准》（GB50292—2015）规定，当建筑结构的振动作用大于结构振动速度安全限值（表 2.34）时，应根据实际严重程度将振动影响涉及的结构或其中某种构件集的安全性等级评为 Cu 级或 Du 级。

表 2.34　结构振动速度安全限值

序号	建筑类别	振动速度的安全限值(mm/s)		
		$<$10Hz	10~50Hz	$>$50Hz
1	土坯房、毛石房屋	2~5	5~10	10~15
2	砌体结构	15~20	20~25	25~30
3	钢筋混凝土结构房屋	25~35	35~45	45~50

注：(1) 表列频率为主振频率，振动速度为质点振动相互垂直的三个分量的最大值。
　　(2) 振速的上、下限值宜根据结构安全性等级的高低选用，安全性等级高可取上限值，反之取下限值。

3.建筑物内人体舒适性和疲劳—工效降低

1) 建筑物内

《建筑工程容许振动标准》（GB 50868—2013）规定，建筑物内人体舒适性的容许振动计权加速度级，宜按表 2.35 的规定确定。

表 2.35 建筑物内人体舒适性的容许振动计权加速度级(dB)

地点	时段	连续振动、间歇振动和重复性冲击振动			每天只发生数次的冲击振动		
		水平向	竖向	混合向	水平向	竖向	混合向
医院手术室和振动要求严格的工作区	昼间	71	74	71	71	74	71
	夜间						
住宅区	昼间	77	80	77	101	104	101
	夜间	74	77	74	74	77	74
办公室	昼间	83	86	83	107	110	107
	夜间						
车间办公区	昼间	89	92	89	110	113	110
	夜间						

注: (1)本表适用于建筑物内人体承受 1~80Hz 全身振动对工作、学习、睡眠等活动不受干扰的人体舒适性。
(2)当建筑物内使用者和居住者以站姿、坐姿、卧姿方式活动,活动姿势相对固定时,应采用水平向或竖向数值;当活动姿势不固定时,应采用混合向数值。

2)生产操作区

(1)《机器动荷载作用下建筑物承重结构的振动计算和隔振设计规程》(YBJ 55—90)和《选煤厂建筑结构设计规范》(GB50583—2010)规定,操作区的允许振动限值是以操作人员的健康不受损害,正常工作不受影响为依据而确定的。当操作人员在一班内连续 8h 受同强度稳态振动时,操作区的允许振动速度宜按表 2.36 采用。

表 2.36 操作区的允许振动速度

振动方向	振动频率 f_e(Hz)	允许振动速度 v(mm/s)
垂直	8~100	3.2
	1~8	$25.6/f_e$
水平	1~100	8.4

(2)《建筑工程容许振动标准》(GB 50868—2013)规定,生产操作区容许振动计权加速度级包括不同方向的人体全身振动舒适性降低界限容许振动计权加速度级、疲劳—工效降低界限的容许振动计权加速度级。生产操作区容许振动计权加速度级宜按表 2.37 的规定确定。

表 2.37 生产操作区容许振动计权加速度级(dB)

界限		暴露时间								
		24h	16h	8h	4h	2.5h	1h	25min	16min	1min
舒适性降低界限	竖向	95	98	102	105	109	113	117	118	121
	水平向	90	95	97	101	104	108	112	113	116
疲劳—工效降低界限	竖向	105	108	112	115	119	123	127	128	130
	水平向	100	105	107	111	114	118	122	123	126

注: 本表适用于人体承受 1~80Hz 全身振动,并通过主要支承面将振动作用于立姿、坐姿和斜靠姿的操作人员。

3）机械振动与冲击

《机械振动与冲击》（GB/T 13441.1—2007）"人体暴露于全身振动的评价 第1部分 一般要求"规定，舒适的可接受振动量取决于随不同应用而变化的许多因素，所以本部分没有定义界限，表2.38中的数值给出了在公共交通中综合振动总值的不同量值可能反应的近似描述。

然而，不同振动量值的反应取决于乘客对旅行持续时间的期望和乘客所期望完成的活动的类型（如阅读、进食和书写等）以及诸多其他因素（听觉噪声、温度等）。

表2.38 在各种振源条件下结构响应的典型范围

振动量值（m/s²）	舒适度
＜0.315	感觉不到不舒服
0.315～0.63	有点不舒服
0.5～1	相当不舒服
0.8～1.6	不舒服
1.25～2.5	非常不舒服
＞2	极不舒服

4）交通振动

（1）《建筑工程容许振动标准》（GB 50868—2013）规定，交通振动对建筑物内人体舒适性影响的评价频率范围应为1～80Hz，评价位置应取建筑物室内地面中央或室内地面振动敏感处。

（2）《建筑工程容许振动标准》（GB 50868—2013）规定，交通引起的振动对建筑物内人体舒适性影响的评价，应附加采用竖向四次方振动剂量值，竖向四次方振动剂量值应按下式计算：

$$\mathrm{VDV}_z = \left\{ \int_0^T \left[a_{zw}(t) \right]^4 \mathrm{d}t \right\}^{\frac{1}{4}} \tag{2-22}$$

式中，VDV_z——竖向四次方振动剂量值，m/s$^{1.75}$；

$a_{zw}(t)$——按现行国家标准《机械振动与冲击》（GB/T 13441.1—2007）"人体暴露于全身振动的评价 第1部分 一般要求"规定的基本频率计权 W_k 进行计权的瞬时竖向加速度，m/s²；

T——昼间或夜间时间长度，s；

t——时间。

《建筑工程容许振动标准》（GB 50868—2013）规定，交通振动对建筑物内人体舒适性影响的容许振动值，宜按表2.39的规定确定。

表 2.39　交通振动对建筑物内人体舒适性影响的容许振动值

建筑物类型	时间	容许竖向四次方振动剂量值(m/s$^{1.75}$)
居住建筑	昼间	0.2
	夜间	0.1
办公建筑	昼间	0.4
车间办公区	昼间	0.8

5) 声学环境振动

(1)《机械工业环境保护设计规范》(GB 50894—2013)规定，各类振动环境功能区的环境振动竖向振级限值，应符合表 2.40 的规定。

表 2.40　环境振动竖向振级限值(dB)

振动环境功能区类别		竖向振级限值	
		昼间	夜间
0 类		65	65
1 类		70	65
2 类		75	70
3 类		75	70
4 类	4a 类	75	70
	4b 类	80	80

注：(1)表中限值适用于连续发生的稳态振动、冲击振动和无规则振动。
　　(2)各类振动环境功能区每日发生的冲击振动，其最大值超过环境振动限值的幅度，昼间不得高于 3dB。

(2)《城市区域环境振动标准》(GB 10070—88)规定，城市各类区域铅垂向 Z 振级标准值列于表 2.41。

表 2.41　城市各类区域铅垂向 Z 振级标准值(dB)

使用地带范围	昼间	夜间
特殊住宅区	65	65
居住、文教区	70	67
混合区、商业中心区	75	72
工业集中区	75	72
交通干线道路两侧	75	72
铁路干线两侧	80	80

注：表中标准值适用于连续发生的稳态振动、冲击振动和无规则振动。
　　每日发生几次的冲击振动，其最大值昼间不允许超过标准值 10dB，夜间不超过 3dB。

(3)民用建筑。

①《建筑工程容许振动标准》(GB 50868—2013)规定，噪声敏感建筑物内房间的声学环境功能区类别，宜根据房间类别、时段和建筑物内噪声排放限值按表 2.42 的规定确定。

表 2.42　噪声敏感建筑物内房间的声学环境功能区类别

房间类别	A 类房间		B 类房间		声学环境功能区
时段	昼间	夜间	昼间	夜间	类别
噪声排放限值 dB(A)	40	30	40	30	0
	40	30	45	35	1
	45	35	50	40	2、3、4

注：(1)A 类房间是指以睡眠为主要目的，需要保证夜间安静的房间，包括住宅卧室、医院病房、宾馆客房等。

(2)B 类房间是指主要在昼间使用，需要保证思考与精神集中，正常讲话不被干扰的房间，包括学校教室、会议室、办公室、住宅中卧室以外的其他房间等。

②《建筑工程容许振动标准》(GB 50868—2013)规定，根据建筑物内房间的声学环境要求，民用建筑室内在频域范围内的容许振动值，A 类房间容许振动加速度均方根值宜按表 2.43 的规定确定，B 类房间容许振动加速度均方根值宜按表 2.44 的规定确定。

表 2.43　A 类房间容许振动加速度均方根值(mm/s²)

功能区类别	时段	倍频程中心频率(Hz)			
		31.5	63	125	250、500
0、1	昼间	20.0	6.0	3.5	2.5
	夜间	9.5	2.5	1.0	0.8
2、3、4	昼间	30.0	9.5	5.5	4.0
	夜间	13.5	4.0	2.0	1.5

表 2.44　B 类房间容许振动加速度均方根值(mm/s²)

功能区类别	时段	倍频程中心频率(Hz)			
		31.5	63	125	250、500
0	昼间	20.0	6.0	3.5	2.5
	夜间	9.5	2.5	1.0	0.8
1	昼间	30.0	9.5	5.5	4.0
	夜间	13.5	3.5	2.0	1.5
2、3、4	昼间	42.5	15.0	8.5	7.5
	夜间	20.0	6.0	3.5	2.5

③《建筑工程容许振动标准》(GB 50868—2013)规定，振动测试时，应采用多点测试统计平均方法，振动测试方向应与结构楼板或墙面的垂直方向一致，同一构件上的测试点应等距离均匀布置。对于板构件的振动测试，测点数量不应少于 5 个，振动评价应取各个测点的平均值。

(4)声学试验室。

《建筑工程容许振动标准》(GB 50868—2013)规定，当声学试验室本底噪声不低于 20dB(A)，且不大于 50dB(A)时，在频域范围内的声学试验室容许振动加速度均方根值，宜按表 2.45 的规定确定。

表 2.45　声学试验室容许振动加速度均方根值(mm/s²)

本底噪声 dB(A)	倍频程中心频率(Hz)			
	31.5	63	125	250、500
20	6.5	3.0	1.8	1.5
25	11.0	5.0	3.0	2.5
30	20.0	8.5	5.5	4.5
35	35.0	15.0	10.0	8.5
40	60.0	25.0	17.0	15.0
45	100.0	45.0	30.0	25.0
50	100.0	85.0	50.0	45.0

(5)水声试验。

①《建筑工程容许振动标准》(GB 50868—2013)规定，振动测试及评价的倍频程中心频率宜取 400~1000Hz。

②《建筑工程容许振动标准》(GB 50868—2013)规定，消声水池的侧壁和底板，在频域范围内与测试面垂直方向的容许振动加速度均方根值宜取 0.015mm/s²。

(6)《高层建筑混凝土结构技术规程》(JGJ—2010)规定，房屋高度不小于 150m 的高层混凝土建筑结构应满足风振舒适度要求。在现行国家标准《建筑结构荷载规范》(GB 50009)规定的 10 年一遇的风荷载标准值作用下，结构顶点的顺风向和横风向振动最大加速度计算值不应超过表 2.46 的限值。

表 2.46　结构顶点风振加速度限值 a_{lim}

使用功能	a_{lim} (m/s²)
住宅、公寓	0.15
办公、旅馆	0.25

楼盖结构应具有适宜的舒适度。楼盖结构的竖向振动频率不宜小于 3Hz，竖向振动加速度峰值不应超过表 2.47 的限值。

表 2.47　楼盖竖向振动加速度限值

人员活动环境	峰值加速度限值(m/s²)	
	竖向自振频率不大于 2Hz	竖向自振频率不小于 4Hz
住宅、办公	0.07	0.05
商场及室内连廊	0.22	0.15

注：楼盖结构竖向自振频率为 2~4Hz 时，峰值加速限值可按线性插值选取。

4.古建筑振动容许标准

（1）《古建筑防工业振动技术规范》（GB/T 50452—2008）规定，古建筑砖石结构的容许振动速度应按表 2.48 和表 2.49 的规定采用。

表 2.48　古建筑砖结构的容许振动速度 v(mm/s)

保护级别	控制点位置	控制点方向	砖砌体 v_p(m/s)		
			<1600	1600~2100	>2100
全国重点文物保护单位	承重结构最高处	水平	0.15	0.15~0.20	0.20
省级文物保护单位	承重结构最高处	水平	0.27	0.27~0.36	0.36
市、县级文物保护单位	承重结构最高处	水平	0.45	0.45~0.60	0.60

注：当 v_p 介于 1600~2100 m/s 时，v 采用插入法取值。

表 2.49　古建筑石结构的容许振动速度 v(mm/s)

保护级别	控制点位置	控制点方向	石结构 v_p(m/s)		
			<2300	2300~2900	>2900
全国重点文物保护单位	承重结构最高处	水平	0.20	0.20~0.25	0.25
省级文物保护单位	承重结构最高处	水平	0.36	0.36~0.45	0.45
市、县级文物保护单位	承重结构最高处	水平	0.60	0.60~0.75	0.75

注：当 v_p 介于 2300~2900m/s 时，v 采用插入法取值。

（2）《古建筑防工业振动技术规范》（GB/T 50452—2008）规定，古建筑木结构的容许振动速度应按表 2.50 的规定采用。

表 2.50　古建筑木结构的容许振动速度 v(mm/s)

保护级别	控制点位置	控制点方向	木结构 v_p(m/s)		
			<4600	4600~5600	>5600
全国重点文物保护单位	顶层柱顶	水平	0.18	0.18~0.22	0.22
省级文物保护单位	顶层柱顶	水平	0.25	0.25~0.30	0.30
市、县级文物保护单位	顶层柱顶	水平	0.29	0.29~0.35	0.35

注：当 v_p 介于 4600~5600 m/s 时，v 采用插入法取值。

（3）《古建筑防工业振动技术规范》（GB/T 50452—2008）规定，石窟的容许振动速度应按表 2.51 的规定采用。

表 2.51　石窟的容许振动速度 v(mm/s)

保护级别	控制点位置	控制点方向	岩石类别	岩石 v_p(m/s)		
全国重点文物保护单位	窟顶	三向	砂岩	<1500	1500~1900	>1900
				0.10	0.10~0.13	0.13

保护级别	控制点位置	控制点方向	岩石类别	岩石 v_p(m/s)		
全国重点文物保护单位	窟顶	三向	砾岩	<1800	1800~2600	>2600
				0.12	0.12~0.17	0.17
			石灰岩	<3500	3500~4900	>4900
				0.22	0.22~0.31	0.31

注：(1)表中三向指窟顶的径向、切向和竖向。

(2)当 v_p 介于 1500~1900m/s、1800~2600m/s、3500~4900m/s 时，v 采用插入法取值。

(4)《古建筑防工业振动技术规范》(GB/T 50452—2008)规定，砖木混合结构的容许振动速度，主要以砖砌体为承重骨架的，可按表 2.48 采用；主要以木材为承重骨架的，可按表 2.50 采用。

2.4　工业建筑振动控制技术

2.4.1　多层厂房水平振动控制

1.振动控制的基本理论

一般情况下，有两种原因导致结构发生异常的振动：一是由于结构自身刚度不足，当受到外界足够大的扰力时将产生较大的位移，严重者将会超出结构安全所允许的振动标准；二是由于激振力自身的自振频率与结构的固有自振频率接近时，结构将会发生共振现象(胡瑞星，2012)。

对于振动控制，从工程含义上看包括振动利用和振动抑制两种。其中振动利用指利用系统的振动以实现某种工程目的，如各种振动机械；振动抑制则指抑制系统的振动以保证系统正常工作和使用寿命。

结构振动控制方法可分为主动控制和被动控制两大类：结构通过安装特殊设备装置或特殊机构等，在承受各种振动激励时，该设备装置能够主动或被动地施加一组控制力，以达到合理控制结构动力反应(位移、速度、加速度、应力、应变)的目的，从而达到预期服务要求的安全性和正常使用环境。

相对于主动控制和智能控制等控制方法，被动控制是一种不需要能量输入，通过改变结构子结构或增加机构的方法来实现改变结构阻尼、刚度和质量，达到控制动力反应的目的。

多层厂房(一般为 2~5 层)水平振动自振频率的基频大都在 1.5~4.5Hz，对于转速较高的振动设备(10Hz 以上)，厂房水平振动出现的共振属于高频共振，振幅较小。对于转速较低的振动设备(2.5~3.5Hz)，厂房水平振动出现的共振属于低频共振，振幅较大，低频共振是危害性最大的共振状态。因此，振动设备的转速较高时(10Hz 以上)，一般只考虑厂房的垂直振动；振动设备的转速较低时(2.5~3.5Hz)，必须考虑厂房的水平振动。

2.多层厂房振动相关计算

多层厂房振动相关计算应依据设计施工图、工程现场条件调查结果及相关规范标准建立合理力学模型，对工业建筑进行模态分析和谐响应分析，可以获得结构各阶模态参数及动力荷载作用下的动力响应，并将计算分析结果和试验测试结果进行比较分析。同时，分析振动问题产生的原因，寻求能够控制结构振动的有效方法和途径。

1)动力平衡方程

荷载作用过程及结构的响应本质上是一个动态过程，结构分析所需要解决的威胁结构安全的主要因素(如地震作用和风作用)也是典型的动力作用，另一方面，所有真实的结构都可能有无穷数量的位移。因此，对结构进行动力分析十分重要，结构分析最关键的阶段，是要用可以模拟真实结构性能的有限数量的无质量构件和有限数量的节点位移来创建计算模型，模型中，可以精确计算结构体系的质量凝聚在各节点处。然而不同的是，对于许多结构来说，动力荷载、能量耗散属性和边界条件的精确估算都是很困难的。为了尽量减少可能由以上近似方法等原因所引起的误差，有必要使用不同的计算模型、荷载和边界条件来进行多种不同的动力分析。

基于经典物理定律，可以把多自由度集中质量系统的动力平衡状态表达为一个关于时间的函数：

$$\boldsymbol{F}_I(t) + \boldsymbol{F}_D(t) + \boldsymbol{F}_S(t) = \boldsymbol{F}(t) \tag{2-23}$$

式中，$\boldsymbol{F}_I(t)$ ——作用在节点质量上的惯性力向量；

$\boldsymbol{F}_D(t)$ ——黏滞阻尼力向量或者能量耗散力向量；

$\boldsymbol{F}_S(t)$ ——结构承担的内力向量；

$\boldsymbol{F}(t)$ ——外部施加的荷载向量。

另外，对于结构系统，线性结构性能描述的近似法是把物理平衡转换为下列二阶线性微分方程组：

$$M\ddot{u}_a(t) + C\dot{u}_a(t) + Ku_a(t) = F(t) \tag{2-24}$$

式中，M ——质量矩阵；

C ——黏滞阻尼矩阵；

K ——结构单元系统的静力刚度矩阵；

$u_a(t)$、$\dot{u}_a(t)$、$\ddot{u}_a(t)$ ——分别是节点绝对位移、速度和加速度，皆是与时间有关的向量。

对于地震作用，基于方程(2-24)中外部荷载 $F(t)$ 等于零，基本地震运动是自由场地地面位移 $u_{ig}(t)$ 的三个分量，且已知该位移是在结构基底水平面以下的某点上。

因此，用与 $u_{ig}(t)$ 的三个分量相关的位移 $u_a(t)$、速度 $\dot{u}_a(t)$ 及加速度 $\ddot{u}_a(t)$ 的形式列出方程(2-24)，通过下列一次方程可以把绝对位移、速度和加速度从方程(2-24)中去除：

$$u_a(t) = u(t) + I_x u_{xg}(t) + I_y u_{yg}(t) + I_z u_{zg}(t) \tag{2-25.1}$$

$$\dot{u}_a(t) = \dot{u}(t) + I_x \dot{u}_{xg}(t) + I_y \dot{u}_{yg}(t) + I_z \dot{u}_{zg}(t) \tag{2-25.2}$$

$$\ddot{u}_a(t) = \ddot{u}(t) + I_x \ddot{u}_{xg}(t) + I_y \ddot{u}_{yg}(t) + I_z \ddot{u}_{zg}(t) \tag{2-25.3}$$

其中 I_i 是在 i 方向自由度上值为 1，而在所有其他位置为零的向量。把方程(2-25)代入方程(2-24)，使得节点平衡方程转化为

$$M\ddot{u}(t) + C\dot{u}(t) + Ku(t) = M_x \ddot{u}_{xg}(t) - M_y \ddot{u}_{yg}(t) - M_z \ddot{u}_{zg}(t) \tag{2-26}$$

其中 $M_i = MI_i (i = x、y、z)$，因为与基础运动相关的刚体速度和位移不会引起附加阻尼或结构内力，方程(2-26)简化形式是可能的。

结构动力分析的主要任务就是求解方程(2-24)；而地震作用的分析，则可以将其具体到求解方程(2-26)。

2)动力分析基本方法

(1)振型分析。

振型分析用于确定结构的振型。这些振型本身对于理解结构的性能很有帮助，除此之外，计算结构振型(或特征向量与特征值)的主要原因是用它们来解耦动力平衡方程以进行振型叠加或反应谱分析。

一般有限元软件中除了提供精确的特征向量法分析外，还提供了与荷载相关的 Ritz 向量分析法(LDR)，LDR 向量能用于线性和非线性结构的动力分析，并与精确特征向量法相比，新的修正 Ritz 法用更少的计算工作量可产生更精确的结果。

①特征向量分析法。

为解耦动力平衡方程(2-26)，需要计算方程特征向量与特征值。特征向量分析方法确定系统的无阻尼自由振动的振型形状和频率。它是对一般特征值问题的求解，典型无阻尼自由振动的平衡方程由式(2-27)给出：

$$[K - \lambda_i M] v_i = 0 \tag{2-27}$$

式中，K ——刚度矩阵；

M ——对角质量矩阵；

λ_i ——特征值；

v_i ——相应的特征向量(即振型形状)。

特征向量分析方法中使用的刚度矩阵与静力分析的刚度矩阵是一致的。

可以使用行列式搜索法、逆迭代法、子空间迭代法等进行平衡方程(2-27)的特征向量分析。

②Ritz 向量分析法(LDR)。

改进的 Ritz 向量法(简称 LDR 方法)，即与荷载相关的 Ritz 向量法的物理基础是认为结构动态响应是空间荷载分布的函数。弹性结构的无阻尼动态平衡方程可写成以下形式：

$$M\ddot{u}(t) + K\ddot{u}(t) = R(t) \tag{2-28}$$

地震或风荷载工况中，方程(2-28)中的作用在结构上的与时间相关的荷载 $R(t)$ 可写作：

$$R(t) = \sum_{j=1}^{J} f_j g_j(t) = FG(t) \tag{2-29}$$

方程中独立的荷载模式 F 不是时间的函数。在地震作用分析时，对于结构基底的固定地面运动，可能有 3 个独立的荷载模式，这些荷载模式是结构方向的质量分布函数；在风荷载工况中，顺风平均风压是这些向量之一。时间函数 $G(t)$ 总能展开成正弦和余弦函数的 Fourier 级数。因此，如果忽略阻尼，则要求解的典型动态平衡方程为以下形式：

$$M\ddot{u}(t) + K\ddot{u}(t) = F\sin\bar{\omega}t \tag{2-30}$$

因此，典型荷载频率 $\ddot{u}_a(t)$ 的精确动态响应为以下形式：

$$Ku = F + \bar{\omega}^2 Mu \tag{2-31}$$

由于荷载频率是未知的，方程 (2-31) 不能直接求解。基于相关推导，存在以下递归方程：

$$Ku_i = Mu_{i-1} \tag{2-32}$$

LDR 方法考虑了动力荷载的空间分布，因此可以得到更精确的结果。在分析过程中，第一个向量块是来自于结构上荷载模式的静态响应，所以在 Ritz 向量法定义时要指定初始向量。

(2) 频域分析。

频域分析法是线性体系对随时间任意变化激励反应的分析方法，它是除了以 Duhamel 积分所代表的时域方法以外的另一种方法。一般有限元软件中的频域分析主要包括两个类型：稳态分析和功率谱分析。

①稳态分析法。

稳态分析用于求解结构在随时间简谐变化的激励作用下所发生的响应问题。这种分析方法是计算激振条件下(激振大小随时间按正弦或余弦变化)对若干个激振频率下的结构响应量，然后得到响应量与激振频率的关系。这样就可以把结构动力响应(包括位移、速度、加速度)与频率用图表的方式表达，通过图形，可明确地反映出各种频率下的结构峰值。

对于单自由度体系受到的简谐荷载下的运动方程可表示如下：

$$M\ddot{u}_R + C\dot{u}_R + Ku_R = P_0\cos\omega t \tag{2-33}$$

$$M\ddot{u}_Z + C\dot{u}_Z + Ku_Z = P_0\sin\omega t \tag{2-34}$$

用 $i = \sqrt{-1}$ 乘以式 (2-34)，然后加上式 (2-33) 可得

$$M\ddot{\bar{u}} + C\dot{\bar{u}} + K\bar{u} = \bar{p} = P_0 e^{i\omega t} \tag{2-35}$$

其中

$$\bar{u} = u_R + iu_Z \tag{2-36}$$

由式 (2-36) 可推出：

$$\bar{u} = \bar{U}e^{i\omega t} \tag{2-37}$$

其中

$$\bar{U} = Ue^{i\omega} \tag{2-38}$$

将式 (2-37) 代入式 (2-35) 可得

$$\bar{u} = \frac{P_0}{(K - m\omega^2) + i\omega} \tag{2-39}$$

又有

$$H(\omega) = \frac{\overline{u}}{u_0} = \frac{1}{(1-r^2)+\mathrm{i}(2er)} \tag{2-40}$$

$$u_0 = P_0 / K \tag{2-41}$$

$$\overline{u} = H(\omega)P_0 \tag{2-42}$$

对于 SNOF 系统的稳态响应可写成复数形式，可表示为

$$\overline{u}(t) = \overline{u}\mathrm{e}^{\mathrm{i}\omega t} = H(\omega)P_0\mathrm{e}^{\mathrm{i}\omega t} \tag{2-43}$$

对于周期激励，可以应用复数傅里叶级数：

$$P(t) = \sum_{n=-\infty}^{+\infty} \overline{P}_n \mathrm{e}^{\mathrm{i}(n\omega_1 t)} \tag{2-44}$$

其稳态响应可写成：

$$u(t) = \sum_{n=-\infty}^{+\infty} \overline{u}_n \mathrm{e}^{-\mathrm{i}(n\omega_1 t)} \tag{2-45}$$

求解可得 $\overline{U} = \overline{H}(\omega)P_0$，类似可得

$$\overline{U}_n = \overline{H}_n \overline{P}_n \tag{2-46}$$

$$U(t) = \sum_{n=-\infty}^{+\infty} \overline{U}_n \mathrm{e}^{-\mathrm{i}(n\omega_1 t)} = \sum_{n=-\infty}^{+\infty} \overline{H}_n \overline{P}_n \mathrm{e}^{-\mathrm{i}(n\omega_1 t)} \tag{2-47}$$

稳态分析的结果可帮助工程师避免共振、疲劳及其他一些受迫振动时的不利情况。例如，稳态分析可用于求解建筑物中的旋转机械对建筑物的影响，或是旋转中的发动机对车身的影响等。

②功率谱分析。

功率谱密度分析用于预测结构在承受连续的随机激励时，结构响应为某个特定幅值的概率大小。激励函数采用具有统计意义的功率谱密度函数来表示，是一种概率函数，它是某个随机变量在单位频率上的平方值。

功率谱密度是结构在随机激励下响应的概率统计值，功率谱密度得出的结果不是特定值，而是期望值与频率之间的关系，这些期望值包括位移期望值、速度期望值、加速度期望值、内力期望值、应力期望值等。某些随机问题很难通过时域进行分析，例如结构对噪声或随机转动的机械转子的响应，这些问题可以通过功率谱分析来处理。

虽然稳态分析和功率谱分析都属于频域分析，但两者的区别是很明显的。稳态分析是一种确定性分析，激励和响应都是确定的；而功率谱分析是一种概率分析，其激励和响应都是通过统计方式表示的。一般选用稳态分析法来进行结构动力响应分析。

3.结构设计选型及加固方法

许多工业建筑由于结构选型和结构构造不合理，导致使用中出现各种振动问题，个别由于结构严重损坏不得不停产加固。在工业厂房最初的结构设计及出现问题后的加固处理上，提出以下设计选型建议及加固方法(徐建，2016)。

1)结构设计选型

在总结工业建筑结构设计经验基础上，对承受水平动荷载的多层厂房在结构选型和结构构造上提出如下建议。

(1)多层扰振厂房应优先采用现浇或装配整体式钢筋混凝土框架—抗振墙结构。

(2)建筑结构的布置，在满足建筑功能、生产工艺要求的同时，应力求平面和竖向形状简单、整齐、柱网对称，刚度适宜，结构传力简捷，构件受力明确，构造简单。

(3)框架—抗振墙结构的柱网尺寸一般宜在 10m×10m 以内。当有充分依据时，也可采用较大的柱网尺寸。

(4)振动设备尽量布置在较低的层位上，水平动荷载较大的方向宜与框架—抗振墙刚度较大的方向平行。

(5)结构抗侧力刚度应力求均匀对称，相邻楼层层间刚度相差不宜超过 30%。

(6)凸出屋面的局部房屋不宜采用混合结构。

(7)抗振建筑的混凝土抗振墙的设置应符合下列要求。

①框架内(一般为边框架和允许设置隔墙的中间框架)纵横两个主轴方向均应设置现浇混凝土抗振墙。抗振墙中心宜与框架柱中心重合。

②混凝土抗振墙在结构单元内应力求均匀对称，尽量使结构单元刚度中心与质量中心重合。

③混凝土抗振墙的设置量：水平荷载大的方向的面积比(抗振墙横断面积与结构单元平面面积之比)不小于 0.15%，水平荷载小的方向的面积比不小于 0.12%。

④混凝土抗振墙宜沿车间全高贯通设置，厚度逐渐减薄，避免刚度突然变化。

⑤抗振墙厚度不应小于 160mm，且不应小于墙净高的 1/22。

⑥混凝土抗振墙的水平和竖向分布筋的配筋率均不小于 0.25%，钢筋直径大于或等于 ϕ8mm，间距不大于 300mm，且宜双排配置。

⑦现浇混凝土抗振墙与预制框架应有可靠的连接：

抗振墙的横向钢筋与柱的水平插筋，竖向钢筋与梁的插筋采用焊接连接。

预制梁柱与抗振墙的连接面应打毛或预留齿槽。

⑧框架梁柱现浇时，抗振墙的竖向、水平向分布筋必须加直钩分别埋入梁柱内。

⑨抗振墙应尽量不开洞。如若开洞，其洞口面积不宜大于墙面面积的 1/8，洞口至框架柱的距离不小于 600mm，并应在洞口周围适当采取加强措施。

⑩抗振墙边框(梁、柱)纵向配筋率不小于 0.8%(梁取矩形截面计算)，其箍筋沿全跨及全高加密，箍筋间距不大于 150mm。

(8)框架内砌砖填充墙应符合下列要求。

①考虑黏土砖填充墙的抗侧力作用时，砖填充墙砌在框架平面内，并与框架梁、柱紧密结合。墙厚不应小于 240mm，砂浆强度等级不应低于 M5。

②砌体应沿柱全高每隔 500mm 配置 2ϕ6mm 拉筋，拉筋伸入墙内长度不小于 700mm。

③填充墙顶部与梁底宜有拉结措施。

④填充墙较高时，应增设与框架柱拉结的混凝土圈梁(现浇)，圈梁间距不大于 4m。

⑤填充墙内开有门窗洞口时，在洞口的上下口处设置混凝土圈梁，圈梁与框架柱有可靠连接。

(9)厂房屋顶女儿墙须与框架作可靠连接。

2)结构加固处理建议

对于钢筋混凝土框架结构，通过加固对结构水平振动进行控制主要是为了提高结构抗侧刚度(葛阿威，2014)，3 种常用的加固方法包括：

增设交叉钢支撑，布置示意图见图 2.68(a)；

增设"门式"剪力墙，布置示意图见图 2.68(b)；

采用增大截面法、外粘型钢法及粘贴钢板法等方法增大结构构件截面。

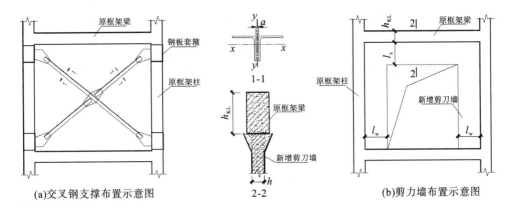

图 2.68   水平振动控制加固方法

4.多层厂房水平振动控制实例——转运站

1)工程概况

某高层转运站是将块煤从场内运往火车装车仓的一个重要中转站[图 2.69(a)]。该转运站共 10 层，1~9 层层高均为 4.5m，第 10 层层高 6.25m。设备层位于 9、10 层，转载方向为 90°。结构平面布置较规则，X 向轴线为 7.5m+7.5m，Y 向轴线为 8.5m，该转运站总高度为 46.75m，1~8 层为无填充墙的敞开式结构。转载点高层转运站的现场照片如图 2.69(b)所示。转运站在第 10 层(X 方向)与皮带栈桥相连；在第 9 层(负 Y 方向)与皮带栈桥相连。第 10 层楼板上布置运输送机机头、电动机及减速箱，第 9 层楼板上布置运输送机机尾。设备层的平面布置图如图 2.70 所示。

该转运站于 2008 年设计，与转运站连接的栈桥都具有皮带运量大、高速度、长时间、受反复动荷载作用的特点，至今仅使用 9 年多，但皮带正常运行时转运站水平振动明显。

2)激振源分析

引起高层转运站异常振动主要是皮带张力和动力设备扰力，对于该高层转运站，风荷载的作用也不能忽视。通过分析计算，楼盖动力扰力影响较小，此转运站主要的振动问题表现在水平振动异常，大大超出了标准限值。因此主要分析皮带张力的动态变化以及风荷载对转运站的振动影响。

(a)

(b)

图 2.69   高层转运站

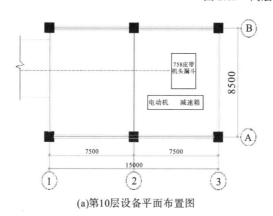

(a)第10层设备平面布置图

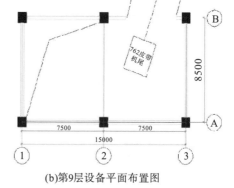

(b)第9层设备平面布置图

图 2.70   设备层的平面布置图

动力时程分析结果与实测结果对比可知，误差在合理范围内。通过对皮带动张力和风荷载分别加载计算分析可得，风荷载对结构振动有一定的影响，但皮带动张力对结构振动的影响达 90% 左右，是最主要的激振源。

3）存在的问题

通过现场动力测试发现，转运站水平振动幅度较大，减速停机时最大位移为 5.1887mm，远远超出振动位移限值 0.2mm。对于高层转运站这种典型的高耸柔结构应加强其刚度，增强工作人员的舒适度，延长其使用年限。

一般多层框架结构水平振动自振频率在 1.5～4.5Hz，高层转运站则更小。动力设备的转速较低时，结构水平共振属于低频共振，振幅比较大；动力设备的转速较高时，结构水平共振属于高频共振，振幅比较小。危害性最大的共振是低频共振，所以，当动力设备转速较低时，则必须考虑结构侧向的水平振动。

4）振动控制方法及效果

计划采用加设钢支撑或增设钢筋混凝土剪力墙两种加固方案进行加固，并进行计算分析。分析时考虑了栈桥围护结构蒙皮效应对轻钢结构侧向刚度的影响。

方案一：加设钢支撑。

上文计算分析知，转运站 Y 向振动位移比 X 向振动位移大，即 Y 向抗侧刚度比 X 向抗侧刚度大，这样导致转运站出现扭转现象。因此，X 向钢支撑布置成交叉形式，Y 向钢支撑布置成上"正八"、下"倒八"形式。支撑选用双槽钢，钢材采用 Q235-B，计算模型如图 2.71(a) 所示。

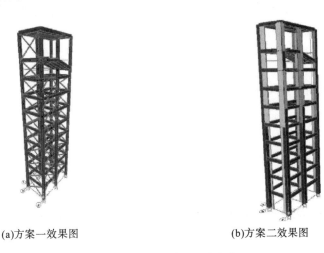

(a)方案一效果图　　　　　　　　　　(b)方案二效果图

图 2.71　振动控制的两种方案

方案二：加设钢筋混凝土剪力墙。

在原钢筋混凝土框架结构外围各柱之间加设钢筋混凝土剪力墙，针对转运站 Y 向侧向刚度小于 X 向侧向刚度的特点，在 X 向柱间每侧加设宽、厚钢筋混凝土剪力墙；在 Y 向柱间每侧加设宽、厚钢筋混凝土剪力墙，根据工艺条件，在栈桥入口及出口处可适当改变剪力墙的宽度。混凝土强度等级采用 C30，计算模型如图 2.71(b) 所示。

对加固方案一分析可知，在原框架结构梁、柱间加设钢支撑能有效提高结构的侧向刚度，减小结构的振动幅值，但该方法不容易保证钢套箍与混凝土梁、柱之间连接的牢固性与紧密性；同时，钢支撑受生产工艺及现场施工等条件的影响，加固效果难以保证。

对加固方案二分析可知，在原框架结构梁、柱间加设钢筋混凝土剪力墙也能有效提高结构的侧向刚度，减小结构的振动幅值。钢筋混凝土剪力墙的自身刚度比较大，容易与原结构可靠连接，保证两者协同工作，但钢筋混凝土加固工期较长、工序较复杂。

2.4.2 多层厂房竖向振动控制

1.多层厂房竖向振动计算

多层厂房竖直方向的一般计算参考 2.2.2 节。

2.多层厂房竖向振动分析的简化计算法

多层厂房竖向振动的动力计算，归根结底是在弹性范围内，计算结构构件的自振频率和强迫振动的位移(或速度、加速度)。在实际运用中，对每一个别情况下，选择符合设计条件和要求的方法是相当重要的。选择计算方法，一方面要求解出的结果尽可能地接近于所采取的结构计算简图；另一方面要求其解法尽可能地简单方便。由于建筑结构的实际刚度、质量乃至构造连接及其施工质量的差异，所得到的解不是一个精确的数值，如果盲目追求其精确解是不现实的，往往可采用某种近似的方法。

2.4.1 节已经分析了工业建筑水平振动计算的方法，本节将主要说明关于多层厂房竖向振动分析的相关简化计算方法。

1)自振频率的计算

当不考虑结构阻尼时，梁自由振动以下列方程式描述：

$$EI\frac{\partial^4 Z}{\partial x^4} + m\frac{\partial^2 Z}{\partial t^2} = 0 \qquad (2\text{-}48)$$

式中，E——弹性模量；

$\quad\quad I$——梁截面惯性矩；

$\quad\quad m$——梁单位长度质量；

$\quad\quad x$——沿梁轴从坐标原点到所考察截面的距离，通常取梁的最左端为原点；

$\quad\quad Z(x,t)$——梁截面重心离开其静平衡位置的横向位移；

$\quad\quad t$——时间。

为求解方程(2-48)，用分离变量法，即令 $Z(x,t)=X(x)\cdot T(t)$，这样得出两个常微分方程式：

$$\frac{\mathrm{d}^4 X}{\mathrm{d}x^4} - \frac{m\omega^2}{EI}X = 0 \qquad (2\text{-}49)$$

$$\frac{\mathrm{d}^2 T}{\mathrm{d}t^2} + \omega^2 T = 0 \qquad (2\text{-}50)$$

方程(2-49)的解为下列函数：

$$X(x) = A\sin\lambda x + B\cos\lambda x + C\mathrm{sh}\lambda x + D\mathrm{ch}\lambda x \qquad (2\text{-}51)$$

该函数确定沿梁长的弯曲振动形式，而方程(2-50)的解具有如下形式：

$$T(t) = C_1\sin\omega t + C_2\cos\omega t \qquad (2\text{-}52)$$

其中，$\lambda = \sqrt[4]{m\omega^2/EI}$ 。

式中，ω——梁横向自振圆频率；

C_1、C_2——由初始条件确定的任意常数；

A、B、C、D——由在梁支座上的边界条件确定的任意常数。

(1) 单跨梁自振频率的确定。

描述振型的梁的横向自振微分方程 (2-51) 的通解包括任意常数 A、B、C、D。该常数的选择应使函数 $X(x)$ 满足梁端的条件，即满足所谓的边界条件或边缘条件(由位移或转角所确定的"机动条件"或由力所决定的"力"条件)。对于单跨梁，边界条件的数目等于任意常量的数目，在梁的每一端各有两个。图 2.72 是几种等截面单跨梁的边界条件。

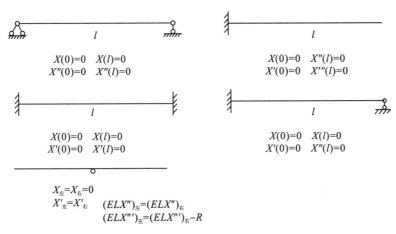

图 2.72　单跨梁边界条件

对于任意截面 x，转角 $\phi(x)$、弯矩 $M(x)$、剪力 $Q(x)$ 与位移 $X(x)$ 间的关系为

$$\begin{cases} \phi(x) = X'(x) \\ M(x) = -EIX''(x) \\ Q(x) = -EIX'''(x) \end{cases} \tag{2-53}$$

位移 $X(x)$ 以向下为正，x 以向右为正，$\phi(x)$ 以顺时针方向为正，$M(x)$ 以下面受拉为正，$Q(x)$ 以使单元顺时针转动为正。于是，在自由振动中梁的铰支端的边界条件为 $X = 0$，$X'' = 0$ (位移及弯矩等于 0)；固定端的边界条件为 $X = 0$，$X' = 0$ (位移及转角等于 0)；自由端的边界条件为 $X'' = 0$，$X''' = 0$ (弯矩和剪力等于 0)。根据梁的边界条件即可确定梁的频率和振型。

① 两端铰支梁。

其振型表达式：

$$X(x) = A\sin\lambda x + B\cos\lambda x + C\mathrm{sh}\lambda x + D\mathrm{ch}\lambda x$$

及边界条件：

$$\text{(a) } X(0) = 0; \quad \text{(b) } X''(0) = 0$$
$$\text{(c) } X(l) = 0; \quad \text{(d) } X''(l) = 0$$

由边界条件 (a)、(b) 得

$$B + D = 0$$

$$\lambda^2 B - \lambda^2 D = 0$$

由于 $\lambda \neq 0$，于是

$$B - D = 0$$

得 $B=0$；$D=0$。

因此，$X(x) = A\sin\lambda x + C\mathrm{sh}\lambda x$。

由边界条件 (c) 得：$A\sin\lambda l + C\mathrm{sh}\lambda l = 0$。

由边界条件 (d) 得：$-A\sin\lambda l + C\mathrm{sh}\lambda l = 0$。

上两式相加得：$2C\mathrm{sh}\lambda l = 0$。

由于 $\mathrm{sh}\lambda l \neq 0$，所以 $C=0$。

因 $A \neq 0$，得 $\sin\lambda l = 0$（频率方程）。

因 $\lambda \neq 0$，所以 $\lambda l = \pi, 2\pi, 3\pi, \cdots$

共无限多个根，有

$$\lambda_i = i\pi / l \qquad (i = 1, 2, 3, \cdots) \tag{2-54}$$

这样同时得到无限多个自振频率：

$$\omega_i = \sqrt{\lambda_i^4 EI / m} = (i\pi)^2 \sqrt{EI / (ml^4)} = \phi_i \sqrt{EI / (ml^4)} \tag{2-55}$$

基本频率为

$$\omega_1 = \frac{\pi^2}{l^2}\sqrt{EI / m} \tag{2-56}$$

由于 $C=0$，振型表达式变为 $X(x) = A\sin\lambda x$。

振型 i 的表达式为

$$X_i(x) = A_i \sin\lambda_i x = A_i \sin\frac{i\pi}{l}x \tag{2-57}$$

其中 A_i 是任意常数，不论 A_i 等于多少均能满足振动微分方程和边界条件，A_i 由初始条件确定。用振型方法计算强迫振动以及初位移、初速度的影响时，只需要振型的形式，其数值的大小不影响计算结果，故自由参数 A_i 可以任取。设 $A_i=1$，于是振型 i 为

$$X(x) = \sin\frac{i\pi}{l}x \qquad (i = 1, 2, 3, \cdots) \tag{2-58}$$

共有无限多个振型，前 3 个振型如图 2.73 所示。

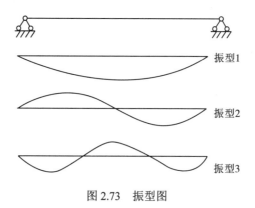

图 2.73 振型图

振型 1 是由一个"半波"构成，振型 2 是由两个"半波"构成，振型 3 是由 3 个"半波"构成。

用同样的方法，可以求得其他几种单跨梁的自振频率和振型。

②一端固定，一端铰支梁。

频率方程：

$$\tan \lambda l = \tan h\lambda l \tag{2-59}$$

特征值：

$$\lambda_i l = \left(i + \frac{1}{4}\right)\pi \quad (i = 1,2,3) \tag{2-60}$$

自振频率：

$$\omega_i = \frac{\left(i + \frac{1}{4}\right)^2 \pi^2}{l^2}\sqrt{\frac{EI}{m}} = \phi_i\sqrt{EI/\left(ml^4\right)} \tag{2-61}$$

自振振型：

$$\overline{X_i}(x) = \text{ch}\lambda_i x - \cos\lambda_i x - \text{ch}\lambda_i\left(\text{sh}\lambda_i x - \sin\lambda_i x\right) \tag{2-62}$$

③两端均为固定端梁。

频率方程：

$$\cos\lambda l = \frac{1}{\text{ch}\lambda l} \tag{2-63}$$

特征值：

$$\lambda_i l = \left(i + \frac{1}{2}\right)\pi \quad (i = 1,2,3,\cdots) \tag{2-64}$$

自振频率：

$$\omega_i = \frac{\left(i + \frac{1}{2}\right)^2 \pi^2}{l^2}\sqrt{EI/m}$$
$$= \phi_i\sqrt{EI/\left(ml^4\right)} \quad (i = 1,2,3,\cdots) \tag{2-65}$$

自振振型：

$$X_i(x) = \frac{\sin\lambda_i x - \text{sh}\lambda_i x}{\sin\lambda_i l - \text{sh}\lambda_i l} - \frac{\cos\lambda_i x - \text{ch}\lambda_i x}{\cos\lambda_i l - \text{ch}\lambda_i l} \tag{2-66}$$

④悬臂梁。

频率方程：

$$\cos\lambda l = -\frac{1}{\text{ch}\lambda l} \tag{2-67}$$

特征值（近似解）：

$$\lambda_1 l = 1.875 \tag{2-68}$$

$$\lambda_i l = \left(i - \frac{1}{2}\right)\pi \quad (i = 2,3,\cdots) \tag{2-69}$$

自振频率：

$$\omega_1 = 3.515\sqrt{EI/(ml)^4} \tag{2-70}$$

$$\omega_i = \left(i - \frac{1}{2}\right)^2 \pi^2 \sqrt{EI/(ml^4)} \tag{2-71}$$

$$= \phi_i\sqrt{EI/(ml^4)} \quad (i=2,3,\cdots)$$

自振振型：

$$X_i(x) = \frac{\sin\lambda_i x - \mathrm{sh}\lambda_i x}{\cos\lambda_i l - \mathrm{ch}\lambda_i l} - \frac{\cos\lambda_i x - \mathrm{ch}\lambda_i x}{\sin\lambda_i l - \mathrm{sh}\lambda_i l} \tag{2-72}$$

(2)均质等跨连续梁自振频率的确定。

具有均布质量的连续梁横向自振方程和单跨梁自振方程相似。每跨横截面均不变的连续梁的横向振动方程具有式(2-48)的形式，而它每跨的解具有式(2-51)的形式。但是式(2-51)解中的任意常量 A、B、C、D 对每跨均不同。因此，对于 n 跨连续梁，一般情况下将有 $4n$ 个任意常量。

任意常量 A_1、B_1、C_1、$\cdots$、B_n、C_n、D_n 由线性代数方程组的解确定。方程组是根据以下条件建立的，即每跨振动方程的解[式(2-51)]均要满足连续梁的边支座条件和中间支座条件。这种方程组是齐次的，所以非零解的条件是各常量前系数所组成的矩阵的行列式等于零。使行列式等于零即可得到连续梁的自振频率方程，频率方程的每一个根均对应于完全确定的自振振型。

简支等跨等截面连续梁自振圆频率按式(2-73)计算：

$$\omega_i = \phi_i\sqrt{EI/(ml^4)} \tag{2-73}$$

式(2-55)、式(2-61)、式(2-65)、式(2-71)、式(2-73)中的参数 ϕ_i 见表2.52。

表2.52 ϕ_i 值表

序号	1				2	3	4	5
	两端简支	两端固定	一端固定一端简支	一端固定一端自由	两端简支			
1	9.87	22.21	15.42	3.52	9.87	9.87	9.87	9.87
2	39.48	61.69	49.96	22.21	15.42	12.60	11.51	10.88
3	—	—	—	—	39.48	18，52	15.42	13.74
4	—	—	—	—	49.96	39.48	19.90	17.20
5	—	—	—	—	—	44.99	39.48	20.75
6	—	—	—	—	—	55.20	42.84	39.48
7	—	—	—	—	—	—	49.96	41.73
8	—	—	—	—	—	—	57.63	46.90
9	—	—	—	—	—	—	—	53.12
10	—	—	—	—	—	—	—	58.94

2) 强迫振动的动位移计算

对于无限自由度体系，用直接解算振动方程的方法来计算是不合适的，尤其是考虑有结构阻尼时是很不方便的。如果采用振型分解法并利用振型的正交性则可使计算大为简化。振型分解法适用于各种类型的荷载，适用于无阻尼体系、滞变阻尼体系。

当梁上作用随时间而变化的外载时，梁相对于静平衡位置的强迫振动用非齐次微分方程进行描述。方程式左边部分跟式(2-48)一致。

非齐次方程的通解由齐次方程的通解及非齐次方程的特解组成，齐次方程的通解表征自振，而非齐次方程的特解表征强迫振动，在简谐扰动力作用下产生具有扰动力频率的强迫振动。

以下讨论在简谐力作用下所产生的纯强迫振动。

(1) 无阻尼情况。

对于具有均匀质量等截面梁的受弯振动，当不考虑阻尼时其强迫振动的微分方程如下：

$$EI\frac{\partial^4 Z}{\partial x^4} + m\frac{\partial^2 Z}{\partial t^2} = F(x,t) \tag{2-74}$$

式中，$F(x,t)$——随时间变化的扰动力荷载。

如果 $F(x,t) = F(x)\sin(\omega_e t + \varepsilon)$，则式(2-74)的解可写成 $Z(x,t) = X(x)\sin(\omega_e t + \varepsilon)$，表征梁横向强迫振动振型的函数 $X(x)$ 可以从下列微分方程求出：

$$EI\frac{\mathrm{d}^4 x}{\mathrm{d}x^4} - m\omega^2 X = F(x) \tag{2-75}$$

利用梁的振型分解法，当在 $x = x_F$ 的截面作用有集中简谐力 $F(t) = F\sin(\omega_e t + \varepsilon)$ 时，可以得到下列的动挠度表达式(强迫振动振幅)：

$$Z_{\max}(x) = \frac{F}{ml}\sum_{i=1}^{\infty}\frac{X_i(x)X_i(x_F)}{\omega_i^2\left(1 - \dfrac{\omega_e^2}{\omega_i^2}\right)} \tag{2-76}$$

式中，F——简谐力幅值；

　　　ω_e——强迫振动的圆频率；

　　　ω_i——梁的第 i 振型横向自振圆频率；

　　　$X_i(x)$——相应于所研究梁的第 i 个自振振型的准标准振型函数，x 为左支座到所求挠度 $X(x)$ 截面的距离；

　　　l——梁跨度；

　　　$X_i(x_F)$——相应于第 i 自振振型的准标准振型函数，x_F 为左支座到简谐力的距离。

因为

$$\int_0^l X_i^2(x)\mathrm{d}x = \frac{l}{2}$$

对于连续梁：

$$\sum_{r=1}^{n}\int_0^{l_r} X_i^2(x)\mathrm{d}x = \frac{l}{2}$$

式中，r——梁跨的序号，$r=1, 2, \cdots, n$；

　　l——单跨梁跨长，如连续梁则为梁全长。

表达式(2-76)就可变换写成如下形式：

$$Z_{\max}(x) = \frac{2F}{EI\lambda_1^4 l}\left[\sum_{i=1}^{\infty} X_i(x)X_i(x_F)\frac{\omega_1^2}{\omega_i^2}\Big/\left(1-\frac{\omega_e^2}{\omega_i^2}\right)\right] \tag{2-77}$$

如果令

$$\beta_i = \frac{\omega_1^2}{\omega_i^2}\cdot\frac{1}{1-\dfrac{\omega_e^2}{\omega_i^2}} \tag{2-78}$$

则式(2-77)变为

$$Z_{\max}(x) = \frac{2F}{EI\lambda_1^4 l}\left(\sum_{i=1}^{\infty} X_i(x)X_i(x_F)\beta_i\right) \tag{2-79}$$

对于如图 2.74 所示的均质等跨连续梁，用振型分解法计算与单跨梁完全一样，这时只需将式(2-79)中 l 作为连续梁的总长，各跨跨度用 l_1 代替。因 $\lambda_1 = \dfrac{\pi}{l_1}$，$L=nl_1$，则式(2-79)变为

$$Z_{\max}(x) = \frac{2Fl_1^3}{nEI\pi^4}\left(\sum_{i=1}^{\infty} X_i(x)X_i(x_F)\beta_i\right) \tag{2-80}$$

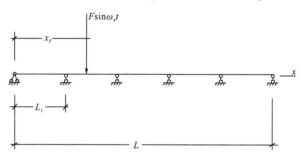

图 2.74　等跨连续梁

(2)有阻尼情况。

等截面梁在简谐荷载作用下，当考虑阻尼时根据复刚度理论，梁的横向强迫振动微分方程如下：

$$m\frac{\partial^2 Z}{\partial t^2} + (1+i\gamma)EI\frac{\partial^4 Z}{\partial x^4} = F(x)e^{i\omega_e t} \tag{2-81}$$

式中，γ——结构的非弹性阻尼系数。

如果把函数 $Z(x)$ 表征梁在集中力 $F(t) = F\sin(\omega_e t - \varepsilon)$ 的作用下梁的强迫振动振型，那么方程(2-81)的解按照准标准化的自振振型分解的办法可以把 $Z(x)$ 表达成：

$$Z(x) = \frac{2F}{EI\lambda_1^4 L}\left[\sum_{i=1}^{\infty} X_i(x)X_i(x_F)\beta_i\sin(\omega_e t - \varepsilon_i)\right] \tag{2-82}$$

式中

$$\beta_i = \frac{\omega_1^2}{\omega_i^2} \bigg/ \sqrt{\left(1 - \frac{\omega_e^2}{\omega_i^2}\right)^2 + \gamma^2}$$

$$\varepsilon_i = \arctan \frac{r}{1 - \dfrac{\omega_e^2}{\omega_i^2}}$$

而连续梁则表达为

$$Z(x) = \frac{2Fl_1^3}{nEI\pi^4}\left[\sum_{i=1}^{\infty} X_i(x)X_i(x_F)\beta_i \sin(\omega_e t - \varepsilon_i)\right] \tag{2-83}$$

式中，ε_i——第 i 振型的力及位移之间的相位角。

当截面 x_F 处有集中简谐力作用及在给定的频率比 ω_e / ω_i 的情况下，最大动位移(最大振幅)用式(2-84)确定:

$$Z(x) = \frac{2F}{EI\lambda_1^4 L} \cdot \sqrt{\left[U_{xF}(x)\right]^2 + \left[V_{xF}(x)\right]^2} \tag{2-84}$$

其中

$$U_{xF}(x) = \sum_{i=1}^{\infty} X_i(x)X_i(x_F)\beta_i \sin \varepsilon_i \tag{2-85}$$

$$V_{xF}(x) = \sum_{i=1}^{\infty} X_i(x)X_i(x_F)\beta_i \cos \varepsilon_i \tag{2-86}$$

应该指出，在远离共振的频率比 ω_e / ω_i 的范围，阻尼对强迫振动振幅的影响不大，因此在这些范围内的计算可以不考虑阻尼，使计算简化。

3)梁振动的动位移的简捷计算法

以上内容已将楼层的梁杆件的横向振动的频率及位移(振幅)的计算按比较精确的方法作了阐述，通过给出的各种图表进行计算已是比较简单。

对于弹性体系的线性振动，要根据不同的课题选择不同的计算方法，使求出的结果尽可能接近于所采取的结构计算简图，同时要求课题的解法尽可能地简单方便。

在结构设计中，结构计算的任务是估算出结构实际工作时最大可能的变位和内力。根据一般多层厂房振动源的扰频为 2～6Hz，而楼层的自振频率在 10Hz 以上，一般不会发生共振现象，基于这个原因，提出一个计算更为简捷的方法。

例如，假设等跨等截面连续梁中有一简谐力作用，如图 2.75 所示，当 $\omega_e / \omega_1 \leqslant 0.6$ 时，那么梁的振幅(位移)可按下式计算:

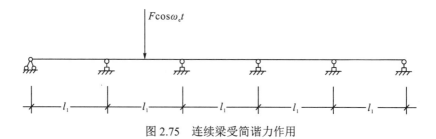

图 2.75　连续梁受简谐力作用

$$Z = Z_s \cdot \frac{1}{1 - \frac{\omega_e^2}{\omega_1^2}} = Z_s \cdot \beta = \beta Z_s \tag{2-87}$$

式中，Z_s——集中力 F 作用于梁上的挠度；

ω_1——梁的基频；

ω_e——扰频。

式(2-87)推导简要说明如下：

由式(2-82)可知，最大动位移：

$$
\begin{aligned}
Z(x) &= \frac{2F}{EI\lambda_1^4 L} \sum_{i=1}^{\infty} X_i(x) X_i(x_F) \beta_i \\
&= \frac{2F}{EI\lambda_1^4 L} \sum_{i=1}^{\infty} X_i(x) X_i(x_F) \frac{\omega_1^2}{\omega_i^2} \frac{1}{\sqrt{\left(1 - \frac{\omega_e^2}{\omega_i^2}\right)^2 + \gamma^2}}
\end{aligned} \tag{2-88}
$$

令

$$K_i = \frac{1}{\sqrt{\left(1 - \frac{\omega_e^2}{\omega_i^2}\right)^2 + \gamma^2}} \tag{2-89}$$

由于自频一般在 10Hz 以上，而扰频在 2～6Hz 之间，则：

$$\left(1 - \frac{\omega_e^2}{\omega_i^2}\right)^2 \geqslant \left(1 - \frac{6^2}{10^2}\right)^2 = 0.4096$$

而 $\gamma^2 = 0.01$，因此对式(2-89)来说 γ 可以忽略，即：

$$K_i = \frac{1}{1 - \frac{\omega_e^2}{\omega_i^2}} \tag{2-90}$$

将式(2-90)代入式(2-88)，则：

$$Z(x) = \frac{2F}{EI\lambda_i^4 L}\left[X_1(x) X_1(x_F) \frac{\omega_1^2}{\omega_1^2} K_1 + X_2(x) X_2(x_F) \frac{\omega_1^2}{\omega_2^2} K_2 + X_3(x) X_3(x_F) \frac{\omega_1^2}{\omega_3^2} K_3 + \cdots \right] \tag{2-91}$$

当扰力为静荷载时，即 $\omega_e = 0$ 时，式(2-91)中 $K_1 = K_2 = K_3 = \cdots = 1$，由式(2-91)得

$$Z_s = \frac{2F}{EI\lambda_i^4 L}\left[X_1(x) X_1(x_F) \frac{\omega_1^2}{\omega_1^2} + X_2(x) X_2(x_F) \frac{\omega_1^2}{\omega_2^2} + X_3(x) X_3(x_F) \frac{\omega_1^2}{\omega_3^2} + \cdots \right] \tag{2-92}$$

对于式(2-91)，若取 $K_2 = K_3 = \cdots = K_1$（位移值偏大即偏于安全），则式(2-91)可写为

$$
\begin{aligned}
Z(x) &= \frac{2F}{EI\lambda_i^4 L}\left[X_1(x) X_1(x_F) K_1 \frac{\omega_1^2}{\omega_1^2} + X_2(x) X_2(x_F) \frac{\omega_1^2}{\omega_2^2} K_1 + X_3(x) X_3(x_F) \frac{\omega_1^2}{\omega_3^2} K_1 + \cdots \right] \\
&= K_1 \cdot \frac{2F}{EI\lambda_i^4 L}\left[X_1(x) X_1(x_F) \frac{\omega_1^2}{\omega_1^2} + X_2(x) X_2(x_F) \frac{\omega_1^2}{\omega_2^2} + X_3(x) X_3(x_F) \frac{\omega_1^2}{\omega_3^2} + \cdots \right]
\end{aligned}
$$

$$= K_1 \cdot Z_s = \frac{1}{1 - \dfrac{\omega_e^2}{\omega_1^2}} \cdot Z_s = \beta Z_s$$

表 2.53～表 2.56 中给出了二至五跨等跨连续梁静位移（Z_s）的具体数值，只需根据力的作用位置，即可查出某跨跨中截面处的静位移。

表 2.53　计算扰力幅值作为静力作用在二跨等跨连续梁某跨上时各跨跨中位移幅值 Z_s 的 K 值表

力在某跨的作用位置 $\alpha = \dfrac{X}{L}$	$Z_s = K\dfrac{F_Z L^3}{100 E_c I}$		力在某跨的作用位置 $\alpha = \dfrac{X}{L}$	$Z_s = K\dfrac{F_Z L^3}{100 E_c I}$	
	1～2	2～3		1～2	2～3
0	0	0	0.55	1.454	-0.599
0.05	0.234	-0.078	0.60	1.367	-0.600
0.10	0.462	-0.155	0.65	1.244	-0.586
0.15	0.680	-0.229	0.70	1.092	-0.558
0.20	0.883	-0.300	0.75	0.920	-0.513
0.25	1.066	-0.366	0.80	0.733	-0.450
0.30	1.223	-0.427	0.85	0.541	-0.368
0.35	1.350	-0.480	0.90	0.349	-0.267
0.40	1.442	-0.525	0.95	0.167	-0.145
0.45	1.492	-0.561	1.00	0	0
0.50	1.497	-0.586			

表 2.54　计算扰力幅值作为静力作用在三跨等跨连续梁某跨上时各跨跨中位移幅值 Z_s 的 K 值表

力在某跨的作用位置 $\alpha = \dfrac{X}{L}$	$Z_s = K\dfrac{F_Z L^3}{100 E_c I}$					
	1～2	2～3	3～4	1～2	2～3	3～4
0	0	0	0	0	0	0
0.05	0.228	-0.062	0.021	-0.134	0.133	-0.045
0.10	0.452	-0.124	0.041	-0.244	0.279	-0.094
0.15	0.665	-0.183	0.061	-0.332	0.431	-0.146
0.20	0.863	-0.240	0.080	-0.400	0.583	-0.200
0.25	1.042	-0.293	0.098	-0.449	0.729	-0.254

续表

$$Z_s = K \frac{F_Z L^3}{100 E_c I}$$

力在某跨的作用位置 $\alpha = \dfrac{X}{L}$						
	1~2	2~3	3~4	1~2	2~3	3~4
0.30	1.195	-0.341	0.114	-0.481	0.863	-0.306
0.35	1.318	-0.384	0.128	-0.498	0.977	-0.355
0.40	1.407	-0.420	0.140	-0.500	1.067	-0.400
0.45	1.455	-0.449	0.150	-0.490	1.125	-0.438
0.50	1.458	-0.469	0.156	-0.469	1.146	-0.469
0.55	1.414	-0.479	0.160	-0.438	1.125	-0.490
0.60	1.327	-0.480	0.160	-0.400	1.067	-0.500
0.65	1.204	-0.469	0.156	-0.355	0.977	-0.498
0.70	1.055	-0.446	0.149	-0.306	0.862	-0.481
0.75	0.885	-0.410	0.137	-0.254	0.729	-0.449
0.80	0.703	-0.360	0.120	-0.200	0.583	-0.400
0.85	0.516	-0.295	0.098	-0.146	0.431	-0.332
0.90	0.332	-0.214	0.071	-0.094	0.279	-0.244
0.95	0.157	-0.116	0.039	-0.045	0.133	-0.134
1.00	0	0	0	0	0	0

表2.55　计算扰力幅值作为静力作用在四跨等跨连续梁某跨上时各跨跨中位移幅值 Z_s 的 K 值表

$$Z_s = K \frac{F_Z L^3}{100 E_c I}$$

跨的作用位置 $\alpha = \dfrac{X}{L}$								
	1~2	2~3	3~4	4~5	1~2	2~3	3~4	4~5
0	0	0	0	0	0	0	0	0
0.05	0.228	-0.061	0.017	-0.006	-0.133	0.131	-0.036	0.012
0.10	0.451	-0.122	0.033	-0.011	-0.242	0.274	-0.075	0.025
0.15	0.664	-0.180	0.049	-0.016	-0.329	0.423	-0.117	0.039
0.20	0.862	-0.236	0.064	-0.021	-0.396	0.573	-0.161	0.054
0.25	1.040	-0.288	0.078	-0.026	-0.445	0.716	-0.204	0.068
0.30	1.193	-0.335	0.091	-0.030	-0.476	0.846	-0.246	0.082
0.35	1.316	-0.377	0.103	-0.034	-0.491	0.958	-0.286	0.095
0.40	1.404	-0.413	0.112	-0.038	-0.493	1.045	-0.321	0.107

$$Z_s = K \frac{F_Z L^3}{100 E_c I}$$

跨的作用位置 $\alpha = \dfrac{X}{L}$	1~2	2~3	3~4	4~5	1~2	2~3	3~4	4~5
0.45	1.452	-0.441	0.120	-0.040	-0.482	1.101	-0.352	0.117
0.50	1.456	-0.460	0.126	-0.042	-0.460	1.121	-0.377	0.126
0.55	1.411	-0.471	0.128	-0.043	-0.430	1.099	-0.394	0.131
0.60	1.324	-0.471	0.129	-0.043	-0.391	1.040	-0.402	0.134
0.65	1.202	-0.461	0.126	-0.042	-0.347	0.950	-0.400	0.133
0.70	1.052	-0.438	0.120	-0.040	-0.298	0.837	-0.387	0.129
0.75	0.883	-0.403	0.110	-0.037	-0.246	0.705	-0.361	0.120
0.80	0.701	-0.354	0.096	-0.032	-0.193	0.562	-0.321	0.107
0.85	0.515	-0.290	0.079	-0.026	-0.140	0.413	-0.267	0.089
0.90	0.330	-0.210	0.057	-0.019	-0.089	0.266	-0.196	0.065
0.95	0.156	-0.114	0.031	-0.010	-0.042	0.126	-0.107	0.036
1.00	0	0	0	0	0	0	0	0

表 2.56　计算扰力幅值作为静力作用在五跨等跨连续梁某跨上时各跨跨中位移幅值 Z_s 的 K 值表

$$Z_s = K \frac{F_Z L^3}{100 E_c I}$$

跨的作用位置 $\alpha = \dfrac{X}{L}$	1~2	2~3	3~4	4~5	5~6	1~2	2~3	3~4	4~5	5~6	1~2	2~3	3~4	4~5	5~6
0	0	0	0	0	0	0	0	0	0	0	0	0	0	0	0
0.05	0.228	-0.061	0.016	-0.004	0.001	-0.133	0.131	-0.035	0.010	-0.003	0.036	-0.107	0.124	-0.034	0.011
0.10	0.451	-0.121	0.033	-0.009	0.003	-0.242	0.274	-0.074	0.020	-0.007	0.065	-0.195	0.261	-0.072	0.024
0.15	0.664	-0.180	0.048	-0.013	0.004	-0.329	0.423	-0.115	0.031	-0.010	0.088	-0.265	0.406	-0.113	0.038
0.20	0.862	-0.235	0.063	-0.017	0.006	-0.396	0.572	-0.158	0.043	-0.014	0.106	-0.319	0.552	-0.155	0.052
0.25	1.040	-0.287	0.077	-0.021	0.007	-0.444	0.715	-0.200	0.055	-0.018	0.119	-0.357	0.692	-0.198	0.066
0.30	1.193	-0.335	0.090	-0.024	0.008	-0.475	0.845	-0.242	0.066	-0.022	0.127	-0.382	0.821	-0.239	0.080
0.35	1.316	-0.377	0.101	-0.028	0.009	-0.491	0.957	-0.281	0.077	-0.026	0.132	-0.395	0.932	-0.279	0.093
0.40	1.404	-0.412	0.111	-0.030	0.010	-0.492	1.044	-0.316	0.086	-0.029	0.132	-0.396	1.019	-0.314	0.105
0.45	1.452	-0.440	0.118	-0.032	0.011	-0.481	1.100	-0.346	0.094	-0.031	0.129	-0.387	1.076	-0.345	0.115
0.50	1.455	-0.460	0.123	-0.034	0.011	-0.460	1.119	-0.370	0.101	-0.034	0.123	-0.370	1.097	-0.370	0.123
0.55	1.411	-0.470	0.126	-0.034	0.011	-0.429	1.097	-0.387	0.105	-0.035	0.115	-0.345	1.076	-0.387	0.129
0.60	1.324	-0.471	0.126	-0.034	0.011	-0.390	1.038	-6.395	0.108	-0.036	0.105	-0.314	1.019	-0.396	0.132

续表

$$Z_s = K \frac{F_z L^3}{100 E_c I}$$

跨的作用位置 $\alpha = \dfrac{X}{L}$															
	1~2	2~3	3~4	4~5	5~6	1~2	2~3	3~4	4~5	5~6	1~2	2~3	3~4	4~5	5~6
0.65	1.202	-0.460	0.123	-0.034	0.011	-0.346	0.948	-0.393	0.107	-0.036	0.093	-0.279	0.932	-0.395	0.132
0.70	1.052	-0.438	0.117	-0.032	0.011	-0.297	0.835	-0.380	0.104	-0.035	0.080	-0.239	0.821	-0.382	0.127
0.75	0.883	-0.402	0.108	-0.029	0.010	-0.245	0.703	-0.355	0.097	-0.032	0.066	-0.198	0.692	-0.357	0.119
0.80	0.701	-0.353	0.095	-0.026	0.009	-0.192	0.560	-0.316	0.086	-0.029	0.052	-0.155	0.552	-0.319	0.106
0.85	0.514	-0.289	0.078	-0.021	0.007	-0.140	0.412	-0.262	0.071	-0.024	0.038	-0.113	0.406	-0.265	0.088
0.90	0.330	-0.210	0.056	-0.015	0.005	-0.089	0.265	-0.192	0.052	-0.017	0.024	-0.072	0.261	-0.195	0.065
0.95	0.156	-0.114	0.030	-0.008	0.003	-0.042	0.126	-0.105	0.029	-0.010	0.011	-0.034	0.124	-0.107	0.036
1.00	0	0	0	0	0	0	0	0	0	0	0	0	0	0	0

3.结构竖向振动控制设计构造选型及加固方法

承受机器竖向动荷载的工业建筑，除了符合本章 2.4.2 节的要求外，在结构设计及发现问题后的加固上，可参考以下设计选型建议及加固方法。

1) 设计选型建议

(1) 结构构件截面尺寸和强度等级应符合以下要求。

① 框架主梁截面高度 h 一般为梁跨度 L 的 1/9~1/6。

② 次梁截面高度一般为梁跨度 L 的 1/12~1/8。

③ 楼板厚度 b 一般为板跨度 L 的 1/18~1/12。

④ 梁、板、柱(包括现浇层)混凝土强度等级不应低于 C20。

(2) 预制装配整体式楼盖的构件连接应满足以下要求。

对于预制板，有如下需求。

① 预制板之间的预留缝宽度 a 为 40~60mm，板支承处应设高强度等级坐浆。

② 板缝内应放置竖向钢筋网片。

③ 预制板上应打毛或做成凹凸 4~6mm 的人工粗糙面。其上浇捣混凝土整浇层，整浇层厚不应小于 80mm。

④ 整浇层内应配置双向钢筋网，预制板端处整浇层应按计算配置负筋(连续板)，预制板端伸出钢筋互相搭接。

⑤ 板与板顶端的空档距离不宜小于梁腹板宽度，以保证梁与整浇层形成 T 形截面。

对于梁柱连接节点，有如下要求。

① 梁柱连接节点应做成刚性节点。

② 主梁宜做成叠合梁，并与整浇层形成 T 形截面。

③ 梁端与柱间(预制长柱时)缝隙宽大于 100mm，并应用比梁、柱混凝土等级高一级

的细石混凝土浇注，缝内配置构造钢筋。

④梁端负筋与柱内预留短筋连接采用焊接，或连续通过柱内(当预制短柱和现浇柱时)。

对于梁、梁连接节点，有如下要求。

①次梁宜搁置在主梁的挑耳(或钢挑耳)上，用钢板连接。次梁与主梁连接处留有30mm 以上缝隙，灌以细石混凝土。

②次梁应浇注成连续梁，次梁端负筋应在主梁上部连续通过或进行焊接。

2)加固方法

多层厂房竖向减震方法一般有以下几种。

(1)调速避振法。

调整机器设备中电动机的转速，避开与楼板的共振区域。调整电动机的途径主要有：更换低转速电动机或增加现有电动机耦合器的充油量来降低电动机的转速；更换高速电动机提高转速；在现有的电动机上加装与之相匹配的变频器，电动机转速调整幅度较大。优点：花费适中、施工速度快、不影响其他机器的生产、不破坏原结构、不占用其他生产空间等。缺点：降低或升高转速对机器设备的生产率有影响等。

(2)对称振子减振法。

在减速系统上加装与电动机转动频率相同的对称振子，其施加给减速机一个与电动机转动激振力反向的激振力，从而达到减振的目的。优点：花费适中，施工过程中不影响其他机器设备的运行，不破坏原结构等。缺点：需要精确的计算，安装振子比较多，对设备空间要求比较高，占用生产空间等。

(3)设备底座增加弹簧隔振器法。

在设备底座增加弹簧隔振器，减小机器设备传至结构的动荷载幅值，以降低厂房的动力响应，达到减振的效果。优点：花费较低、不占用生产空间、施工速度快、不破坏原结构等。缺点：需要拆卸底座以上所有设备等。

(4)增大楼面刚度法。

增大结构刚度，使结构自振频率与激振频率不在共振区内，避免发生共振。如果结构刚度不足，该方法还起到加强结构刚度和强度的作用，避免振动破坏。优点：花费较低、对设备影响小等。缺点：施工周期长、施工过程中影响生产、占用部分生产空间等。

4.多层厂房竖直振动控制实例

工程概况：某筛分车间于 2011 年竣工并投入使用，为钢筋混凝土框架结构，平面呈矩形，长 27m，宽 12m，建筑面积 972m²，厂房共 3 层，建筑高度 21.15m。

厂房整体布置如下：厂房首层在 4-4 至 B-C 轴线间沿宽度方向(东西方向)设置 1 台带式输送机和机尾设备，并与混凝土通廊相连；在 4-4 至 B-C 轴线间沿长度方向(南北方向)设置 1 台带式输送机和机尾设备，并与钢结构通廊相连。

厂房二层(标高 6.68m)在 4-4 至 A-C 轴线间沿长度方向(南北方向)设置 1 台振动

筛，振动筛通过 4 组弹簧支承在两根框架梁上，框架梁下设 4 根截面尺寸 500mm×500mm 的立柱，立柱基础与厂房基础相交，且振动筛基础与主体结构相连。

厂房三层(标高 12.83m)在 4-4 至 A-C 轴线间沿宽度方向(东西方向)设置 1 台带式输送机、机头设备和驱动装置，并与混凝土通廊相连。筛分车间结构平面布置不规则，各层楼板面积均较少，并在设备安装处有较大面积开洞。筛分车间现场图片如图 2.76 所示，结构平面图如图 2.77～图 2.79 所示。

(a)厂房西面

(b)厂房南面

(c)厂房东面

(d)首层设备布置：NO.2带式输送机和机尾设备

(e)首层设备布置：NO.4带式

(f)二层设备布置：振动筛

(g)三层设备布置：NO.1带式输送机和机头设备

(h)三层设备布置：NO.1带式输送机机头设备和驱动装置

图 2.76　筛分车间现场照片

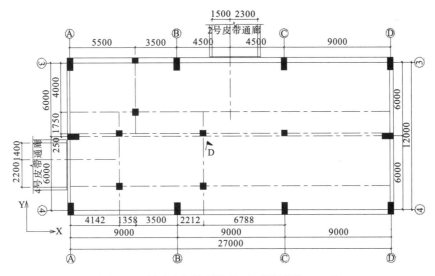

图 2.77　筛分车间首层结构平面图(单位：mm)

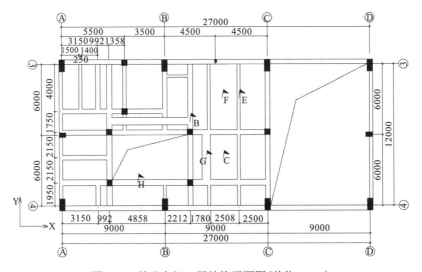

图 2.78　筛分车间二层结构平面图(单位：mm)

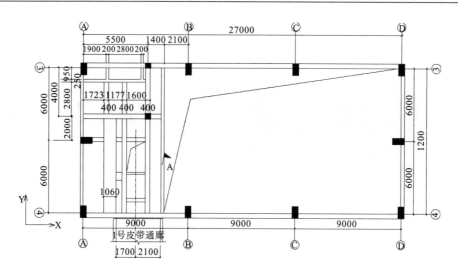

图 2.79　筛分车间三层结构平面图(单位：mm)

筛分车间自投入生产以来，设备运转正常，但厂房整体有显著振动现象，其中厂房二层振动筛北侧的楼面振动最强烈，填充墙已有较大倾斜，现场工作人员明显感觉不适，离厂房较远的其他建筑也有振感。

1）激振源分析

筛分车间内动力设备很多，包括振动筛、皮带输送机及电动机等，它们的运转都会对结构振动产生一定影响。根据现场动力测试中开机测试和对负载运行时各测点振动位移时程曲线的自谱分析，初步判断引起筛分车间振动的主要振源为振动筛激振力。

2）存在的振动问题

动力响应计算结果与测试结果均表明筛分车间的异常振动以楼板竖向振动为主，这主要是因为振动筛水平方向弹簧刚度明显小于竖向弹簧刚度，振动筛传给结构的水平动荷载明显小于竖向动荷载，而楼板的水平刚度明显大于竖向刚度。

3）振动控制方法及效果

对比结果表明振动筛传给结构的纵向水平动荷载和竖向动荷载是结构纵向水平振动和竖向振动的主要原因。由此确定筛分车间异常振动的主要原因是结构因自身刚度不足，在较大的振动筛扰力作用下发生受迫振动。因此考虑采用下面两种方案。

（1）方案一：提高结构刚度。由于筛分车间楼板布置较少且开洞面积较大，仅增加板厚对结构刚度的提高很有限。而增大振动筛的立柱与支承梁截面，可提高振动筛基础的刚度，减少振动对主体结构的输入，并可提高整体结构刚度。因此该方案采用增大支承振动筛的立柱、支承梁截面与增加楼面板厚相结合的方法。

（2）方案二：二次隔振。当一次隔振不能满足隔振要求时采用二次隔振，二次隔振就是在一次隔振系统的基础上增加一个隔振质量(即二次隔振架)和二次隔振弹簧。

增大立柱、支承梁截面与楼面板厚的方案(方案一)，对结构刚度的提高幅度有限，并且加固后计算模型的扭转效应显著加剧。加固方案对楼板的竖向振动控制效果不理想，部分参考点的竖向动力响应幅值仍处于建筑物振动允许界限附近。

二次隔振方案(方案二)明显减小振动筛传给结构的动荷载，二次隔振后楼板的竖向动力响应幅值大幅度减小，明显小于建筑物振动允许界限、生产操作区允许振动速度、人体舒适性降低界限和人体疲劳—功效降低界限，隔振效果显著。

相比提高结构刚度方案，二次隔振方案经济有效、施工方便，对生产的影响周期短，并且在二次隔振参数设计阶段就可对隔振效果进行设定和预估，具有良好的可控性。

2.4.3 常见构筑物振动控制方法

目前，对振动控制较多的是采用被动控制，根据振动产生的原因和振动引起的结构及设备动力反应的特性，被动控制措施可以归纳为3类。

(1)根据振源的特点，采取适当的措施抑制振源，如改变激振频率以防止共振的发生。

(2)在结构上附着装置，如加设支撑或剪力墙等，依靠结构与装置间的相互作用，吸收振动产生的能量，从而达到降低结构振动的强度。在框架结构中，填充墙体虽然不作为承重构件，但可以加大框架结构抗侧移刚度，实现减小层间位移的效果。

(3)在振源和减振体中加入弹性装置，依靠其变形减轻振源对减振体的激励。如基础底部安装弹簧减震器，当地震来临时，弹簧的变形可降低地震对建筑物的直接振动能量。

1.通廊振动控制方法

带式输送机依靠一套完整的驱动装置(电动机、减速器、联轴器及逆止器或制动器)，将散状物料或物块通过皮带与物料间的摩擦进行远程传递或输送，带式输送机作为输送散装物料的重要设备，具有输送连续、均匀、生产效率高、运行平稳可靠、运行费低、易于实现远距离运输或自动控制以及维修方便等优点。作为带式输送机的载体，由于通廊的跨度和高度可根据环境和工艺进行改变，且可抵御雨水对物料影响，还可以防止其他外部环境对皮带运输连续性干扰，因此在物料运输中广泛运用。

栈桥结构由于是带式输送机工作的载体，也因此而得到了较为广泛的应用。鉴于输送机要求对物料进行输送时具有高速、运量大的特点，对栈桥结构的振动问题进行的研究也日益显得重要，故对栈桥内带式输送机支架的振动问题进行研究和分析也是有必要的。对其振动的原因进行研究，以最小的代价获得对结构的振动的最优控制，仍需要进行更深入的研究和分析。

工程意义上的振动控制有振动利用与振动抑制两种。其中，振动利用是指通过利用系统的振动来实现某种工程目的，例如各种振动机械；振动抑制是指通过抑制系统的振动来保证系统的正常工作和使用寿命。

控制结构振动的方法包含主动控制和被动控制两大类。结构通过安装特殊设备装置或特殊机构等，在承受各种振动激励时，该设备装置能够主动地或被动地施加一组控制力，以达到合理控制结构动力响应(位移、速度和加速度)的目的，从而达到预期服务要求的安全性和正常使用环境。相对于主动控制，被动控制是一种不需要能量输入，通过改变结构的子结构或增加机构等方法，来实现改变结构阻尼、刚度和质量，从而达到控制动力反应的目的。

皮带通廊是承载皮带运输机的主要构筑物。目前，工业运输领域中广泛使用了长运距、高带速、大运量、大功率带式输送机，通廊结构也朝着大跨度、超长度的方向发展，通廊对结构的激振力变得越发敏感，振动问题暴露无遗，通廊的振动问题成为工业运输中重要的亟须解决的问题(胡瑞星，2012)。然而由于工业建筑的皮带通廊结构具有特殊性，对于其振动问题国内尚没有系统的研究成果，无法借鉴应用于新建结构的设计和在役结构的加固维修。

根据施工工艺要求及当地气候条件，通廊可分为全封闭、半封闭和敞开式 3 种情况。根据皮带运输机支架荷载作用情况可分为上承式和下承式。根据结构形式可分为混凝土结构通廊、钢结构通廊。工业生产中采用的通廊大多是封闭式或半封闭式的钢结构桁架通廊，墙体和屋面体系质量轻，能够满足大跨度要求，同时高度上也比混凝土通廊更好实现，另外钢结构施工方便快捷，材料可回收利用，是一种环保节能的结构体系。

通廊的振动主要由皮带运输机设备的振动引起，最直接的振动来源是直接作用于通廊的托辊运转产生的振动。然而，托辊自身的载荷研究还不十分完善，有些荷载的规律尚不清楚，这是目前通廊振动问题研究复杂性的最主要因素。

一般情况下，托辊荷载分为静荷载和动荷载，按静荷载计算通廊桁架承载能力时，将通廊内机械设备、皮带、物料等折算成静荷载，直接作用于桁架。皮带运输机工作引起通廊动荷载的因素较多，主要有：托辊壳偏心转动时产生的动荷载，托辊偏心转动与胶带相互作用产生的动荷载，胶带及物料运动中对托辊冲击产生的动荷载，胶带横向弯曲变形振动拍打托辊产生的动荷载，胶带张力变化对过渡段托辊和弯曲段托辊产生的动荷载，胶带通过托辊时物料和胶带变形对侧托辊的作用力，大块物料高速运行时胶带变形对侧托辊的冲击力等。

对钢结构来说，钢结构的加固按加固对象可分为钢柱的加固、钢梁的加固、屋架或托架的加固等。钢结构的加固主要有两种方法，一是改变结构计算图形的加固技术，二是增大构件截面。

改变结构计算图形的柱加固方法主要有：

(1)增加屋盖支撑使排架柱可按空间结构进行验算；

(2)增设支撑减少柱计算长度，将屋架与钢柱铰接改为刚接，减少柱的计算弯矩和计算长度；

(3)加强某列柱，使排架所受水平荷载主要由该列柱承担。

增大结构截面的桁架的加固方法主要有：

(1)改变支座连接，将简支桁架变为连续桁架结构；

(2)增设撑杆，变桁架为撑杆式桁架；

(3)加预应力拉杆等。

改变结构计算图形的加固，除应考虑相关构件对结构承载能力和使用功能的影响，还应考虑结构、构件、节点以及支座的内力重分布。另外，该方法施工较为复杂，工艺繁多，在结构加固中较少使用。相对于此，加大结构构件截面的方法由于其施工简单、增加的重量较小等特点就更为常用。

常用的截面加固形式如图 2.80～图 2.82 所示。

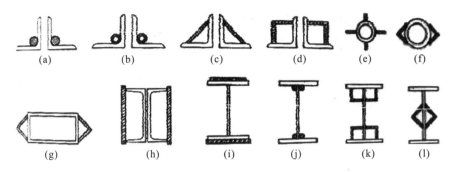

图 2.80　受拉构件截面加固形式

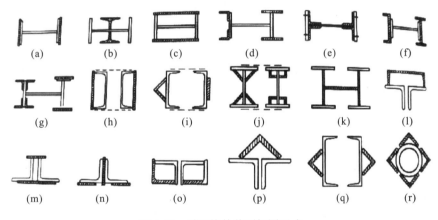

图 2.81　受压构件截面加固形式

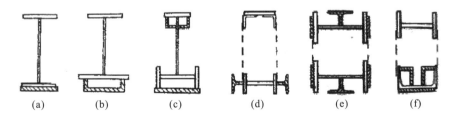

图 2.82　偏心受力构件截面加固形式

通廊竖向异常振动的主要振源来源于托辊偏振。针对通廊竖向加速度较大、竖向刚度较弱的特点，对通廊的上下弦杆件进行截面加固；针对结构抗扭转能力较差，在竖杆与水平支撑杆连接处布置隔撑，以增加结构抗扭转刚度。在整体结构中增设刚性支架，以提高结构在水平面上的整体侧向刚度。对于已建成的结构可考虑增大支架刚度的方法，对支架增设结构支撑，增加结构截面。

具体地说，研究振动问题大致包括以下几个方面：确定系统的固有频率，预防共振的发生；计算系统的动力响应，以确定结构受到的动荷载或振动的能量水平；研究抗振、隔振和消振方法，以消除振动的影响；研究自激振动及其不稳定振动产生的原因，以便有效控制；振动检测，分析事故原因和控制环境噪声；振动技术的应用等。

2.筛分楼振动控制方法

筛分楼异常振动的原因往往有两种：一是筛分设备工作频率接近厂房整体结构或局部构件的主要自振频率，从而发生共振；二是结构因自身刚度不足，在较大的动力设备扰力作用下发生受迫振动(葛阿威，2014)。

根据振动产生的原因，振动控制应从减少振动输出、提高结构刚度及减少振动输入3个方面着手。

(1)减少振动输出。

控制振源振动是振动控制最根本、最有效的方法。

调整筛分设备的工作频率，一方面可减小筛分设备作用于结构的扰力，另一方面可使筛分设备的工作频率远离结构系统的自振频率，避免发生共振。

合理布置振源：为减小楼板竖向振动，筛分设备宜布置在梁的跨中部位，并应使扰力沿梁的轴线作用方向；为减小建筑物水平振动，筛分设备的全部或大部分水平力作用在建筑物水平自振频率与扰力频率相差较大的方向。

(2)提高结构刚度。

适当提高结构刚度，一方面可减小动力设备扰力作用下结构因自身刚度不足发生的受迫振动，另一方面可调整结构系统的自振频率与动力设备的工作频率的差距，避免发生共振。

(3)减少振动输入。

减少振动输入的振动控制方案通常包括隔振、阻尼减振、动力吸振等。隔振就是用弹性支承物(弹簧)将振动源(动力设备)与结构隔离开，减少振动源传给结构的动荷载；阻尼减振就是在结构上增设阻尼器或阻尼元件，用能量耗散的方法减小振动输入；动力吸振就是在所要求的频率上将能量转移到附加系统中以减小原系统的振动，该装置称为动力吸振器。

1)结构水平振动控制

对于钢筋混凝土框架结构，结构水平振动控制主要是通过提高结构抗侧刚度(薛建阳等，2015)，3种常用的加固方法包括：

(1)增设交叉钢支撑，布置示意图如图2.83(a)所示；

(2)增设"门式"剪力墙，布置示意图如图2.83(b)所示；

(3)采用增大截面法、外粘型钢法及粘贴钢板法等方法增大结构构件截面。

加固后结构抗侧移刚度和自振频率均得到提高。结构水平向自振频率可避开低频设备扰频，水平向振动幅度也会明显减小。

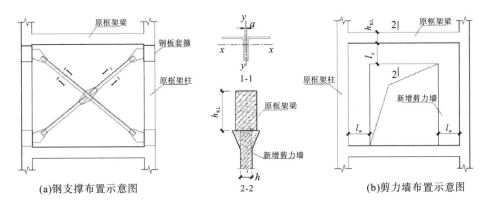

图 2.83　钢筋混凝土框架结构水平振动控制的加固方案示意图

2)楼板竖向振动控制

筛分车间的振动主要以楼板竖向振动为主,因此对钢筋混凝土筛分车间的振动控制研究将主要针对楼板竖向振动控制。

筛分车间异常振动主要原因是结构因自身刚度不足,在较大的振动筛扰力作用下发生受迫振动。

从减少振动输出角度考虑:

(1)振动筛筛分不同粒径矿石时对最小振幅有要求,通过调整振动筛的工作频率来减少振动输入很有限;

(2)减少振源输出的根本方法是切断振动筛基础与主体结构的连接并将立柱基础与厂房基础分离,但该加固方法施工成本高,代价大,且严重影响生产。

因此对于既有结构的异常振动,振动控制一般从提高结构刚度和减少振动输入两方面着手。提高结构刚度主要就是增加楼面板厚、增设楼面次梁及增大框架梁柱截面等。在减少振动输入的方法中,隔振方法具有理论成熟、施工简单及隔振效果显著等优点,在多层工业厂房的振动控制中得到广泛应用。隔振通常包括一次隔振和二次隔振。当一次隔振不能满足隔振要求时采用二次隔振,二次隔振就是在一次隔振系统的基础上增加一个隔振质量(即二次隔振架)和二次隔振弹簧。

3.转运站振动控制方法

转运站是带式运输机水平传送或异向传送的过渡中转站,其主要功能是既能根据生产需要保证物料的转运又能保持正常生产,是工业运输系统的枢纽。物料经带式输送机运送到转运站并经过一些倒料设备转运到另一条输送机上,从而实现一次转载。根据使用条件及生产工艺的不同,转运站总体分为同向转载和异向转载两种。

当带式运输机有长距离运输任务时,皮带拉紧装置没有将皮带拉紧达到皮带悬垂度的要求,皮带跑偏以及皮带与托辊之间的摩擦都会要求传动滚筒释放较大的圆周驱动力。带式输送机由静止加速到平稳状态要克服整个运动系统的惯性,惯性力的大小与加速时间、带速及托辊布置有关。圆周驱动力将驱使皮带运转,从而产生皮带张力。皮带是黏弹性材料,皮带在运输过程中遇到各种阻力时将产生黏弹性变形,从而产生皮带动张力。且皮带速度越大、启动加速越快，皮带动张力越大越复杂。皮带张力将通过带式输送机的机头或机尾将力传递到转运站结构的上部，从而引起转运站的水平振动。同时，大功率驱动电动机、减速箱、输送机传动滚筒等旋转式动力设备在运行过程中会对结构产生较大的离心扰力。因此，工艺设计带式输送机的各参数将直接决定转运站的受力大小及受力特点，进而影响高层转运站的安全性及耐久性。

高层转运站同其他转运站的结构特点相同，常见形式多为框架结构。其结构特点为自身高宽比很大（一般大于 3），很少甚至没有填充墙；楼板很少，一般只在最高两层设置楼板，且根据工艺需要在相应方位开设洞口，最顶层层高比较大，属于典型的高耸柔结构。

高层转运站的异常振动主要激振源是结构上部的带式输送机皮带张力与动力设备扰力，且均施加在结构的顶部。所以，对于高层转运站，无论从结构特点还是受力特点来讲，高层转运站的振动形式都比较复杂。机器正常运行时对转运站施加持续的振动不仅会引起内部工作人员的心理恐慌甚至影响身体健康，降低工作效率，而且会降低结构自身的安全性、适用性及耐久性。高层转运站一般都采用等截面的柱，由于特殊的结构形式，顶层及次顶层层高较大且布有楼板及填充墙，因此顶层与次顶层的抗侧刚度比其他层差距较大，这样高层转运站的上部刚度出现了突变现象，这也是高层转运站异常振动的一个原因。输煤栈桥作为高层转运站的连接点，可作为支撑点，输入段和输出段的跨度和栈桥支架的结构形式对转运站的振动也将产生一定的影响。

高层转运站的主要振动问题分为水平振动和竖向振动。

高层转运站的水平振动出现超标时，转运站的主要梁、柱及各构件节点将会产生裂缝，更为甚者转运站的某主要构件发生断裂导致整个结构倾斜、倒塌。结构顶部各主要激振力循环往复一定次数达到钢筋混凝土疲劳极限后，结构构件将会产生不同程度的疲劳裂缝；再循环一定次数后，整个结构将会出现破坏。高层转运站常见的两种情况是：①带式输送机在启动和停机的过程中，由于皮带张力作用在结构的最顶层，使得整个结构有很明显晃动的感觉；②带式输送机正常运转后，整个结构的水平振动幅度值大、频率高，有明显不适感。

高层转运站的竖向振动问题主要为顶层楼板的竖向异常振动。设备层电动机、带式输送机等各机械设备正常运行时的离心扰力是其异常振动的主要激振力，当该激振力的振动频率同整个楼板结构的自振频率相近时，设备层楼板将会出现共振现象，产生异常竖向振动。异常振动对于结构的危害性较大，通常会产生重大事故。如沈世钊等人论述的美国双曲抛物面悬索屋盖振动的振幅过大是由于风荷载所导致的结果。

对于转运站的振动控制可基于以下几方面考虑。

(1) 从振源角度出发：采取合理的措施，从而将振源加以抑制，如改变激振的频率以防止结构发生共振。

(2) 从结构抗振角度分析：从结构本身考虑，根据频响函数公式：

$$\left. \left| H(f) \right| \right|_{\mathrm{P-d}} = \frac{1/k_z}{\sqrt{[1-(f/f_\mathrm{n})^2]^2 + (2\zeta_z f/f_\mathrm{n})^2}} \tag{2-93}$$

一方面可以考虑增大结构刚度来减少结构振动响应，比如增大构件截面、设置支撑或是剪力墙等；另一方面，可通过提高结构阻尼比来减小结构振动，如在结构相应位置设置阻尼器进行消能减振。

(3) 从隔振、吸振角度分析：如在动力设备台坐下设置橡胶支座或弹簧支座，耗能隔振；在高层转运站适当位置安装合适的调谐质量阻尼器，可以起到良好的吸能减振作用。

(4) 从设备故障或结构性能改变角度考虑：定期对皮带机牵引设备(电动机、减速机、输送机滚筒)进行检查、维修、保养或者零部件更换，应着重检查减速机与转动滚筒之间传动轴、轴承是否老化、松动，是否需要保养、润滑；定期对托辊支架进行除锈、防腐处理；定期对承载托辊进行检修、保养、润滑。

4.高耸结构振动控制方法

高耸结构的控制荷载是横向荷载，包括风荷载和地震作用。风荷载沿结构的整个高度作用，地震作用通过地面运动加速度对结构施加影响。高度较高的结构，风荷载作用相对更大，较低矮的结构，地震作用可能相对更大。

高耸结构振动控制的主要思路是增加结构固有频率，加大结构阻尼，或影响结构周围卡门涡街形成，使结构避免出现诱导振动。若结构已经发生诱导振动且在振动下不稳定，则根据不同阶段可采取不同措施。

(1) 预防性措施。重新设计该结构，使该结构不会发生诱导振动，或振动最大位移不超过结构高度的 1/200。具体措施如下：

①增加结构壁厚，以改变固有周期；

②增大裙座底部直径，增大设备直径，减小设备高度；

③改变材料，如增加衬里。

(2) 补救型措施。

①支撑法：采用交叉式支撑。

②框架法：在结构外围安装框架，破坏卡门涡街。

③拉索法：设置拉索或缆绳控制结构，但需要设置拉索的空间。

④扰流片法：在结构外壁安装螺旋式或轴向式翅片，翅片通常安装在结构上部 1/3 高度内。

⑤设置刚体调谐质量阻尼器(tuned mass damper，TMD)、调谐液体阻尼器(tuned liquid damper，TLD)或调谐弹簧阻尼器(tuned spring damper，TSD)。

第 3 章　电子工业厂房微振振动控制

电子工业厂房设计中的一个重要环节是微振动控制。电子工业是精密制造业，由于科技的日新月异，制造精度已达到了纳米级。以集成电路为例，制版、光刻等工序需将环境微振动控制在 VC-E 或 VC-F 级，即振动速度应小于 3μm/s 或 1.5μm/s。对于 TFT-LCD、LED（发光二极管）及 OLED（有机发光二极管）来说，也有较严格的微振动控制要求，如曝光机、涂布机等在自身会产生振动的情况下，要保证设备基台的振动值满足 VC-C 的要求。其他如激光试验、纳米材料试验及产品测试、单晶硅熔炼、光纤制造、光学测试及雷达性能测试等，都有微振动控制的问题。因此可以认为，防微振技术广泛应用于电子工业的各个领域，从而保证精密设备能在各种复杂的振动环境下正常工作。

随着城市地上、地下交通业的快速发展，新建轨道交通等荷载使得精密产品制造类建筑场地环境振动水平加剧恶化，已对精密制造的正常生产和运行构成严重影响。同时，厂房内部也会出现因工业改造等原因增加新的荷载，也会影响到精密仪器的生产及运行。另一方面，随着电子工业的飞速发展，电子工业产业升级速度提升，更新换代周期缩短，产品加工品质日趋严格，对环境振动水平要求频频提高。

北京市是我国 IC 现代工业发展的重点地区，也是北京市重点发展的产业。改革开放以来，特别是 20 世纪末至 21 世纪初，发展迅猛，一大批上规模、具有国际前沿技术的 IC 工厂在北京建成投产，例如 SMIC（中芯国际集成电路制造公司）在北京建设的 12in[①]（ϕ300mm），线宽 0.10～0.11μm 的 DRAM 生产线，它标志着北京在集成电路研发及生产领域已居国内领先地位。北京市已建、在建的集成电路企业名录见表 3.1。北京市 IC 工业已经有一个良好的开端，可以预料，在未来十年内，北京市 IC 工业的发展不仅在国内，而且在国际将会形成举足轻重的地位。

表 3.1　北京市 IC 项目一览表

企业名称	硅片直径(in)	线宽(μm)	建设状况	设计单位
首钢 NEC	6	0.35	建成，生产	中国电子工程设计院
燕东微电子	4	0.50	建成，生产	中国电子工程设计院
SMIC（中芯国际）	12	0.10～0.11	建成，生产	信息产业电子第十一设计院
首钢 SPS	8	0.35	工程设计	中国电子工程设计院
北京大学微电子所	4		建成，生产	中国电子工程设计院
中科院半导体所	6	0.25	建成，生产	中国电子工程设计院
中科院微电子中心(109 厂)	4	0.25～0.35	建成，生产	清华大学

---

① 1in=2.54cm。

企业名称	硅片直径(in)	线宽(μm)	建设状况	设计单位
清华大学微电子所	4	0.35	建成,生产	中国电子工程设计院
三菱四通			建成,生产	中国电子工程设计院

　　IC 生产厂房有前工序和后工序之分。前工序厂房内的光刻和检测区有很高的防微振要求,其他工艺设备自身产生的振动较小,主要是其附属设备如 FFU 和真空泵、管道泵等会产生振动。但后工序与前工序不同,工艺设备自身会产生振动,如封装设备、焊丝机等这样有防微振要求的工艺设备本身也会产生较大振动。再者,TFT-LCD 厂房一般由 4 部分组成,即 ARRAY、C/F、CELL 和 MODULE,其中 ARRAY、C/F 和 CELL 区内有大量的发振和怕振设备,也有两者合一的设备,而且振动量值较 IC 厂房要大得多,曾经测得在 Robert 基础上的振动达到了 60μm/s 的量级,超过了 VC-A 曲线。电子厂房内的精密设备基本都有防微振要求,尽管好多精密设备已经安装有空气隔振系统,但不能完全隔绝所有类型的振动。不同类型的生产厂房,其设备的工作方式和振动产生原因又各有特点,因此工程设计和施工过程中所采取的防微振措施也有所区别。

　　电子工厂的防微振设计是一项系统设计工程,包括区域规划、环境振动测试与评估、厂区规划设计、洁净厂房建筑结构防微振设计、精密设备防微振措施等。IC 工程的防微振技术特点是:建筑物主体结构的防微振措施、动力设备振动治理及精密设备如光刻机等的防微振措施。主体结构防微振措施一般采用复合地基、高刚性地面、工艺层防微振结构体系;动力设备采用主动高效隔振装置;光刻机等精密设备采用高刚性底座、高性能隔振装置等被动隔振措施等。TFT 厂房与 IC 厂房有所不同,即除了对建筑物主体结构的防微振措施和对动力设备的振动源头进行治理外,更主要的是解决生产线上众多发振和怕振精密设备的隔振问题。方法是在发振和怕振设备下加设主动和被动隔振基台,根据精密设备的不同类别和工作方式,使其满足生产工艺的防微振技术要求。

　　本章介绍了电子厂房防微振控制技术的国内外研究现状,并对厂房一些常用隔振措施如屏障隔振、华夫板、防微振墙等做了阐述。

3.1　电子工业厂房介绍

　　一个集成电路(IC)工厂是由生产厂房(FAB)、综合动力站(CUP)、废水处理站(WWT)、大宗气体站(BULK GAS)、化学品库和其他配套建筑物构成的一整套生产系统。主要建筑物的布置和所包含的子系统如图 3.1 所示。

3.1.1　生产厂房

　　生产厂房(FAB)是 IC 工厂的核心,其他建筑物均是围绕如何为其提供更合理的支持和服务进行工艺布置的。图 3.2 给出了典型 IC 厂房的立面布置,图 3.3 给出了某 IC 生产工艺在厂房内的平面布置以及晶圆加工流程示意图。

图 3.1　IC 生产厂区主要建筑物布置及配套系统示意图

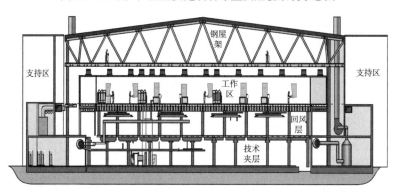

图 3.2　IC 厂房立面图

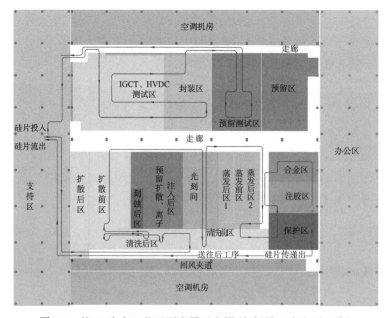

图 3.3　某 IC 生产工艺平面布置示意图(包括前工序和后工序)

3.1.2　厂房结构体系

IC 厂房的结构体系主要有 6 种，分别如图 3.4～图 3.9 所示。厂房类型 1 地上部分是由技术夹层、钢筋混凝土华夫板、架空地板、两侧的回风夹道和顶部钢屋架构成的。技术夹层的层高在 4m 以上，除了用于吊挂管道、摆放设备外，还可以作为厂房内部空气循环的一个组成部分。另外，为了满足厂房防微振要求，还可以在技术夹层设置钢筋混凝土墙（又称防微振墙）来调整厂房的刚度。

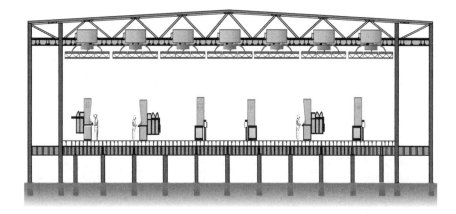

图 3.4　IC 厂房结构体系类型 1

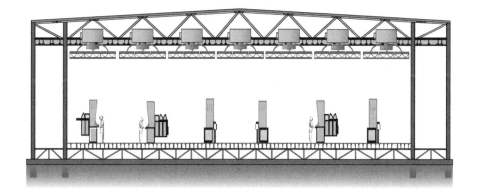

图 3.5　IC 厂房结构体系类型 2

厂房类型 2 的地上部分是由混凝土地面、二次钢构、架空地板、两侧回风夹道和顶部钢屋架构成的，二次钢构的层高较低，一般约 2～2.5m，主要作用是为空气循环提供空间，同时也可以布置一些小型设备。厂房类型 1 和类型 2 是 IC 厂房的基本形式，类型 1 适用于防微振要求较高的 IC 生产厂房，类型 2 多用于 IC 封装和测试车间。

IC 的前工序或后工序放在不同工厂生产时，厂区只需要一个主厂房及其他配套建筑物。如果是将 IC 生产的前后工序放在一个工厂，在厂区就必须布置两个，甚至多个主厂房以满足生产要求。多个主厂房可以在平面上布置，也可以叠放在一起，为了节能省地或出于方便内部物流的考虑，实际项目中常将两个厂房进行空间布置。空间叠放的两个主厂房是在厂房类型 1、2 基础上进行的组合，由此可得到厂房类型 3～5。

厂房类型 3 是将两个类型 2 的厂房叠放在一起，厂房类型 4 是将两个类型 1 的厂房叠放在一起，厂房类型 5 是将类型 2 的厂房叠放在类型 1 的厂房上面。

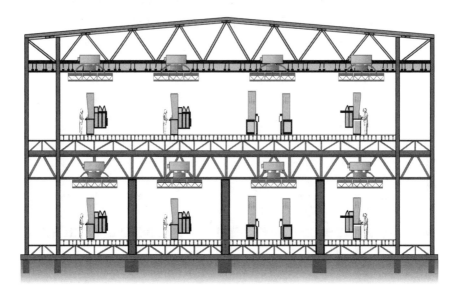

图 3.6 IC 厂房结构体系类型 3

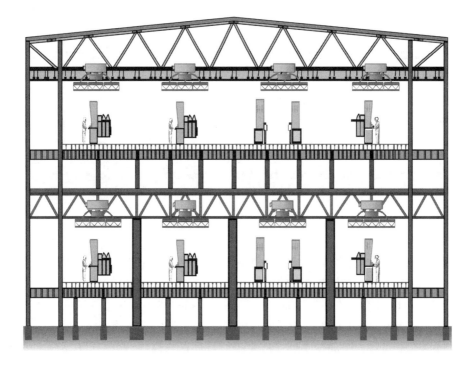

图 3.7 IC 厂房结构体系类型 4

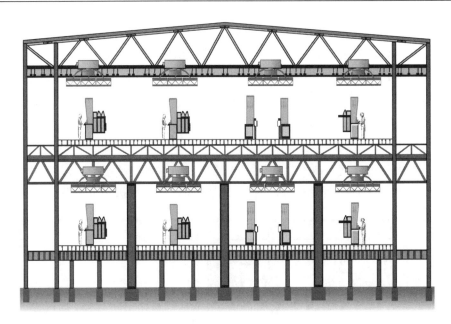

图 3.8　IC 厂房结构体系类型 5

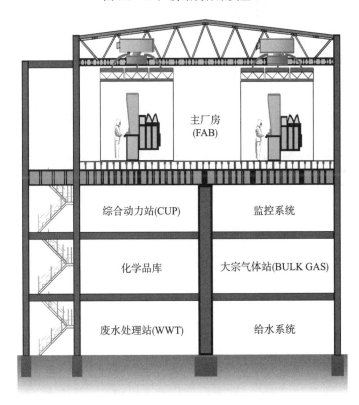

图 3.9　IC 厂房结构体系类型 6

　　将平面布置的厂区空间化就可以得到 IC 厂房类型 6，即将全部辅助用房与生产厂房放在一栋建筑物内，进一步压缩土地的使用量。就主厂房的生产区而言，厂房类型 6 与厂房类型 1 或 2 相同。上述 6 种厂房形式在国内外均有大量工程实例，其中厂房类型 6 在新加坡和中国台湾应用较多，1～5 类厂房在中国大陆比较普及。

同一种结构体系的 IC 厂房，其体量（长度和宽度）、柱网、楼板厚度和钢屋架跨度等指标也会随着 IC 生产工艺的不同而做相应的调整。

3.1.3 振源

电子厂房的振源主要分为外部振源、内部振源和服务机械引起的振源、自然界等。图 3.10 为典型的电子厂房所受振源，图 3.11 为电子厂房所受振动分类及其传递方式。

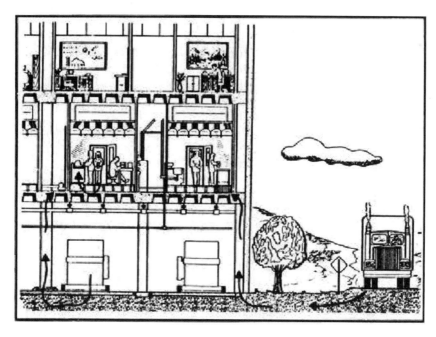

图 3.10 电子厂房所受振源

外部振源：场地环境振动（也称为微振）；附近公路、铁路交通（包括地面和地上交通）；施工活动（包括爆破、打桩等）；周边机械运转。这类振动是通过土壤直接传递的，到达电子工厂的地基基础，再经厂房的主体结构传至精密设备，一般情况下它以随机振动的形式呈现出来。

内部振源：行人走动；辅助性活动（修理或者运行）；运输车辆（包括铲车、升降机、运货车等）；运行工作（生产设备运行等）。

服务机械：包括楼宇运行所需的机械设备及电器设备，如空调、风机、冷水机组、冷却水塔、火炉、各种泵、空气压缩机、真空泵、电梯、升降平台、机械控制的门。这类振动的传播途径有两种，即放置在下夹层的通过地基基础传至主体结构，以及放置在工艺层和上夹层的直接通过主体结构传递至精密设备。

自然界：包括地脉动、风引起厂房振动等。

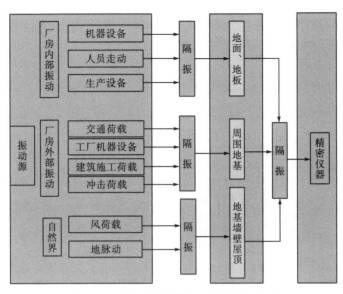

图 3.11 电子厂房微振动分类及传递方式

1.外部振源

选址：环境振动应较小；远离公路、铁路交通；周边没有施工或其他重型设备运转。

交通荷载的衰减：重型货车、道路不平顺是引起交通荷载的主要因素。因此，应当使重型货车远离精密厂区，降低车速，并使路面光滑。同时，减速带、坑洞、错位的板、膨胀接头等是不允许出现的。如果成本允许，可以将接头轨道改为连续焊接轨道，并将轨道放置在厚道床上或者弹性支撑系统上。某些情况下，可以选择夜间工作以避免交通荷载的影响，或者在工作时确保交通荷载停止。

振动传播：由于微振动的波长较大，因此隔振屏障(包括沟、护堤、重墙、或者其他结构)均起不到作用。

地基隔振：如果岩石振动较土的振动小，则将基础放置在岩石上(图 3.12)。反之，放置在土层上。

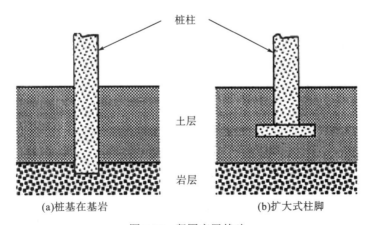

(a)桩基在基岩　　　　　　　　(b)扩大式柱脚

图 3.12 坚固底层基础

也可以将基础放在弹性体上，如空气弹簧或者桥梁支座等，使之形成弹簧—质量系统，并需要增加横向约束来保证稳定性，如图 3.13 所示。

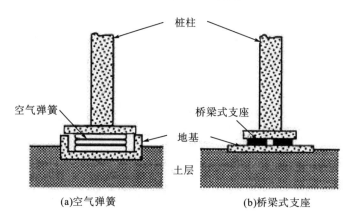

(a)空气弹簧　　　　　　　　　　　(b)桥梁式支座

图 3.13　坚固支撑柱

2.内部振源

人行激励：板中的人行激励引起的振动最大，因此可以在靠近柱的地方设置重物运载通道，并将精密设备与通道远离。快速行走引起的振动大于慢速行走，多人齐步走可能会引起共振，因此应避免快走，避免多人齐步走。

两种解决方法：①把底板刚度做大；②将行人走动的楼板与支撑精密设备的楼板分开。

人行激励引起的速度与 kf 成反比，其中 f 为板的基频，k 为板中点的刚度。由于板的基频 f 也随刚度 k 的增大而增大，因此增加板的刚度是减小振动速度的一个有效措施。方法有：减小柱网距离，加厚主梁、次梁和板。

厂内车辆：前述用于控制人行激励的方法亦可用于控制厂房内车辆的振动。另外，车辆突然驶入或者驶出楼板会引起较大的冲击振动，因此有必要控制其突然的加卸载。同时，使用软轮胎并保持路面及车辆接触面光滑，可以有效降低振动。

生产设备：离精密设备越远越好。刚：把生产设备放置在刚性结构上。柔：将生产设备放置在弹性系统上进行隔振。另外，下文所述关于服务机械的减隔振方法亦适用于此处。

3.机器振动

机器选择：选择振动较小的机器。如旋转式压缩机比往复式压缩机振动小，因为其惯性力被平衡得较好。同样，多缸(尤其是对置式)发动机或者压缩机比单缸式的振动小。

机器布置：动力设备距离精密设备越远越好，可把动力设备放置在刚性基础上或将其进行隔振处理。

图 3.14 给出了 3 种动力设备隔振的方法。图 3.14(a)中将设备与支撑柱插入基岩中，使之不与土壤直接接触。图 3.14(b)和图 3.14(c)是两个替代方法。另外需要注意的是，在两个结构(或者混凝土板)中加入一个缝隙对隔离振动传播并不起作用。这个由于

混凝土和土的物理性质比较接近，土体几乎不能衰减振动。

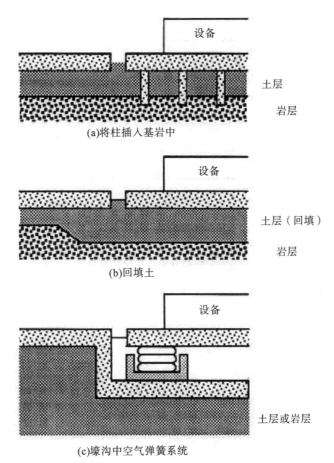

(a)将柱插入基岩中

(b)回填土

(c)壕沟中空气弹簧系统

图 3.14　设备和土层之间的隔振措施

4.精密设备隔振

精密设备应离振源较远，包括外部振源及内部振源。

高架地板支撑可以用来隔离人行激励及其他振动。

许多设备的内部关键部件含有超软隔振系统。两层隔振系统，即在精密设备下面串联软弹簧和大质量，有时候是可行的。

3.1.4　行业发展现状

1.行业同业竞争情况

国外在该领域起步较早。1992 年，Gordon(1992)提出了精密设备及其支撑设备振动评价标准——VC 标准(vibration criteria)，如图 3.15 所示。1997 年，Kajiwara 等(1997)研究了用压电作动器对半导体加工装置台体的振动进行主动控制。台座长 1.8m，宽 3m，重约 4t。水平方向放置 6 个作动器，垂直方向 4 个作动器。减振后垂向加速度有效值降低 90%，水平向降低 75%。1999 年，Nakamura 等(1999)使用超磁致伸缩致动器和空气弹簧设计了主被动混合控制隔振系统。减振后台面测点加速度为地面加速度的 1/3～1/10。TMC 公司的 stacis2100 系列，在 0.6Hz 时即可起到减振作用，1Hz 时减振效果达到 40%～70%，2Hz 时减振效果达到 90%。2001 年，Yoshioka 等(2001)设计了由磁致作动器为主动控制元件的微振动隔振系统，对地面扰动、地震以及冲击荷载等都有较好的减振效果。同时，若添加虚拟 TMD 系统，可将谐振区的幅值响应降低至 1/15～1/5。目前国际上气浮式平台生产厂家主要有德国 Fabreeka、IDE、Bilz 公司，美国 TMC、Newport 公司，日本明立精机、特许等。目前市场上常见的主动减振器产品主要来自于日本及美国。主动减振器生产商包括德国的 IDE 公司和 Halcyonics 公司、日本的特许公司和明立精机公司、美国的 TMC 公司和 Kinetic Systems 公司等。

我国对防微振的研究及工程实践始于 20 世纪 60 年代初，起步较晚、发展较慢。国外建筑结构隔振和测试分析发展较早，技术和方法都相对成熟，但在防微振设计上还没有一套完善的系统理论，在结构的微振测量上缺乏智能化的分析系统。其原因很多，首先在于环境振动的随机性，受设备类型、场地条件影响。其次在于结构在环境振源激励下响应复杂，要控制结构微振，必须研究结构防微振性能，提出合理的防微振方案。国内空气弹簧生产厂家主要有中国电子工程设计院、华卓晶科、哈尔滨恒信、江苏连胜等。

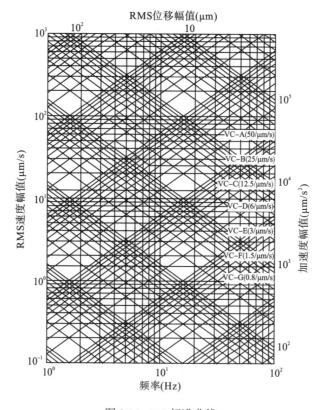

图 3.15　VC 标准曲线

中国电子工程设计院研究微振动控制起步于 20 世纪六七十年代，目前业务领域包括精密设备气浮式基台隔振和电子厂房微振动控制，已经形成微振动控制测试、研发、设计、施工全流程体系。2013 年，中国电子工程设计院成立了"北京市微振动环境控制工程技术研究中心"，是我国唯一一个以微振动控制为研究方向的技术中心。

2. 行业发展特点与趋势分析

近年来，微振动环境控制领域向着"高、精、尖"发展。主要有以下几个特点。

(1) 微振动要求水平越来越高。随着产业升级及产品的更新换代，为保证正常生产，TFT-LCD 厂房的微振动要求水平达到 VC-C～VC-B，IC 厂房的微振动水平要求达到 VC-D～VC-E。

(2) 微振动控制一体化。由于微振动要求水平高，微振动控制并不是一种方法就可以解决的，需要从多级隔振、逐级耗能的角度进行减振控制。从厂区选址、厂房结构设计、动力设备布置、精密设备布置等方面进行一体化考虑，逐级减振，最终使得精密设备的微振动环境水平达到要求。

(3) 全流程微振动环境控制。微振动环境控制涉及多个学科的交叉，如振动测试、振动传递分析、厂房结构设计、厂房洁净设计等。这就要求微振动环境控制时需要进行测试、分析、设计、施工等全流程研究。

(4) 微振动主动控制技术的发展。由于微振动量级较小，微振动控制不容易实现，主动控制技术一直没有较大的发展。目前，主动控制技术也逐步发展起来。市场上现在已经有国外生产的微振动主动控制器，但国内的主动控制器尚处于理论研发阶段。

3.2　微振动标准

3.2.1　微振动标准的发展

随着设备振动敏感问题的出现，各设备制造商纷纷给出了各自设备的使用环境振动要求。在此基础上，一些一般性的微振动标准也应运而生，这些标准中有频域标准、时域标准和 ISO 标准等。其中，频域标准中 Ungar 和 Gordon 提出的 VC 标准(最初称 BBN 标准)应用最广，得到了业界的认可。

1. 设备微振动标准

光刻机是实施 IC 大规模生产的核心，光刻机性能的好坏将直接影响整个生产流程是否能够顺利展开。同时，光刻机对环境振动最敏感，因此，传统上 IC 制造业的微振动标准，无论是设备标准还是一般性标准，都是围绕光刻机的性能要求展开的。

IC 生产用光刻机一般为步进重复曝光系统，在曝光过程中，设备相对静止。最新一代的光刻机为步进扫描光刻系统，在进行光刻操作时，掩模台和晶圆平台仍保持常速运转。光刻机运动模式的转变使得相应的振动标准也发生了变化。

光刻机设备振动标准是由各个设备制造商根据自己的理解，通过实验得出的。由于没有统一的实验规定和数据表述方式，设备标准一直以来都比较混乱。

图 3.16 给出了 1982 年以前 5 种不同电子束（E-Beam）光刻系统的振动标准，这些标准表现为均方根速度与频率的关系曲线。飞利浦 EBPG-4 型电子束光刻机微振动标准是通过峰值速度和频率的关系曲线，给出了水平振动和竖向振动的安全区域、不确定区域和不安全区域。

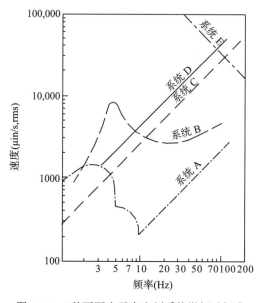

图 3.16　5 种不同电子束光刻系统微振动标准

大约在 1983 年，美国珀金埃尔默（Perkin-Elmer）公司出版了 Perkin-Elmer 300 系列微型对准仪的振动敏感度曲线，该系列对准仪主要应用于投影式光刻机。该曲线如图 3.17 所示，Perkin-Elme 公司分别给出了振动均方根位移与均方根加速度对应于频率的曲线，该曲线是 Perkin-Elmer 公司采用多个离散简谐激励进行实验得出的。

这些曲线引起了广泛关注，主要是由于以下 3 个原因。

（1）在竖向和水平激励下，不同频率点的响应连线成尖锐的锯齿状。曲线的波峰（振动最大值）对应设备内部构件之间有较大的相对移动，这种移动被认为是设备在自振频率上发生了共振。Perkin-Elmer 100 系列微型对准仪也具有同样的振动规律。

（2）最低共振频率发生在大约 11Hz，低于这个频率（最低的激励频率为 1Hz），设备对振动就越来越不敏感。

（3）大多数共振点的振动速度大致相同，大约为 125μm/s（5000μin/s）。

另外，可以看出，对于 Perkin-Elmer 300 系列设备，其竖向和水平方向的敏感度是一样的。

2.设备微振动标准评价

表 3.2 列出了从一百多个设备微振动标准里提取的 23 个标准，这些设备目前主要用于微电子研究和生产。

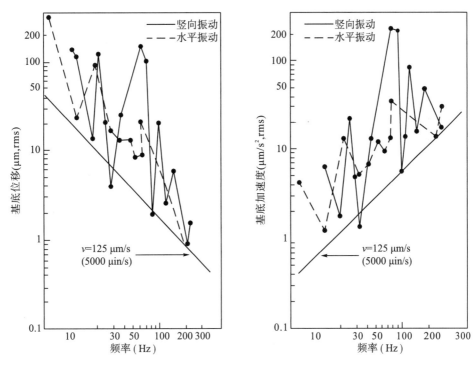

图 3.17   简谐荷载作用下，移动距离 0.1μm 的投影式光刻对准系统微振动敏感曲线

表 3.2   设备微振动标准

分类	曲线波形	频率带宽(Hz)	方向	频域(○)或时域(□)	频率范围(Hz)	单位	竖向(dB, 基准值 1μin/s)				备注
							5Hz	10Hz	20Hz	50Hz	
A	峰值—峰值	无	无	○	5	位移	62	—	—	—	—
A	峰值—峰值	无	所有	○	5, 10, 50	位移	59	68	—	91	—
A	峰值—峰值	无	所有	○	5	位移	59	—	—	—	—
A	峰值—峰值	无	所有	○	5	位移	62	—	—	—	—
A	峰值—峰值	无	无	○	>5	位移	62	68	74	82	正弦波
A	峰值—峰值	无	无	○	>5	位移	59	65	71	79	正弦波
A	峰值—峰值	无	无	○	5, 10, 50	位移	53	65	—	85	—
A	无	无	无	○	1~20	位移	51	57	63	—	假定峰值—峰值
B	无	无	所有	○	1, 5~100	位移	61	67	73	81	假定峰值—峰值
B	0—峰值	无	无	○	<5, 5~10, >10	位移	59	74	80	88	定义了 3 个范围
B	0—峰值	无	无	○	<5, 5~10, >10	位移	62	68	74	82	定义了 3 个范围
B	均方根	1/3 倍频程	所有	○	8~100	速度	—	60	60	60	基于 VC-B
C	0—峰值	无	所有	○	1~250	加速度	74	78	81	77	复杂公式
D	峰值—峰值	1~256	所有	□	1~256	位移	36	42	48	56	假定正弦波
D	峰值—峰值	无	所有	○	1~100	位移	39	45	51	59	—
E	无	无	无	○	50~60	位移	—	—	—	105	假定均方根

分类	曲线波形	频率带宽 (Hz)	方向	频域(○) 或时域 (□)	频率范围 (Hz)	单位	竖向(dB，基准值 1μin/s)				备注
							5Hz	10Hz	20Hz	50Hz	
E	峰值—峰值	无	无	○	5，10，30	位移	53	59	—	—	—
F	无	无	所有	○	1～100	速度	48	48	48	48	假定均方根
F	无	无	所有	○	<50，>50	速度或加速度	48	48	48	48	假定均方根
F	均方根	无	无	○	1～100	速度	48	48	48	48	—
F	峰值—峰值	无	无	○	>5	位移	67	73	79	87	5Hz 以下无振动
F	峰值—峰值	无	无	○	1～60	位移	47	53	59	67	—
F	均方根	0.234	所有	○	1～100	位移	54	54	58	47	给出了细节

注：分类的类别如下。
A：扫描电子显微镜(SEM)或透射电子显微镜(TEM)。
B：电子束(E-Beam)光刻机。
C：步进式光刻机。
D：光刻机维护设备。
E：分析仪。
F：测量仪或测试仪器。

可从以下几方面来分析这些标准。

(1)描述曲线波形的方法各式各样。有 5 个设备标准没有标明物理量是用均方根(rms)、"峰值—峰值"还是"0—峰值"来衡量。有 12 个标准采用"峰值—峰值"，有 3 个标准采用"0—峰值"，只有 3 个标准采用均方根。

(2)频率带宽的概念不明确。只有 2 个标准给出了频率带宽。

(3)振动方向的认识不统一。大约一半的厂商明确说明标准是包括竖向和水平向的(有一个标准还对不同方向给出了不同的标准)，其余没有标明。

(4)物理量基本是在频域描述。除了一个时域标准外，其他均给出了频域标准。有一个频域标准要求在 1～256Hz 的频率范围内都要满足峰值—峰值的振动位移限值。这种规定是没有意义的，因为特定系统的振动响应是与频率相关的，全部频率范围使用同一个振动指标不符合实际情况。

(5)频率范围差别很大。有 3 个厂家仅对一个频率(5Hz)处提出了位移限值，这个频率可能对应于设备的自振频率，但这是否意味着 4.9Hz 和 5.1Hz 的振动不是很重要，在其他频率处的振动也不重要，就不得而知了。有 3 个厂家在 3 个频率点提出了位移限值，同样没有说明在其他频率点是否有振动要求。一个标准只是要求 50～60Hz 范围内的限值。有几个厂家提出了低于 1Hz 的限值要求。有些对更低频率提出了限值要求。设备微振动共振是指设备内部各个构件之间的相对移动，考虑到这些设备的复杂程度，这样的共振点一定会有多个，且共振频率不会太低，因此设备振动标准的这些要求都是没有意义的。

(6)物理量不统一。18 个厂家用位移，4 个(一个是间接的)采用速度，1 个采用加速度。

(7)振动限值差异较大。在等效速度一栏中，用基准值 1μin/s 的分贝(dB)速度来定义。很少有厂家提供带宽信息，根据常用做法，把这些数据统一转化成 1/3 倍频程带宽下的数值，并在 5Hz、10Hz、20Hz、50Hz 共 4 个频率点上给出速度值。厂家设备标准与其试验所在楼板的动力性能直接相关，对于地坪板，宽带能量影响最大的频率范围一般在 7~15Hz。下方有技术夹层的洁净厂房楼板，振动影响最大的频率点在竖向自振频率处，刚度小的大跨楼板，约为 20Hz，刚度大的小跨楼板为 40Hz。即使考虑到楼板自振频率的差异，表 3.2 中速度的差异也是很大的：5Hz 处的为 36~74dB；10Hz 处的为 42~78dB；20Hz 处的为 48~81dB；50Hz 处的为 48~87dB。尽管设备不同，用途也不同，但这个范围还是让人印象深刻的，30~40dB 的差异意味着允许振动值相差 30~100 倍。

3.一般性微振动标准

对于微振动敏感厂房的设计，如果设计人员有制造商提供的微振动要求，且这种要求能够用于厂房设计，那么就可以按照制造商规定的单位和信号处理方法进行防微振评估。但是，在一个高科技工厂的设计前期，生产设备还没有确定，也没有制造商的设备安装标准，而这时厂房的微振动设计已进入概念设计阶段，这种情况下就需要一种一般性的微振动设计标准指导设计。

提出一般性微振动标准的初衷是针对特定生产工艺，给出所有生产设备都能正常工作的振动环境描述。另一个动力来源于业主对空间布置灵活性的要求。一个厂房不应该被设计成仅能满足某一种设备的微振动要求，而应当是能够满足指定加工线宽的某一类设备的一般性微振动要求。

虽然说一般性微振动要求对应于微振动要求的提高，在很多情况下意味着土建成本的大幅增加。但是，当土建成本碰上空间布置灵活性的要求时，大部分业主还是选择了后者，他们宁愿多花点钱在土建上，也要保障厂房未来使用上的灵活性。

4.频域的均方根速度标准

1983 年，Colin Gordon 和同事在美国 BBN 公司(由 Bolt、Beranek 和 Newman 合伙创立，现名 Genuity 公司)工作时提出了一个微振动标准，最初称为 BBN 微振动标准。1990 年，Gordon 与同事一起离开 BBN 公司，共同创办了 Colin Gordon 联营公司(Colin Gordon & Associates，缩写 CGA)。Gordon 根据微电子工业和计量系统的发展，对 BBN 标准做了进一步延伸，形成了完整的标准体系，这就是后来著名的 VC 标准。VC 为速度标准，Velocity Criterion 的缩写，VC 标准经常是以如图 3.15 所示 VC 标准曲线中速度曲线的形式给出的，曲线横坐标为 1/3 倍频程，纵坐标为均方根速度。

1991 年，VC 标准在国际光学工程学会(The International Society for Optical Engineering，SPIE)出版的刊物上发表。1993 年，美国环境科学和技术协会(Institute of Environmental Sciences and Technology，IEST)在其编写的《洁净室设计中的考虑，IES-RP-CC012.1》附录 C 中给出了 VC 标准，也称为"IEST 标准"。1994 年，IEST 在《微电子设备的振动测量与报告，IEST-RP-CC024.1》中给出了微振动测量的方法。同时，美国暖通工程师协会(American Society of Heating，Refrigerating，and Air-Conditioning Engineers，缩写 ASHRAE)也给出了类似的标准曲线，称为"ASHRAE 标准"。

上述 3 个标准均是对应 1/3 倍频程的均方根速度标准，相应的曲线形式、量值和使用领域也完全相同，所不同的只是标准中各条曲线或速度限值的名称有差异，表 3.3 给出了 3 种标准的对应关系。

表 3.3　生产环境振动一般性标准

μm/s(μin/s)	BBN 标准	IEST 标准（VC 标准）	ASHRAE 标准	使用领域
100(4000)			曲线 F	手术室
50(2000)	BBN-A	VC-A	曲线 E	普通实验室
25(1000)	BBN-B	VC-B	曲线 D	非光刻半导体加工
12.5(500)	BBN-C	VC-C	曲线 C	
6.3(250)	BBN-D	VC-D	曲线 B	光刻半导体加工
3.1(125)	BBN-E	VC-E	曲线 A	纳米工艺

均方根速度标准的使用非常方便，因为它将给定类别设备在大部分频率段内的环境振动，用一个速度值来表示，既体现了设备对微振动的响应特性，又简化了评价过程。均方根速度标准的出现结束了微振动领域设备标准混乱不堪的局面，给设备制造商、设备运营商和厂房设计者提供了一个对接的平台，为厂房和实验室的微振动设计发展做出了巨大贡献。

3.2.2　VC 标准

VC 标准适用于竖向和两个水平方向的振动评估，对应的 VC 曲线采用了 1/3 倍频程的均方根速度谱。VC 曲线共有 5 条，分别从 VC-A 到 VC-E，涵盖的振动速度范围是 3.1～50μm/s。后来，又增加了 ISO 标准中人对建筑物振动的敏感曲线。随着纳米技术的发展，设备对环境振动的要求越来越高，2007 年，IEST 又在 VC 曲线基础上增加了两条新的标准曲线 VC-F 和 VC-G。到现在为止，VC 标准曲线共有 7 条，涵盖的振动速度范围为 0.78～50μm/s。

VC 标准是根据设备厂商提供的数据以及实测数据发展起来的，对于放在基座上的设备，标准假定基座的刚度很大，阻尼很大，由共振引起的放大是有限的；对于一些特定类型的设备(例如扫描式电子显微镜)，标准考虑到该设备出厂时内置了隔振器，因此提高了低频段的振动要求。总的来说，每条曲线适用于一类设备，并且是根据该类设备中对振动最敏感的设备来定义的。

表 3.3 中所给出的"加工线宽"代表了现在的经验数据，事实上，当尺寸要求更严格时，大多数设备的设计质量、内置隔振器质量都将会提高。在一些情况下，由于内置隔振器质量很好，标准要求过于保守。因此，现在用于光刻工艺中的许多步进系统相对来说对振动不是很敏感。

图 3.15 中每一条 VC 曲线分别对应了几类设备的环境振动要求，表 3.4 给出了这种对应关系。

表 3.4　通用振动标准(VC)曲线的应用及说明

标准	最大值① (μm/s, rms)	详细尺寸②(μm)	适用范围
车间(ISO)	800.0	N/A	有明显感觉的振动。适用于车间和非敏感区域
办公室(ISO)	400.0	N/A	感觉得到的振动。适用于办公室和非敏感区域
住宅区,白天 (ISO)	200.0	75.0	几乎无振感。大多数情况下适用于休息区域,适用于计算机设备、检测试验设备以及 20 倍以下低分辨率的显微镜
手术室 (ISO)	100.0	25.0	无感觉振动。适用于敏感睡眠区域,大多数情况下适用于分辨率 100 倍以下的显微镜以及其他的低灵敏度设备
VC-A	50.0	8.0	大多数情况下适用于 400 倍以下的光学显微镜、微量天平、光学天平以及接触和投影式光刻机等设备
VC-B	25.0	3.0	适用于 100 倍以下的光学显微镜,线宽 3 μm 以上的检验和光刻设备(含步进式光刻机)
VC-C	12.5	1.0	大部分 1 μm 以上线宽检测和光刻设备的可靠标准
VC-D	6.0	0.3	大多数情况下适用于要求最严格的设备,包括极限状态下运行的电子显微镜(TEMs 和 SEMs)和电子束系统
VC-E	3.0	0.1	大多数情况下很难达到的标准,理论上适用于最严格的敏感系统,包括长路径、激光装置、小目标系统以及一些对动态稳定性要求极其严格的系统

注:①图中所示 1/3 倍频程频段中心频率范围 1～100Hz。
　　②详细尺寸是指微电子制造中的线宽,医药研究中的微粒(细胞)尺寸等,提供数值参考了大量不同产品工艺线宽下振动要求的研究成果。参考 Gordon(1992)的相关研究。

我国国家规范《电子工业防微振工程设计技术规范》(GB 51076—2015)参照 VC 标准详细介绍了电子工业用精密设备及仪器、纳米实验室及物理实验室用精密设备及仪器在频域范围内竖向和水平向的容许振动值,见表 3.5 所示。

表 3.5　电子工业、纳米实验室、物理实验室精密设备及仪器容许振动值

序号	精密设备及仪器	容许振动速度 (μm/s)	容许振动加速度 (m/s²)	对应频段 (Hz)
1	纳米研发装置	0.78	—	1～100
2	纳米实验装置	1.60	—	1～100
3	长路径激光设备、0.1 μm 的超精密加工及检测装置	3.00	—	1～100
4	0.1～0.3 μm 的超精密加工及检测装置、电子束装置、电子显微镜(透射电镜、扫描电镜等)	6.00	—	1～100
5	1～3 μm(小于 3 μm)的精密加工及检测装置、TFT-LCD 及 OLED 阵列、彩膜、成盒加工装置、核磁共振成像装置	12.00	—	1～100
6	3 μm 的精密加工及检测装置、TFT-LCD 背光源组装装置、LED 加工装置、1000 倍以下的光学显微镜	— 25.00	1.25×10^{-3} —	4～8 8～100
7	接触式和投影式光刻机、薄膜太阳能电池加工装置、400 倍以下的光学显微镜	— 50.00	2.50×10^{-3} —	4～8 8～100

注:振动速度、振动加速度为 1/3 倍频程均方根值。

1.VC 标准的特点

为了更好地理解 VC 标准，下面就其特点逐一进行介绍。

1）频域

对于微振动标准，采用时域还是频域描述，最终取决于能否正确估算实际振动环境的所有已知振动类型。在高科技厂房的微振动环境中，随机振动是一个非常重要的组成部分，实验室中的振动是随机振动与多个简谐振动的合成，而随机振动的振源可能来自机械设备或其他的瞬时振动等，大量研究结果表明平稳随机振动过程用谱来表达更为合适。

不同的设备或人对振动具有不同的最敏感频率。对于设备，与微振动相关的问题一般是在设备构件的共振频率上产生的。在这些频率上，构件的振动很大，各构件的移动差将会导致图像失真或加工误差。大多数设备制造商都是根据这一原则，用频域来定义设备敏感性，现有的几种设备标准如图 3.18、图 3.19 所示。如果在时域上指定幅值限值，那么除非在测量系统中引入频率范围，否则这样的标准是没有任何意义的。

2）速度指标

在微振动描述中，3 种常见的物理量分别是位移、速度和加速度。VC 标准之所以采用速度而不是其他物理量，主要是基于以下 3 方面的考虑。

（1）速度更能体现微振动的本质。在微电子工艺中，光刻和显微镜是常用的对振动敏感的设备。对于光刻工艺，要求在曝光时间内图像平稳，从显微镜中观测图像也要控制图像移动的速度，而不是位移或者加速度。这与相机的"抖动"对成像质量的影响类似。

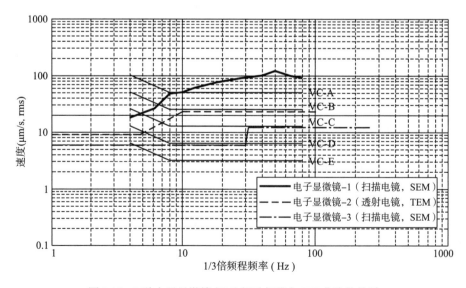

图 3.18　3 种电子显微镜(EM)振动标准与 VC 曲线的关系

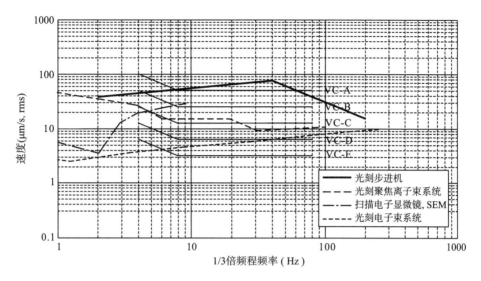

图 3.19　加工线宽 0.25～0.7μm 的光刻设备供应商标准与 VC 曲线的关系

相机成像模糊不是因为相机抖动的绝对距离大，而是因为在曝光过程中移动的距离大。如果相机成像的分辨率为 100μm，曝光时间为 0.01s，假定保证成像质量的抖动是 0.01s 内，相机移动距离小于 10μm，即分辨率的十分之一，则抖动速度小于 1000μm/s 时不会对成像质量造成影响。又如人的眼睛和大脑会从电视屏幕上以正常速度播放的影像中获取准确的信息，如果影像抖动或快速播放，则会出现问题，这也是因为人的眼睛和大脑系统需要在"信息吸收"的时间内有一个允许的图像切换速度。

(2)物理量的转换方便。设备制造商提供的标准有速度、位移和加速度 3 种，从转换角度来看，速度处于位移和加速度之间，因此采用速度来度量更方便进行转换。

(3)表述最简洁。标准中的每一条速度谱曲线在给定频率范围内都是一个常数，因此在 3 种物理量中，速度是最简洁的表述方式。

从本质上来说，每一种度量标准都是同样有效的，可以通过频率进行相互转换。对于单个正弦波或周期性振动(周期性振动一般都是正弦波的叠加)，在位移、速度和加速度 3 个物理量之间进行转换是非常容易的。

3)1/3 倍频程带宽

物理量在频域的描述可以根据频率带宽处理方式的不同分为等带宽(窄带)和比例带宽。VC 标准采用了比例带宽中的 1/3 倍频程带宽，之所以使用这种描述方式是基于以下因素。

(1)1/3 倍频程带宽描述宽带振动的能量是合适的。任何实际的环境振动(不只是洁净厂房)主要是由宽带能量控制，而不是由一个或者几个在频率上离散的能量控制。即使在离散的点上发生共振，也只是很小的一段。不同的谱在每一个数据点上的带宽和频率范围都是不同的，带宽意味着数据点体现出来的振动能量是在多大频率范围内得出的。1/3 倍频程的带宽是中心频率的 23%，刚刚超过此范围的上限，因此采用 1/3 倍频程的宽带能量是相对保守的，可以充分考虑频谱密集的影响。

（2）一些设备制造商提供的标准也采用了 1/3 倍频程带宽。

（3）简谐振动分量在振动谱中所占比重较大时，采用 1/3 倍频程带宽在很大程度上简化了振动谱的复杂性。

4）均方根值

在噪声和振动领域里，物理量可以用的"峰值—峰值(peak-to-peak)"、"0—峰值(0-to-peak)"和均方根值(root-mean square，rms)3 种形式表达。设备制造商的标准以及其他一般性振动标准中，3 种形式都有使用。VC 标准采用了均方根速度，这是为了使得标准能够涵盖所有实际振动情况。

环境振动一般包含随机振动、简谐振动和冲击振动，不同的振动形式描述方法有所不同。为了阐述的方便，这里给出一个"波峰系数"的概念，它是峰值与均方根值的比值。波峰系数小意味着用均方根值来描述振动的特征是合理的，而波峰系数大则意味着采用峰值或在较短时间上的均方根值来描述振动特征会更合适。

对于一般简谐振动，其正、负最大值在每个周期内重复出现，采用"峰值—峰值"的描述方法很方便，简谐振动的波峰系数是 1.414。随着波峰系数的增大，该振动就逐渐向冲击振动过渡。冲击振动，例如人行走振动、设备冲击振动以及施工振动等，这些振动需要考虑波峰系数，采用一个时间段的平均值或峰值描述比较合适。对于另外一些随机的冲击事件，如火车经过等，可以在少于或等于事件发生的时间段上进行响应平均。

随机振动的能量分布在很宽的频率范围内，波峰系数变化较大，采用峰值描述难以反映随机振动的动力特性。另外，瞬时峰值虽然可以给出响应的最大幅值，但不能表达平均能量的概念，对于设备微振动来说，如何描述常态的振动环境更重要。

在信号处理领域，随机信号往往采用数据的平均描述，具体方法多为平方根求和。如果一个随机信号在时域上的均值特性是一定的，那么这种随机数据就称为"平稳信号"。反之，如果均值特性随时间变化而变化，那么就可以称为"非平稳信号"。各态历经平稳随机过程理论表明平稳随机信号的能量平均幅值是可以重现的，而峰值却是不确定的。可见，采用均值更有利于数据的检验和比对，这也是微振动领域采用平均值描述随机振动的主要原因。

另外，平均值的方法也能够很好地区分和度量诸如简谐振动和冲击振动等确定性信号，因此采用平均值的方式描述微振动可以具有很好的适应性。

5）低频段变化的原因

在 VC 标准提出的初期，实测表明，设备对 4Hz 以下振动的敏感度几乎可以忽略不计，设备的整体自振频率小于 8Hz。在 4～8Hz，环境振动引起的是设备整体振动，内部构件的相对运动很小，振动敏感度不高。因此，VC 曲线的频率范围定义在 4～100Hz，在 4～8Hz 内允许有较高的振动速度，以加速度常数的形式给出速度限值曲线，8Hz 以上，振动要求提高，以速度常数给出限值。

后来，随着空气隔振系统(空气弹簧)在设备中的应用，人们开始关注隔振器在共振频率的振动情况。一般隔振器的自振频率在 1～3Hz 之间，这个频率段的楼板振动可能会影响到设备的正常使用。根据 Ungar 等的研究表明，对于有空气弹簧隔振的设备，曲线的范围不但要延伸至 1Hz，而且速度限值在整个频率范围内都是相同的。以后的 VC 曲线都参照了这一成果，在低频段提高了振动要求。

100Hz 以上的设备敏感度问题很少提及，这是由于设备制造商很少提出 100Hz 以上的微振动要求。即使这些频率处有振动，由于振动很小，基本上不会影响设备的正常使用。

6) VC 曲线对应的测量要求

当进行与标准比较的测量时，必须要考虑环境振动的"本质"。

如果环境在时间和空间上是相对不变的，例如由连续运行的机械设备(风扇、泵等)或者繁忙的交通运输引起的振动，一般测量"能量平均"的振动水平就足够了，可以在多个点进行测量，取其平均值。如果要评估的区域比较大，要对收集的数据进行统计平均，在每个频率上用"均值加方差"与 VC 曲线进行比较，结果更为合理。

如果环境在时间上是变化的(例如受人行走的影响，或者附近偶然经过的卡车影响)，那么就有必要测量"最大均方根"(有时候称为"峰值")振动水平，再与 VC 曲线进行比较。

3.3　微电子厂房防微振设计方法

隔振处理最好在设计之初就介入，这样可以有较多的方法进行处理且花费较少。但是，在整个设计及施工阶段，需要进行详细的监管以确保施工正确，方式合理。另外，在工厂施工完毕及运行期间，也应当进行监测，以验证处理方案的正确性，并提出改进方法。

3.3.1　微振动设计与传统结构动力分析的关系

传统结构的动力分析与振动敏感的高科技厂房(advanced technology facilities，ATF)的微振动分析是不同的，基本区别在于两者分析的目的和响应的表达式不同。

传统结构动力分析更关心结构的安全性，即振动对结构安全的影响，保护的对象是建筑物；而 ATF 微振动分析的目的是评估环境的振动是否影响正常生产，保护的对象是设备。

传统结构动力分析关心的是响应"最大值"，关注的是结构抗破坏能力，对应于结构的极限状态；而 ATF 动力分析是环境振动影响的描述，更适合用响应的"均值"或"均值＋标准差"来描述。

3.3.2　IC 厂房防微振设计的主要环节

高科技厂房往往投资巨大，其生产过程对振动非常敏感，任何设计上的疏忽都可能导致较为严重的后果。高科技厂房设备自身有振动，内部物流运输有振动，行走也会引起振动，高科技厂房的环境振动设计是一项系统工程，其设计流程一般来说可以用图3.20表示。

图3.20涵盖了此类厂房从选址到振动设计完成的全过程，建筑物的竖向振动和水平振动均考虑在内。整个振动设计的核心概念是在经济性和实用性之间找到平衡点，通过调整结构刚度和结构隔振满足生产工艺对环境振动的要求，具体措施有：

(1)增强地基刚度，如采用复合地基；

(2)选择抵抗沉降能力强、刚度大的基础形式；

(3)大质量、高刚度的厚重地面；

(4)小柱网、厚重的楼面结构；

(5)在一定区段内设置防振墙；

(6)厂房主体结构与附属建筑结构脱开。

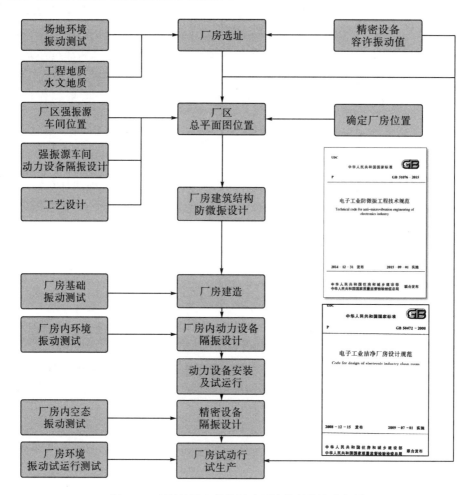

图3.20 高科技厂房的微振动环境控制设计流程图

实际环境振动影响因素很多(如自然振源、交通运输振源、机械设备振源、行走振源等)，传递途径也多种多样。因此，对于环境振动要求非常高的超精密加工来说，仅仅依靠经过各种简化处理的设计计算是难以保证应用效果的。到目前为止，在高科技厂房振动设计领域，国内外基本上是采用半经验设计方法。所谓半经验设计，即参考以往的工程实践经验，采取设计计算和分阶段振动测试相接合，以实测结果为评判依据的方式去完成新项目的设计。运用该流程设计的要点如下。

(1)工程设计前需确定与该项目相对应的精密设备容许振动值。

(2)进行第一次场地环境振动测试，对工程已有场地环境振动现状进行评估。

(3)根据以往经验及场地环境振动情况，进行建筑结构振动方案设计及施工图设计。

(4)厂房 FAB 底板施工完成后，进行第二次振动测试，获得结构底板可靠、精确的微振动时域、频域实测数据，进一步作为厂房防微振平台设计的依据。

(5)厂房建造阶段，当主体结构完工后，进行第三次振动测试，以衡量建筑结构振动设计是否有效及是否需要采取补充措施。

(6)厂房内动力设备安装后，在试运行阶段，进行第四次振动测试，以评估在各类振源作用下，建筑结构的振动性能。若有欠缺，还可采取一些补充措施，如对精密设备再采取二级隔振措施等。

(7)试生产阶段，进行第五次振动测试，考核最终振动设计效果。

高科技厂房环境振动的动力计算可参考图 3.21 完成。在厂房初步设计或方案设计中，为了给出建筑结构动力特性的估算结果和量级，采用动力荷载简化模型进行结构拟静力计算是必要的。在时程计算中应采用实测振动波、模拟振动波及其各种不利组合进行计算；对于主要设备所在区域还应做进一步的动力特性分析，尤其是局部变形影响应充分考虑。

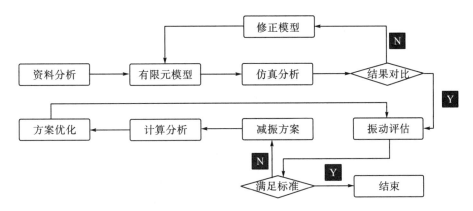

图 3.21　高科技厂房环境振动的动力计算流程图

动力计算的结果不仅对结构专业有直接影响，同时也给其他专业的设计工作提供了必要的参考数据。工作人员行走路线的布置，工艺设备的布局，暖通、给排水专业管道隔振等都需要依据振动计算结果来定量评估。

3.3.3　防微振设计方法

从工程研究中得出，防微振设计可以从以下几个方面来考虑(张坤和芦白茹，2011)。

(1)从消除振源考虑。消除或减弱振源，这是最彻底和最有效的方法。因为受控对象的响应是由振源激励引起的，振源消除或减弱，响应自然也消除或减弱。

在厂址选择时尽量避开周围设有较大振源、噪声和光源的情况，也要适当远离铁路和公路干线，避免较大的地脉动干扰，并尽可能利用有利地形，减少振动影响。

车间的合理布置对于减小车间内振源对精密设备的干扰，也是一种有效而经济的办法。厂区内的大型振动设备应尽量布置在厂区一端或边缘地带，并与精密仪器区域保持必要距离。

将动力设备和精密仪器分别置于楼层中不同的结构单元内，如设置在缝(伸缩缝、沉降缝、抗震缝)的两侧，这样振源的传递路线要比直接传递长得多，对振动有一定隔离效果。

注意精密室的地坪设计，为了避免室内工作人员的走动影响精密仪器和设备的正常工作，一般采用刚性的混凝土或水磨石地坪，采用木地板时，将木地板用热沥青与地坪直接粘贴。

(2)隔振。通常在振源与受控对象之间串加一个子系统来实现隔振，用以减小受控对象对振源激励的响应。

①采用大型基础。激励的参数是可变的，或是在设计时不能预先准确确定时，这种大质量的减振基础在实际工程中就被广泛采用。该系统是用大于机器质量3～5倍以上的基础质量作为辅助质量，随振动体共同振动，消除振动能量以达到减振的目的。

②设置波障(如防振沟、桩排)。防振沟可以设置在精密间的周围，亦可设在精密设备基础的四周，以免自身的水平扰力而增大基础回转及摇摆振动。对较低频率的振源，由于其波长较长，振动绕过防振沟底部传过去，就起不到减振作用，安排防振沟时，要考虑振源深度。

③采用隔振元件。结构之间增加柔性环节，使结构振动减低或运动激振降低。积极隔振(隔力)指振动设备的隔振，即精密仪器和平台之间设置隔振器以减少机器振动，也就是减少振动输出。消极隔振(隔幅)是指将精密仪器设置在隔振器上，使得通过地基土(或结构)传来的振动大为减小，也就是减少振动的输入。振幅可以是隔振对象的绝对振幅或隔振对象相对于基础的振幅。

④修改结构。它实际上是通过修改受控对象的动力学特性参数使振动满足预定的要求，不需要附加任何子系统的振动控制方法。

⑤阻尼减振。它可使沿结构传递振动能量衰减，还可减弱共振频率附近的振动。从减振角度看，就是将机械振动能转变为热能或其他可以损耗的能量，从而达到减振目的。在受控对象上附加阻尼器或阻尼元件，通过消耗能量使响应最小，也常用外加阻尼材料的方法来增大阻尼，如沥青、软橡胶或其他高分子涂料。

3.3.4　研究可能会遇到的问题

微电子厂房的防微振设计在以后的研究中可能会遇到以下问题。

1)微振动响应的实测结果偏差

现有微振动测量采集数据时还有很多误差，其中不仅包括仪器误差，而且还包括测量误差。如现有的规程主要适用于场地测量，在该项中针对建筑结构的微振动测量有效性还需要讨论，且现有微振动测量一直局限在对建筑结构 x、y、z 三个方向的振动加速度，频率测量，但对于结构测点角加速度没有系统的测量和分析等。

2) 微振动响应的主要结构参数对结构影响研究

影响微振动的结构参数包括刚度、阻尼和质量等，其对结构微振动响应的影响规律如何，仍需做进一步的研究。

3) 微振动仿真分析方法的选择

微振动仿真分析方法很多，如何能通过计算机建模，使模型的响应与实测响应尽可能接近，以及在具有隔振措施的情况下，仍需做进一步的研究。

4) 多点激振的研究方法

在遇到微小振动时，都会对结构或者仪器设备有所影响，并且这样的影响不是瞬间的，因为波有个传递的过程，会造成近点已振，远点未振的效果，也就是多点激振。这对房屋结构和生产的产品质量会造成影响。

3.4 微振动环境控制领域相关技术研究进展

微振动是指有效频带 0.5～100Hz 内，振动位移不大于 0.5μm，振动速度不大于 50μm/s 的振动。Gordon(1992)提出了精密设备及其支撑设备振动评价标准——VC 标准，如图 3.15 所示。微振动环境控制工程指受微振动影响，需要对其采取减振或者隔振措施的工业工程，包括航空航天、国防军工、电子信息、空间光学、精密加工等领域的微振动环境控制工程。

3.4.1 厂房微振动环境控制

随着电子产业的发展，电子工业厂房防微振的要求也逐渐提高。胡晓勇和熊峰(2006)利用 ANSYS 软件建立洁净室框架有限元模型，输入地面扰动激励，计算结构的抗微振性能，并研究了结构参数对厂房抗微振性能的影响分析。吴金华等(2010)对大面积 TFT 液晶显示屏的振动应力分析及其抗振加固进行了研究，提出了双面对称复合加固的工艺技术方案。俞渭雄等(2006)开展了工业工厂的防微振设计研究，给出了关键问题的解决方案，详细地对工业厂房防微振，包括从厂房底板、建筑结构、防微振墙、安装精密设备的独立基础、动力设备和管道隔振等角度进行了阐述，形成了一套完整的厂房防微振设计方法，并利用这些方法应用于实际工程。黄健等(2008)从定性和定量两个方面探讨研究了高科技厂房楼盖体系的人行振动控制，开展了高科技厂房楼盖体系的人行振动控制研究，对振动敏感设备的一般性振动标准做了必要的完善和补充，对行走冲击振动模型中行走速度对楼板刚度的影响，以及楼盖体系刚度和不同速度标准的关系做了分析，并结合算例给出了高科技厂房楼盖体系人行振动控制设计的一般流程。王田友

(2007)建立了土-结构耦合模型，研究了不同地面激励输入方式的差异，分析了建筑物建成前后的振动响应，并研究了土层自由场隔振及浮筑结构隔振。赵宁(2008)对高科技厂房微振动混合控制算法进行了研究，建立了三层厂房内的高精密设备隔振平台的动力学模型，对平台受力分析写出了简化的动力学方程，并给出了各参数的初始取值，为了考虑方便，所有的情况均仅涉及 Z 方向，外部激励考虑了地面干扰及作用于平台上的直接干扰，并在分析中利用了干扰噪声。高广运等(2010)对烟台生产厂房的微振动问题，建立了生产厂房的有限元动力分析模型，以实测的自由场地微振动加速度时程为基础，对结构系统的模态和随机振动响应情况进行了分析，并对 4 种工况下，结构特性节点的振动情况进行对比分析，为工程设计提出了合理化建议。为保证通风及防微振的要求，TFT-LCD 厂房可以使用华夫板结构(图 3.22)。邓宇强(2013)介绍了国内外 TFT-LCD 厂房常用的华夫板设计方案，即高架地板式[包括格构梁+高架地板、玻璃钢(FRP)桶模+高架地板、密集钢构+高架地板和"洞洞板"(Tube)+高架地板]及无高架地板的"洞洞板"。

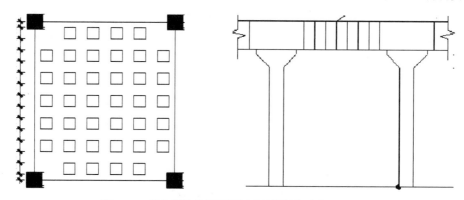

图 3.22　华夫板结构平面图及立面图(邱腾蛟，2014)

对于含有精密仪器的电子厂房来说，电子厂房占地面积大、结构复杂，精密仪器相对占地面积较小，但厂房振动对精密设备的影响不可忽略。建模时需要综合考虑电子厂房和精密仪器，模拟两者的振动特性。

Xu 等(2010，2007，2006，2003)以相对速度为控制目标，分别建立了厂房被动隔振模型、设备被动隔振模型、设备主被动混合隔振装置及高科技厂房耦合有限元模型，如图 3.23 所示。结果表明，若合理优化设计参数，则前两种隔振方式可以达到一定的隔振效果，但主被动混合隔振方式在稳定性及鲁棒性方面更优。黄勤(2008)建立 4 个空气弹簧、8 个超磁致伸缩作动器和 6 个加速度传感器组成的主被动混合隔振平台，并将平台放置在高科技厂房的三层，采用线性二次高斯控制方式，考虑了厂房与隔振平台的耦合作用。郭安薪等(2004)以高科技厂房及精密仪器工作平台的有限元动力方程为基础，采用子优化控制方法建立了高科技厂房及精密仪器工作平台的分析模型。屈尚文(2011)使用 SAP2000 研究了微振动下微电子厂房的结构响应，并分析了阻尼比、剪力墙、结构刚度等对厂房响应的影响，阻尼比是影响结构微振动响应的主要参数之一。张春良等(2003)对大型工业厂房微制造平台混合隔振的动力学进行了研究，并推导和总结了防微振平台的振动控制理论和方法。Hwang 等(2012)对置放有精密仪器及设备的工业厂房微振动控制方法进行了研究，认为在进行强震设计的时候，隔振系统中的黏滞阻尼效应起到了防微振作用，而且利用 1/3 倍频程谱原理很好地解释了这一现象，同时也指出环境振动主要表现在低频，隔振系统本身也是低频，对于防微振效果应该进行更加深入地分析。

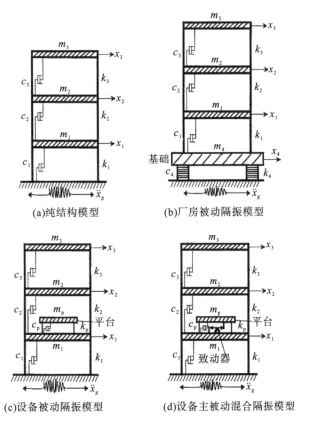

(a)纯结构模型　　　　　(b)厂房被动隔振模型

(c)设备被动隔振模型　　　(d)设备主被动混合隔振模型

图 3.23　建筑模型

3.4.2　屏障隔振

屏障隔振(李特威，2003)是在振动传递路径上设置一个或多个垂直于地面的屏障隔离层，利用屏障的散射效应和波导效应耗散和吸收振动波能量。当振动波在地面传播时，遇到地面屏障，发生反射、衍射、透射等，使得屏障后的区域振动幅值降低，达到减振的效果。根据屏障形式将其分为两类：连续屏障(空沟、填充沟、钢筋混凝土墙、波阻板等)(杨先健，2013)和非连续屏障(孔列、桩列和板桩等)(高广运，1998；杨先健，2013)。

连续屏障主要包含以下结构：

(1)空沟。空沟是最为常见的地面屏障形式，空沟可以完全阻断任何形式的弹性波，因此其透射隔振效率最高，但是因其合理深度受到限制(即空沟越深，其护壁耗资越高)，其衍射效应低而总的隔振效率并非最理想。

(2)刚性墙。一般为混凝土刚性墙，在一定的厚度下，具有较理想的隔振效率，可以较方便地做得比空沟深,但其造价较高。

(3)刚性夹心墙。即在混凝土刚性墙之间夹一层泡沫塑料,由于泡沫塑料的波速远低于混凝土而提高了屏障的透射隔振效率,因此可以减小刚性墙的厚度。

(4)连续板桩。为柔性连续屏障,可以根据需要设计成单层或多层,可以方便地做到需要的深度。其材料可以是钢、木材或者钢筋混凝土制成的板桩。

(5)泥浆波障。在空沟中注入膨润土泥浆,可以有效地增加空沟深度,但泥浆可传递压缩波而使得隔振效率降低。

(6)气垫屏障。在空沟中夹以不透气的土工织物气垫,可以形成有效的隔振屏障。气垫制成约 4~5m 宽,其长度、厚度可以按照屏障的深度、厚度设计,由两个气垫间错贴紧排列。施工时,用吊车吊起放入由泥浆护壁的空沟中。

非连续屏障主要包括以下结构:

(1)空井排。一定直径的圆形空井,按照一定的距离排列,为单排或者多排。对一定波长的振动,能够有效隔离。空井排是非连续屏障中最为有效的形式。

(2)粉煤灰(或泡沫水泥)桩排。在井孔中注以粉煤灰,由于粉煤灰介质波速很低,能有效地隔离所涉及波长的地面振动。但是粉煤灰的饱和度对隔振有一定的影响,设计时要考虑场地地下水对粉煤灰饱和度的影响。

(3)砖壁井排。较小或直径不太大的井孔,可以采用半砖或 1/4 砖厚的护壁。对已有的单孔砖壁井的散射效应实测,与无护壁井孔相近,是一种经济有效的屏障结构形式。经估算,在同等隔振效率下,其造价仅为带泡沫塑料夹心的刚性墙的 1/10 左右。

(4)泡沫塑料桩排。与泡沫水泥及粉煤灰桩排类似,但应考虑泡沫塑料的老化失效。

(5)钢筋混凝土壁井排。对于外径为内径 1.05~1.20 倍(常用的筒壁厚度)的钢筋混凝土壁圆孔,介质中波的散射与无护壁井孔相近,其动应力集中系数仅超过静压力集中系数约 10% ~15%。当壁厚由小变大时,孔壁中动应力随之增加,而孔壁周围介质的动应力亦随之减小。孔壁中的动应力大到一定程度后,其散射效应就与土介质中的钢筋混凝土桩一致了,此时应按照混凝土桩排考虑。

(6)混凝土(或钢筋混凝土)桩排。常用于支撑建筑物的预制或现场灌注混凝土桩,均可在一定距离内排列作为隔振屏障,亦可以作为支撑建筑物的桩基,在满足隔振要求的同时又作为隔振屏障。

(7)钢管壁井排。当钢管壁的刚度与土介质刚度关系,使得钢管壁产生的动应力很小时,可按无护壁井排考虑,否则按桩排考虑。但钢管壁井排需要考虑钢管的腐蚀,同时需考虑造价的问题。

Woods(1968)根据大量实验数据,给出了屏障隔振设计的基本准则,并提出了评价屏障隔振性能的指标振幅衰减系数:

$$A_{\mathrm{r}} = \frac{\text{设置屏障隔振后的振动幅值}}{\text{不设置屏障隔振时的振动幅值}} \tag{3-1}$$

Yang 和 Huang(1997)提出振幅平均衰减系数:

$$\bar{A}_{\mathrm{r}} = \frac{1}{s} \int A_{\mathrm{r}}(x) \, \mathrm{d}x \tag{3-2}$$

式中，s——设置屏障后所考虑范围的长度。

A_r 或 $\overline{A_r}$ 越小，说明屏障的隔振效果越好。

按照屏障离振源的距离可分为近场隔振和远场隔振，如图 3.24 所示。Haupt (1989)提出以距离振源 $2\lambda_a$（瑞雷波波长）为远场与近场的分割线。王贻荪(1982)利用集中简谐力的地面位移的精确解，提出远近场的分界为无量纲数 $a_r = 2\pi r/\lambda_R = 3.5$。Holzlöhner(1980)提出 a_r 值可取为 3 或 4。近场隔振时在靠近振源的位置设置屏障，减小振源向外传播的能量。

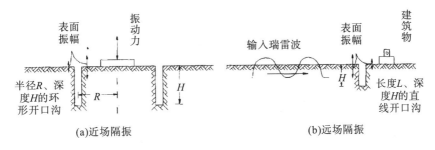

图 3.24　近场隔振和远场隔振(李特威，2013；Woods，1968)

隔振屏障按照屏障的位置可以分为近场隔振和远场隔振。由于振动波在近场以体波为主，适当增加屏障深度可以提高屏障隔振性能。对于远场屏障隔振，屏障的长度对屏蔽区的影响更大。这是因为近场以体波为主，而体波影响深度较大，增加屏障的深度可以减小从屏障底部绕射过去的振动波；远场以瑞雷波为主，影响范围大，但影响深度小。增加屏障的长度可以减少从屏障侧面绕射过去的振动波。Peplow 等(1999)采用边界积分方程法研究了二维双层地基波阻板主动隔振的隔振效果。Takemiya(2004)提出了蜂窝状的 WIB 隔振方法，在低频 3~5Hz 可将振动峰值降低 10dB。

1) 连续屏障

远场隔振是在远离振源而又必须减小振动的位置设置屏障，减小振动能量向受振结构的传递。当振动波遇到屏障时，有一部分能量被反射回去，另一部分通过透射及绕射进入屏障的后面。因此，屏障隔振需要考虑透射及绕射的隔振效果。透射的影响主要与屏障的材料及厚度有关，绕射的影响与屏障的深度及长度有关。隔振屏障的隔振效果取决于屏障与地基土的相对软硬程度，其相对软硬程度用波阻抗比 IR 表示：

$$\mathrm{IR} = \frac{\rho_b v_b}{\rho_s v_s} \tag{3-3}$$

式中，ρ_b、ρ_s——分别表示屏障与地基土的密度；

v_b、v_s——分别表示屏障与地基土的剪切波速。

屏障的波阻抗比越大或者越小，均可以提高屏障隔离透射的性能(吴英华，1985)，但同样的隔振效果下，波阻抗比大的材料比波阻抗比小的材料需要的厚度要大。表 3.6 列出了一些常用材料的波阻抗值。

表 3.6　常用材料的波阻抗值

材料	密度 ρ (kg/m³)	波速 v_b (m/s)	波阻抗[kg/(m²·s)]	波阻抗比 IR
空气	1.29	343	415	2.12×10^{-3}
泡沫类	30	250	7500	3.83×10^{-2}
水	1000	1480	1.48×10^{6}	7.55
地基土	1400	140	1.96×10^{5}	1.00
混凝土	2400	2400	5.76×10^{6}	29.39
铝	2700	6300	1.7×10^{7}	86.73
钢	7700	6100	4.7×10^{7}	239.8

　　图 3.25 的右半部分(IR>1)表示屏障材料比地基土要"硬",且随着 IR 的增大,隔振效果越来越好。但水平向振动最小衰减为 $\overline{A}_r = 0.32$,垂向振动最小衰减为 $\overline{A}_r = 0.24$。一般说来,使得 $\sqrt{(G_b/G_s)} = 8$ 是最佳的选择,其中 G_b 和 G_s 分别为屏障材料与地基土的剪切模量。在左半部分(IR<1)表示屏障材料比地基土要"软",随着 IR 的减小,隔振效果成波浪线逐渐减小。另外,当 IR=1 时,表示为隔振沟。隔振沟是阻抗比最小的,几乎不允许透射。因此,隔振沟是隔振屏障的一个特例。

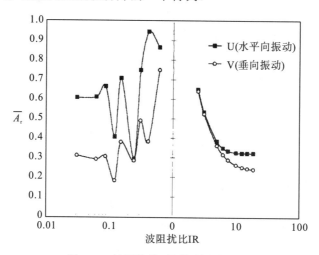

图 3.25　波阻抗比对隔振效果的影响

　　定义无量纲量如下:

$$L = \frac{l}{\lambda_R}, \quad D = \frac{d}{\lambda_R}, \quad W = \frac{w}{\lambda_R} \tag{3-4}$$

式中,　l——隔振屏障距振源的距离;
　　　　d——隔振屏障的深度;
　　　　w——隔振屏障的宽度。

　　对于隔振沟,距离振源越远,则起到的隔振效果越明显,如图 3.26 所示,且垂向隔振效果好于水平向隔振效果。屏障的有效面积(深度和长度)决定绕射波的大小,屏障越长越深，从屏障边缘和底部绕射过的振动波越少。Woods(1968)指出，隔振屏障的伸展角(振源至屏障两端连线的夹角)不能小于 90°，深度 D 大于 1.33。但实际上，屏障不能做得太深太长，且根据理论和实验(李特威，2003；吴英华，1985)，屏障达到一定的深度后，隔振效果可以满足需求，太深的屏障反而不经济。如图 3.27 所示。隔振沟越深，隔振效果越好。同时，当沟深 D 等于 0.25 时，隔振沟越宽，则其隔振效果越差。当 D 大于 0.5 时，隔振效果基本不受隔振沟宽度的影响。

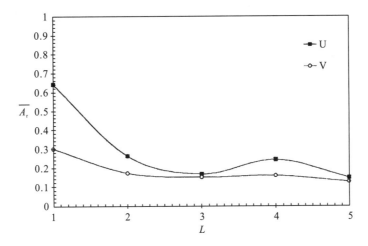

图 3.26　振幅衰减系数与隔振沟和振源距离 L 的关系

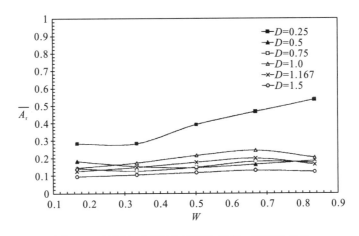

图 3.27　振幅衰减系数与隔振沟宽度、深度的关系

高广运等(2005)运用瑞雷波散射的积分方程，对填充沟连续屏障远场被动隔振进行了三维分析。填充沟的深度在一倍瑞雷波波长内对隔振效果有较大影响，并且与宽度一起决定其隔振效果，但当屏障深度超过 λ_a 后，屏障深度对隔振效果的影响很小。但过大的屏障深度也没有必要，因为远场振动以瑞雷波为主，传播过程中瑞雷波的振动能量主要集中于距地表 λ_a 的深度范围内，只要有效地减小近地表部分的瑞雷波能量就能取得令人满意的隔振效果。图 3.28 给出了 IR 大于 1 时屏障隔振效果与屏障宽度、深度的关

系。当 D 小于 1 时，振幅衰减系数随深度 D 的增大而逐渐减小，说明其隔振效果越来越好。但是当 D 大于 1 后，振幅衰减系数随深度 D 的增大而减小的程度不大。随着屏障宽度的增加，振幅衰减系数呈现先减小后增大的趋势，其中，当 W 等于 0.5 左右时隔振效果最好，而过大或过小的屏障宽度甚至会恶化隔振效果。

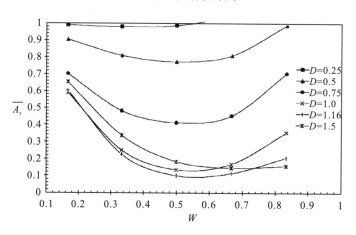

图 3.28　振幅衰减系数与隔振屏障宽度、深度的关系

2) 非连续屏障

非连续屏障如排桩等具有施工速度快、造价低，可以用来隔离低频振动等优点，已经在工程中有了良好的应用。单排桩的长度、入土深度及整体宽度是影响单排桩屏障隔振效果的因素，而桩间距是决定性因素(徐平等，2015)，只有当桩间距较小时，单排桩才能起到隔振作用。Woods 等(1975)运用全息照像技术，对非连续屏障(孔列和桩列)的隔振效果进行了试验研究，结果认为只有当桩径大于 $\lambda_a/6$ 时才能起到隔振作用。Kattis 等(1999a、b)利用三维频域边界元技术研究了混凝土排桩与孔洞的隔振效果，结果表明对于入射波较长的瑞雷波，排桩是较好的减振措施。高广运(1998)提出透射效应决定排桩的隔振效果，衍射效应决定排桩的隔振范围，并应避免柔性屏障的吻合效应，在工程中综合考虑，桩径不必大于 $\lambda_a/6$ 即可在一般的振动频率下获得较好的隔振效果，其屏蔽效果的主要影响因素是地基土的波长、屏障的深度和长度等。通过对非连续屏障隔振理论与应用研究的三维分析，高广运等(2005)指出非连续排桩屏障隔振起到的是整体屏蔽作用，影响多排桩屏障体系隔振效果的厚度主要取决于桩的排数，密布小截面多排桩隔振效果与空沟和填充沟相当。Tsai 等(2008)使用三维频域边界元研究了钢管、混凝土管桩、混凝土实心桩、木桩等 4 种材料的隔振效果，分析发现钢管的隔振效果优于混凝土实心桩，而混凝土管桩则由于刚度较低而不发挥作用。徐斌(2009)、徐满清(2010)研究了移动荷载下饱和土动力响应及其排桩隔振效果，移动荷载低速时排桩效果要比高速时好。陆建飞等(2014)提出了一种联结式排桩，并建立了数值模型对其单排及双排联结式排桩的隔振效果进行数值模拟。结果表明，联结式排桩的隔振效果要明显优于自由式排桩。非连续排桩的研究结论主要有以下 4 点(徐平等，2015)。

(1)单排桩的长度、入土深度及整体宽度是影响单排桩屏障隔振效果的因素，而桩间距是决定性因素，只有当桩间距较小时，单排桩屏障才能起到隔振的作用。

(2) 单排空心管桩与柱腔的隔离效果存在明显的差异，另外屏障的隔离效果受频率的影响很大。

(3) 当桩间距较小时，多排桩屏障的隔离效果可以等价为隔振沟，另外桩的排距对多排桩屏障的整体隔振效果影响很小。

(4) 长桩、小间距构成的多排桩屏障更有利于减小移动荷载引起的振动。

3) 屏障隔振的吻合效应

波的吻合效应 (杨先健，2013) 是将声学理论引入屏障隔振的新概念。当入射波的波长在屏障上的投影刚好等于屏障的固有弯曲波长时，激发了屏障固有振动。屏障不起隔振作用，反而相当于次生振源，增大地面振动，这就是波的吻合效应。它是弹性半空间共振问题，不同于通常的系统共振。吻合效应发生时，屏障的弯曲振动位移取最大值。此时对应的入射波频率为屏障吻合频率：

$$f_c = 0.551 \frac{V_{sp}^2}{C_{bp} d \sin^2 \theta} \tag{3-5}$$

其中，V_{sp} 为地基土的 P 波波速；$C_{bp} = \sqrt{E_b / [\rho_b (1 - \mu^2)]}$ 为屏障的 P 波波速；θ 为振动波的入射角。当入射角 $\theta = 90°$ 得到临界吻合频率 $f_c = 0.551 V_{sp}^2 / C_{bp} d$。从式 (3-5) 可以看出，屏障弹性模量较大时，如钢、混凝土等，其吻合频率较低。弹性模量较小时，如泡沫塑料、空气等，其吻合频率较高。

3.4.3　华夫板

近年来，我国高科技电子产业迅速发展，新建的有高洁净要求的电子厂房日益增多。为保证无尘洁净室大面积生产车间的空气洁净度，需要建立洁净空调通风系统。因此在楼板中均匀预留大量规则的垂直孔洞，以形成回风通道。这种利用楼板内孔洞形成回风通道的楼板结构被称为华夫板。

华夫板是由华夫模板和钢筋混凝土组成的钢混结构。华夫板是在楼板上留有大量的孔洞的一种楼板结构，其作用是通过空气在楼板孔洞中的流通和循环，使悬浮在空气中的微粒通过这些孔洞进入上层空间并进行集中洁净处理，使室内操作区空间达到高标准洁净目的。

洁净厂房的华夫板是一种井字梁楼盖 (或称井式梁板结构)。这种楼盖体系在两个方向形成井字式的区格梁，保证了楼板刚度在平面上的一致性。华夫板属于正向设内柱的井字梁楼盖，不过它与一般意义上的井字梁楼盖不同，区别在于华夫板只有梁，没有楼板，这样就在井字梁之间形成一个个方形或圆形的孔洞，方便了空气的流通，进而满足厂房的洁净要求。华夫板的混凝土浇筑施工中，预留孔洞可以采用 FRP 模板或钢模板来找形和定位，这些模板要避免内表面受到混凝土等杂物的污染并永久保留在华夫板内，形成一个个光滑的空气循环通道。圆柱形 FRP 模板或钢模板的直径通常为 350mm，高度与华夫板等高，4~6 个孔一组，其施工过程如图 3.29~图 3.31 所示。

图 3.29　FRP 模板的定位

图 3.30　FRP 模板的底平面

图 3.31　华夫板井字梁铺设

华夫板的井字梁间距应与上部架空地板的安装模数相匹配,一般来说是 600mm 的倍数,有 600mm、1200mm 和 1800mm 3 个等级供选择。井字梁间距不宜过大,3 倍架空地板的模数,即 1800mm 是实际工程中井字梁的最大间距。井字梁的最小宽度由 GB 50011—2016《建筑抗震设计规范》决定,不宜小于 200mm,最大宽度应根据孔洞出风量、FRP 模板或钢模板的直径以及井字梁间距确定。井字梁的高度主要由华夫板的防微振要求和相关结构规范得出。

常用的华夫板类型如图 3.32 所示。类型 (a) 为等高井字梁，井字梁的间距可以等于 1 倍、2 倍或 3 倍架空地板的模数。类型 (b) 为等高井字梁之间布置有高度较小的次梁，次梁间距等于架空地板的模数。受主梁最大间距影响，次梁构成的形状有十字形和井字形两种，工程中以十字形居多。

华夫板类型 (a) 和 (b) 在井字梁之间留下的孔洞均为方洞。要形成方形孔洞，在混凝土浇筑过程中就必须铺设木模板，并在浇筑完成后拆除。这个过程在井字梁间距较小时往往造成很大的施工困难，大大提高了施工强度、施工周期，且安装和拆卸模板过程中，方洞的成型质量不宜保证。另外，为满足空气循环的洁净要求，华夫板所有裸露部分均需涂刷环氧树脂，而大量孔洞的存在使得环氧树脂施工面积有较大的增加，施工质量不宜保证，成本较高。

为解决上述问题，井字梁的孔洞采用圆形 FRP 模板或钢模板等专用模板找形，在混凝土浇筑完成后，这些模板保留在华夫板内。如此一来，虽然增加了专用模板的安装过程，但减少了井字梁的支模和拆模工序。同时，专用模板与混凝土接触面较粗糙，增加了与混凝土的咬合力，其他外露面非常光滑，并在华夫板底部形成了一个完整的平面。在华夫板涂刷环氧树脂时，仅需涂刷华夫板上表面，而下表面和孔洞内部均无须涂刷。可见，专用模板在华夫板制作过程中的应用，不仅有效保证了工程质量，而且大大缩减了施工周期。

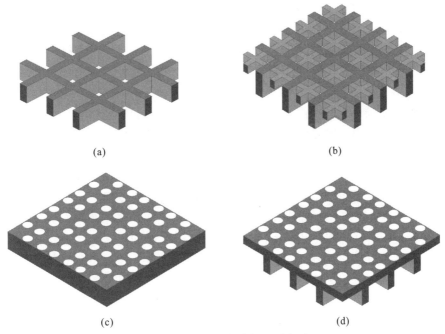

(a)　　　　　　　　　　　　　　(b)

(c)　　　　　　　　　　　　　　(d)

图 3.32　IC 厂房华夫板主要类别

与使用 FRP 模板或钢模板相对应的华夫板类型为图 3.22 中的 (c) 和 (d)，华夫板类型 (c) 的井字梁等高，且井字梁间距与架空地板的模数相同。华夫板类型 (d) 与类型 (b) 从结构上来说是相同的，不同的仅在于类型 (d) 采用了专用模板浇筑次梁。

目前，关于华夫板力学性能方面的研究还留有空白，例如华夫板三向受力性能、破坏形式、抗震性能、等效厚度和等效刚度等因素都是未知参数，今后可针对这些方面进行深入研究。

3.4.4 防微振墙

对于地震响应与刚度关系的研究发现(曹晓岩等，2004；王凤霞等，2003；肖晓春等，2003；Zhang and Wolf，1985)，建筑物的地震灾害不仅与上部结构状况有关，还与地基状况密不可分。对一些重量不大、几何尺寸相对较小、修建在较好地基上的建筑物，一般只对上部结构进行抗震验算或者将地基和上部结构分成两个部分分别进行抗震分析。近两三年来，开始有学者对上部结构刚度的改变对下部结构的动力响应和内力影响开始进行相关研究(胡春林和杨小卫，2006；蒋晓东等，2007)。但对于结构刚度(Yuan et al.，2011)的改变，对于需要考虑微振动的厂房结构响应的影响却鲜有研究。

对于建筑结构本身来说，自振周期及自振频率是其固有特性的重要参数。在结构设计过程中，可通过"增设防微振墙提高结构的侧向刚度和整体刚度，从而实现结构自振频率的改变"(张誉等，2008；李承铭等，1997)，避免共振。

因此，为了探究防微振墙在工业厂房中的防微振效果的作用，同济大学的赵本(2006)通过在厂房防微振平台结构的不同位置布置防微振墙，计算防微振平台结构的自振特性和时程响应，讨论了防微振墙对防微振效果的影响。研究结果发现：防微振墙作为一个平面受力的板，在平面内与框架梁、柱相比，其刚度极大(刘洋，2005)，并且防微振墙对结构的参振质量影响并不大，因此设置防微振墙可以大幅度提高沿墙方向的自振频率；但防微振墙在平面外的方向作为一个弯曲变形的薄板，其抗弯刚度并不大，设置防微振墙对结构在垂直防微振墙方向的整体刚度影响并不大(朱彬，2005)，所以结构在这个方向的自振频率也基本没有变化；另外当防微振墙的厚度增加时，仅在局部增加结构的刚度，对结构整体刚度影响较小。因此在实际设计过程中，防微振墙的厚度只要满足稳定性等构造要求即可。

长安大学的屈尚文(2011)采用有限元模拟分析了厂房设置防微振墙前后结构对其各自平台的响应，并探讨了防微振墙对结构刚度的影响，研究发现：增设防微振墙后结构自振周期均有所减小，即增加防微振墙可以明显增大结构刚度；增加防微振墙可使位移响应有一定程度减小，与在结构抗震需要控制位移时考虑增大结构刚度趋于一致；但同时发现对于需要进行微振控制的厂房结构，增大结构刚度，速度和加速度响应随着结构刚度的增大而增大，并没有起到预期的防微振效果。

增设防微振墙不一定能减小结构振动，尤其是场地微动引起的幅值，这主要是因为场地微动含有各种频带的能量，增设防微振墙后，可能把结构的自振频率调整到场地微动的某个共振区，导致结构产生共振。

防微振墙的作用主要是调整结构的自振频率，使其避开场地微动的主要能量集中的频率范围。另外防微振墙的布置还和工艺要求息息相关。因此其设置与否需要考虑结构自振特性和场地微动的频域特征，并结合厂房工艺要求进行布置。

第4章 工程案例分析

4.1 多层转运站结构水平向振动原因分析与振动治理

转运站是设在两台高架固定式带式输送机之间的中转站，在工业运输系统中起着重要的枢纽作用。转运站多为敞开式框架结构，高宽比较大，除设备层外其余各层通常不设置楼板，属典型的柔性结构；而且皮带张力和动力设备扰力作为引发转运站结构振动的主要激振源，均作用于结构顶部。转运站容易在动力荷载作用下发生明显振动，振动频率往往为人体敏感频率，会使工作人员恐慌，甚至影响结构安全。因此，对转运站振动特性和动力响应的深入研究具有非常重要的现实意义。

1.工程概况

某转运站建于 2007 年，混凝土框架结构，东侧连接西 1 号皮带通廊。北侧连接西 2 号皮带通廊(图 4.1、图 4.2)；转运站包括标高 6.5m、13.75m、21m、25m 4 个平台，其中 21m、25m 平台均放置电动机、减速机及输送机滚筒(图 4.3、图 4.4)。

该转运站已正常使用近 10 年，但近半年，皮带运行时，转运站东西向振动明显，振动原因不明；振动使操作人员产生恐慌，甚至会影响结构安全。

2.振动测试

1)测试工况及测点布置

测试工况包括：工况一，皮带停止运行时，结构固有频率测试；工况二，皮带空载运行时，结构水平向振幅、频率测试；工况三，皮带正常运载时，结构水平向振幅、频率测试。

图 4.1 转运站外观

图 4.2 转运站顶部的旋转设备

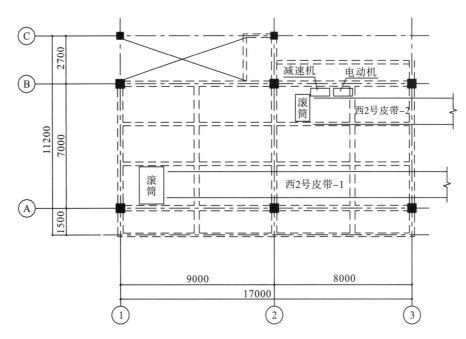

图 4.3 21m 平台设备及皮带布置图(单位:mm)

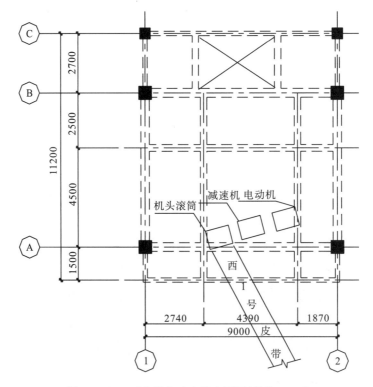

图 4.4 25m 平台设备及皮带布置图(单位:mm)

测点主要布置在每层柱顶位置,共布置 8 个测点。其中测点 4 布置在 6.5m 平台;测点 3 布置在标高 13.75m 平台;测点 2、测点 5 及测点 6 布置在 21m 平台(图 4.5);测点

1、测点 7 及测点 8 布置在 25m 平台（图 4.6）。

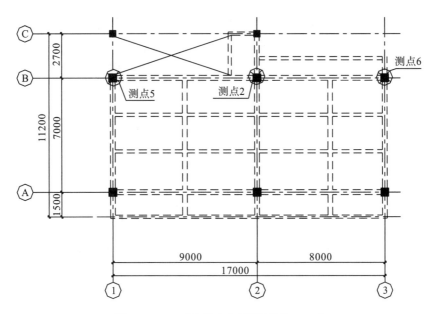

图 4.5　21m 平台测点布置图（单位：mm）

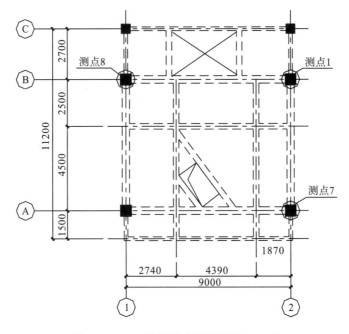

图 4.6　25m 平台测点布置图（单位：mm）

　　现场测试用设备如图 4.7 所示。振动数据采集采用 941B 型超低频拾振器以及 INV3062C 分布式采集仪；数据分析采用 Coinv DASP V10。结合现场实测及相关文献设置采集参数。

图 4.7　现场测试设备

2) 测试结果

不同工况下各测点振动测试结果见表 4.1。

表 4.1　不同工况下振动测试结果

工况	方向	测点编号	测点标高(m)	测点位置	最大速度(mm/s)	最大位移(mm)	频率(Hz)
工况二 (空载)	东西向	1	25	2/B 柱	2.73	0.36	1.22
		2	21	2/B 柱	3.95	0.52	1.22
		3	13.75	2/B 柱	3.73	0.49	1.22
		4	6.5	2/B 柱	1.87	0.24	1.22
		5	21	1/B 柱	5.89	0.77	1.22
		6	21	3/B 柱	3.04	0.40	1.22
		7	25	2/A 柱	4.28	0.56	1.22
		8	25	1/B 柱	5.25	0.69	1.22
	南北向	1	25	2/B 柱	0.99	0.13	1.22
		2	21	2/B 柱	1.33	0.17	1.22
		3	13.75	2/B 柱	1.17	0.15	1.22
		4	6.5	2/B 柱	0.78	0.10	1.22
		5	21	1/B 柱	0.90	0.12	1.22
		6	21	3/B 柱	1.11	0.14	1.22
		7	25	2/A 柱	1.50	0.2	1.22
		8	25	1/B 柱	1.72	0.22	1.22
工况三 (正常运载)	东西向	1	25	2/B 柱	2.93	0.38	1.22
		2	21	2/B 柱	4.44	0.58	1.22
		3	13.75	2/B 柱	3.81	0.50	1.22
		4	6.5	2/B 柱	1.92	0.25	1.22
		5	21	1/B 柱	3.14	0.41	1.21
		6	21	3/B 柱	1.94	0.26	1.21
		7	25	2/A 柱	4.32	0.56	1.22
		8	25	1/B 柱	5.41	0.71	1.22
	南北向 立面	1	25	2/B 柱	1.18	0.15	1.22
		2	21	2/B 柱	1.50	0.20	1.22

工况	方向	测点编号	测点标高(m)	测点位置	最大速度(mm/s)	最大位移(mm)	频率(Hz)
工况三 (正常运载)	南北向 立面	3	13.75	2/B柱	1.08	0.14	1.22
		4	6.5	2/B柱	0.52	0.07	1.22
		5	21	1/B柱	0.89	0.12	1.21
		6	21	3/B柱	0.86	0.11	1.21
		7	25	2/A柱	1.50	0.20	1.22
		8	25	1/B柱	1.73	0.23	1.22
工况一 (静止)	东西向	1	25	2/B柱	0.51	0.07	1.24
		2	21	2/B柱	0.63	0.08	1.24
		3	13.75	2/B柱	0.81	0.10	1.24
		4	6.5	2/B柱	0.73	0.09	1.24

3)测试结果总结

(1)不同工况下，各测点的最大振动速度均较小，最大值为 5.89mm/s，为空载工况下测点 5 的最大振动速度；空载与正常运载两种工况下，各测点振动幅值基本接近。

(2)5.89mm/s 远小于 ISO 推荐的振动容许值 10mm/s，因此振动对转运站结构造成破坏的可能性很小，且从现场检查结果看：框架柱、框架梁等主要抗侧移构件未发现因振动引起的裂缝或其他破坏。因此，在目前振动情况下，可以认为结构尚安全。

(3)5.89mm/s 亦小于原冶金工业部规定的操作区允许水平振动速度 6.3mm/s 这一限值；但人体对于 1~2Hz 的振动较为敏感，因此操作人员站在 21m 平台或 25m 平台，由于振动传递的放大作用，振感较为明显。

(4)从实测结果看：从 3 轴线到 1 轴线，振动呈明显增大趋势。以空载工况下、标高 21m 平台为例，位于 3 轴线的测点 6、位于 2 轴线的测点 2，以及位于 1 轴线的测点 5，其东西向最大振动速度分别为 3.04mm/s、3.95mm/s、5.89mm/s，可以看出结构绕 Z 轴扭转特征明显。

(5)各种工况下，各测点振动频率比较稳定，均在 1.22Hz 左右。

3.自振特性

1)计算说明

采用 midas Gen 有限元分析软件建立有限元模型。荷载信息以现场实际调查结果为准，为使计算模型及模态分析结果接近实际情况，荷载均按标准值考虑，不考虑组合系数，楼面活荷载取值为零。构件连接形式、尺寸及材料强度均按原设计考虑。转运站计算模型如图 4.8 所示。

2)计算结果

因通廊运输物料(水渣，约 80kg/m)质量较轻，且分布在转运站的荷载较小，因此空载、正常运载两种工况下，结构自振频率变化微小；物料重量对结构自振频率的影响可以忽略。结构模态频率及振型特征见表 4.2、表 4.3 及图 4.9～图 4.11。

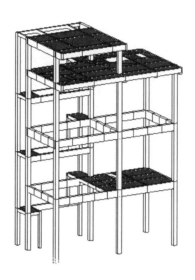

图 4.8　转运站计算模型

表 4.2　转运站前 3 阶结构模态频率与振型描述

模态号	频率(Hz)	振型描述
1	0.78	结构沿东西向(Y向)弯曲
2	0.82	结构沿南北向(X向)弯曲
3	1.08	结构沿竖向轴(Z轴)扭转

表 4.3　转运站前 3 阶振型方向因子(%)

模态号	TRAN-X	TRAN-Y	TRAN-Z	ROTN-X	ROTN-Y	ROTN-Z
1	4.52	95.45	0.01	0.01	0.00	0.01
2	88.16	11.78	0.01	0.00	0.01	0.04
3	35.46	64.12	0.02	0.01	0.01	0.39

图 4.9　第 1 阶振型

图 4.10　第 2 阶振型

图 4.11　第 3 阶振型

4.振动原因分析

通常情况下，转运站水平向的振动主要是由低频动力设备的扰力和输送机的皮带张力引起的。而水平方向振动异常主要有以下 3 种原因：①低频设备激振频率与结构水平向自振频率接近，产生共振现象；②输送设备老化或设备故障，导致输送机皮带张力增大；③结构本身抗侧移刚度较小，在较小水平向激振作用下可能会产生较大振动响应。

(1)从共振角度分析。此转运站电动机转动频率为 24.75Hz；减速机输入及输出转动频率分别为 24.75Hz、0.63Hz；输送机机机头及机尾滚筒转动频率分别为 0.63Hz、0.8Hz。水平向自振频率计算值为 0.78 Hz 和 0.82 Hz，与输送机机尾滚筒转动频率非常接近，容易产生共振。但各种工况下，转运站水平向实测振动频率均在 1.22Hz 左右(此实测频率与第 3 阶计算频率 1.08Hz 接近)，可以认为转运站异常振动非共振所致。

(2)从设备情况分析。现场检查发现：皮带机存在老化、磨损或托辊缺失等缺陷，必然会导致电动机驱动功率以及皮带与托辊之间摩擦力增大，使得皮带张力明显增加，对转运站形成较明显的动力冲击作用；皮带通廊中心线与转运站 Y 轴线(东西向)存在 37° 夹角，皮带张力对转运站产生 X 向及 Y 向水平分力，造成结构沿 Z 轴扭转；而结构 X 方向(南北向)由于北侧钢梁的支撑作用，振动较小。

(3)结构自身刚度情况。转运站自身侧移刚度较小，皮带通廊端支座坐落在通廊支架柱上，不能对转运站起到有效的侧向支撑作用。

综上分析，得到转运站振动异常原因如下。

皮带机存在老化、磨损或托辊缺失等缺陷导致电动机驱动功率以及皮带与托辊之间摩擦力增大，使得皮带张力明显增加，对转运站形成较明显的动力冲击作用，使得转运站产生较明显的绕 Z 轴扭转，此振型固有频率为 1.22Hz，为人体敏感频率（人体对于水平向振动的敏感频率为 1～2 Hz）；转运站自身侧移刚度较小，皮带通廊端支座坐落在通廊支架柱上，不能对转运站起到有效的侧向支撑作用，在较小水平向激振作用下可能会产生较大振动响应。

5. 治理方案验算分析

1) 动力荷载输入

通过以上分析，转运站振动主要是由皮带张力产生的冲击荷载引起的，而实际冲击荷载是难以确定的。但根据动力输入与动力响应之间的线性关系，可以通过某点的动力响应值反推出近似的动力荷载。输入此动力荷载，进行动力计算分析。若考虑治理方案的新结构动力响应值较原结构明显减小，则可认为治理方案有效。

采用 midas Gen 有限元分析软件，建立冲击荷载时程函数并施加节点动力荷载，如图 4.12 所示。

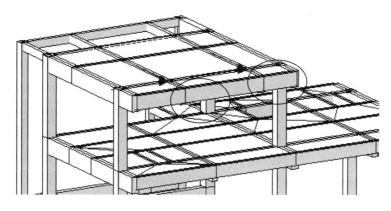

图 4.12　节点动力荷载

2) 验算结果

对转运站结构增设柱间支撑，支撑选用圆管钢。此方案可使结构自振频率大幅增加，避开人体敏感频率，也能有效地减小结构振幅。增设支撑之后，结构模态频率、振动位移幅值变化见表 4.4 及表 4.5，模型如图 4.13 所示。

表 4.4　增设支撑前后结构前三阶模态频率对比　　　　　　　　　　（单位：Hz）

模态号	原结构	增设支撑后
1	0.78	2.10
2	0.82	2.88
3	1.08	3.93

表 4.5　增设支撑前后结构振动位移幅值比较

测点号	测点标高(m)	位置	原结构幅值(mm)	增设支撑后幅值(mm)	振动减小幅度(%)
1	25	2/B 柱	0.53	0.25	53
2	21	2/B 柱	0.50	0.23	54
3	13.75	2/B 柱	0.38	0.27	29
4	6.5	2/B 柱	0.23	0.11	52
5	21	1/B 柱	0.77	0.19	75
6	21	3/B 柱	0.46	0.28	39
7	25	2/A 柱	0.53	0.25	53
8	25	1/B 柱	0.79	0.35	56

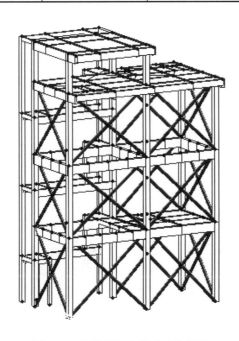

图 4.13　增设柱间支撑后结构模型

6.结语

(1)增设支撑之后,转运站前 3 阶自振频率增大至原来的 3~4 倍,均在 2Hz 以上,有效避开了人体敏感频率;同时水平向振动位移也可以减小约 50%。

(2)在进行转运站结构设计时,应分析结构自振特性,结构前 3 阶自振频率宜大于 2Hz,以避开人体敏感频率;也应使结构的前 3 阶频率避开电动机、减速机、输送机机头及机尾滚筒等旋转设备的转动频率,以免发生共振。

(3)转运站以及与之相连的通廊多处于露天、腐蚀环境,皮带机容易老化、锈蚀、磨损,托辊容易损坏失效,使皮带张力增加,对转运站形成较明显的动力冲击作用,导致振动加剧。因此,应定期对皮带机牵引设备(电动机、减速机、输送机滚筒、托辊等)进行检查、维修、保养或者零部件更换,以减小皮带张力。

4.2 钢结构输煤栈桥间歇性振动原因分析与
治理方案研究

钢结构栈桥作为重要工业构筑物普遍应用于冶金、煤炭、电力、石油化工等领域，承担物料运输功能。栈桥因其自身刚度小、跨度大、质量轻等特点，容易在动力荷载作用下发生明显振动，振动会使工作人员恐慌，甚至影响结构安全。因此，对钢结构输煤栈桥振动特性的深入研究具有非常重要的现实意义。

栈桥振动的主要来源是其内部皮带运输机托辊与皮带的相互作用力。皮带机运输物料时，一方面物料不均匀使皮带对托辊产生冲击荷载；另一方面，托辊的偏心会产生旋转动力荷载。皮带运输机通过托辊将动荷载作用在托辊支架上，再通过托辊支架将动荷载传递到栈桥钢梁、支架等构件。

1.概况

某钢结构输煤栈桥为双皮带机栈桥，栈桥长度为 300m，桥面宽度 9.18m。栈桥支承结构形式为钢支架结构，栈桥廊身结构形式均采用实腹式钢梁结构，钢梁标准跨度为12m，钢梁两端普遍采用铰接。栈桥整体情况如图 4.14、图 4.15 所示，图 4.16 为栈桥立面图 1～10 轴部分。

皮带机投运后即发现桥身有明显竖向振动，具体表现为：振动为间歇性振动，其间隔时间无明显规律，短到几秒，长则几十秒发生一次剧烈振动。

图 4.14　栈桥外观

图 4.15　栈桥皮带与托辊

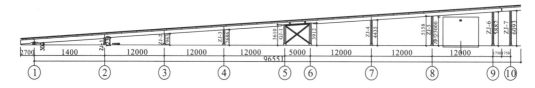

图 4.16　栈桥立面图(单位：mm)

2.振动测试

1)测试工况及测点布置

测试工况包括：皮带机空载运行和"满载"(此处"满载"为皮带载有物料正常运行，并未达到额定载荷)运行两种工况。

测点主要布置在支承皮带的钢梁(次梁)跨中(图 4.17 中测点 4、测点 5)、纵向主梁跨中(图 4.17 中测点 1、测点 2 及测点 3)、钢格栅板跨中(图 4.17 中测点 6)。

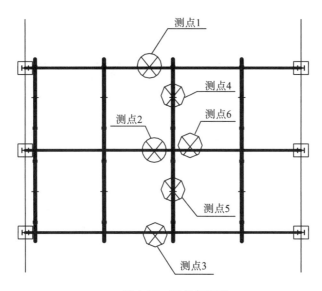

图 4.17　测点布置图

现场测试用设备如图 4.18 所示。振动数据采集采用 891-II 型超低频拾振器以及 INV3062C 分布式采集仪；数据分析采用 Coinv DASP V10。结合现场实测及相关文献设置采集参数。

图 4.18　现场测试设备

2)测试结果

因栈桥标准跨结构形式一致，且振动情况类似，以 7~8 轴跨为例，其在空载和"满载"工况下，竖向振动测试结果见表 4.6、表 4.7。

表 4.6   栈桥竖向振动测试结果（空载）

测点编号	最大速度（mm/s）	最大位移（mm）	主频率（Hz）
1	5.99	0.11	8.84
2	7.91	0.10	8.86
3	6.42	0.09	8.84
4	10.18	0.19	8.84
5	9.58	0.16	8.84
6	12.99	0.21	8.84

表 4.7   栈桥竖向振动测试结果（满载）

测点编号	最大速度（mm/s）	最大位移（mm）	主频率（Hz）
1	21.89	0.68	5.16、8.75
2	14.74	0.45	5.16、8.75
3	8.37	0.15	5.33、8.72
4	19.10	0.59	5.16、8.75
5	12.78	0.39	5.16、8.72
6	39.40	0.90	5.16、8.78

3）测试结果总结

（1）空载工况下。

振动幅值：钢格栅板振动速度较大，最大振动幅值为 12.99mm/s；主梁、次梁振动速度相对较小，除个别测点振动幅值大于 10mm/s 以外，其余测点振动幅值均在 10mm/s 以下。

振动频率：空载运行时，主梁、次梁及钢格栅板的振动频率均稳定在 8.8Hz 左右，此频率与托辊的转动频率接近。

（2）"满载"工况下。

振动幅值："满载"工况下，主梁、次梁及钢格栅板振动幅值均明显增大，主梁、次梁振动幅值达到或超过 20mm/s，钢格栅板振动幅值甚至接近 40mm/s。

振动频率："满载"运行时，5.2Hz 和 8.8Hz 两种频率成分同时存在，且能量基本相当。

（3）静止工况下。

静止工况下，测得栈桥竖向自振频率约为 6.2Hz。

3.自振特性

1）计算说明

采用 midas Gen 有限元分析软件建立有限元模型。考虑到栈桥主梁与柱连接形式为铰接，剧烈振动主要为竖向，为方便进行模态识别及自振特性分析，按单跨建立计算模型，因每一跨结构形式类似，现仅对栈桥 7～8 轴(跨度为 12m，坡角为 3.5°)这一跨进行动力分析(图 4.19)。

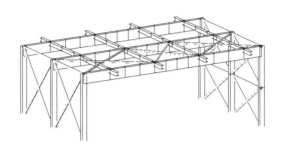

图 4.19　栈桥计算模型(7～8 轴)

2)计算结果

胶带机物料重量变化会引起栈桥结构自振频率变化，按空载(工况一)和满载(工况二：额定载重)两种极限工况分析结构自振特性。表 4.8 和表 4.9 括号外、内数字分别代表空载、满载工况下结构自振特性计算结果。计算振型向量坐标云图如图 4.20～图 4.23所示。

表 4.8　栈桥竖向模态频率与振型描述

模态号	频率(Hz)	振型描述
1	6.27(4.87)	主要为主梁沿竖向(Z 向)弯曲
2	9.27(7.42)	主要为次梁沿竖向(Z 向)弯曲

表 4.9　栈桥竖向振型方向因子(%)

模态号	TRAN-X	TRAN-Y	TRAN-Z	ROTN-X	ROTN-Y	ROTN-Z
1	0(0)	0(0)	98.52(98.52)	0.33(0.49)	1.13(0.98)	0(0)
2	0(0)	0(0)	98.79(92.51)	2.09(6.58)	1.08(0.89)	0(0.03)

图 4.20　栈桥竖向第一阶振型向量
坐标云图(工况一)

图 4.21　栈桥竖向第二阶振型向量
坐标云图(工况一)

图 4.22　栈桥竖向第一阶振型向量　　　　图 4.23　栈桥竖向第二阶振型向量
坐标云图(工况二)　　　　　　　　　　　坐标云图(工况二)

4.振动原因分析

(1)从振源角度考虑,一方面皮带承载物料会对托辊产生冲击作用,引起结构自振;另一方面动力设备旋转,会对结构产生简谐激励。此栈桥动力设备包括:电动机(转动频率 25Hz)、减速机(转动频率 1.59Hz)、托辊(转动频率 8.72~8.88Hz);而结构实际振动频率为 8.8Hz 左右和 5.2Hz 左右两种,不存在与 1.59H 和 25Hz 一致或接近的频率成分。而且通过现场调查,电动机与减速机布置在转运站内,与栈桥独立且相隔较远,不足以对结构产生强烈激振。

(2)从结构自振特性考虑。从计算结果看,空载时,结构前两阶竖向自振频率分别为 6.27Hz、9.27Hz;满载时为 4.87Hz、7.42Hz。结构竖向自振频率会随物料荷载的增加而减少,而实际所谓“满载”并未达到设计额定载重。因此“满载”运行时,结构前两阶竖向自振频率应分别为 4.87~6.27Hz、7.42~9.27Hz。

(3)“拍现象”产生的条件。当存在两种简谐激励,其圆频率分别为 ω_1、ω_2,振幅分别为 A_1、A_2。当 ω_1 与 ω_2 相差很少,且($\omega_1-\omega_2$)与($\omega_1+\omega_2$)相比较为很小时会产生拍现象。一次强弱变化叫做一拍,每一拍的时间(拍周期)为

$$T_{拍} = \frac{\pi}{\omega_1 - \omega_2} \tag{4-1}$$

最大振幅与最小振幅分别为 A_1+A_2 和 A_1-A_2。

综合以上 3 条及振动测试结果,可得出以下结论。

(1)结构 8.8Hz 左右的振动是由托辊旋转产生的简谐激励引起的,此激励频率与结构第 2 阶竖向自振频率较为接近,会产生共振。

(2)满载时,结构 5.2Hz 左右振动频率占主导,而结构第 1 阶竖向自振频率计算值为 4.87~6.27Hz,考虑到并未达到额定载重,且现场不存在 5.2Hz 左右的振源激励,判定 5.2Hz 左右的振动是结构在物料荷载冲击作用下产生的自由振动。

(3)托辊转动频率测试结果表明:托辊之间的转动频率存在较小差异(集中在 8.72~8.88Hz),具备“拍现象”产生的条件,根据公式(4-1)及实际测试的多种振动频率,可得出多种拍周期,小到 3 秒多,大到 50 多秒。从现场实测结果看,间歇性振动间隔时间无明显规律,短到几秒,长到 1min 左右,这就说明:栈桥间歇性振动是由于托辊转速存在较小差异而形成的“拍现象”。

(4)综合以上(1)、(2)、(3)条,可以得出,栈桥竖向振动过大是由①水平构件刚度

偏小；②水平承载系统第 2 阶竖向自振频率与激振频率共振；③托辊转速存在较小差异导致"拍现象"3 方面原因综合导致的。

5.治理方案验算分析

1)动力荷载输入

栈桥的振动是由两种形式的激励引起的，分别为：①物料运动产生的冲击荷载；②托辊转动产生的简谐激励。而实际冲击荷载、简谐荷载是难以确定的。但动力输入与动力响应之间存在线性关系，由运动微分方程：

$$m \cdot \ddot{z}(t) + c \cdot \dot{z}(t) + k \cdot z(t) = P(t) \tag{4-2}$$

得到动力输入，位移输出体系的传递函数如下：

$$\left| H(f) \right|_{P-d} = \frac{1/k_z}{\sqrt{[1-(f/f_n)^2]^2 + (2\zeta_z f/f_n)^2}} \tag{4-3}$$

于是动力输入与位移输出之间存在如下线性关系：

$$\left| Z(f) \right| = \left| H(f) \right|_{P-d} \left| P(f) \right| \tag{4-4}$$

因此无需输入准确的动力荷载，只需对原结构、考虑治理方案的新结构输入同一个冲击荷载或简谐荷载，进行动力计算分析，对比新旧结构的动力响应值即可。若考虑治理方案的新结构动力响应值较原结构明显减小，则可认为此治理方案有效。

2)验算结果

选取 9 种方案分别进行动力计算分析，其减振效果见表 4.10。

表 4.10　各治理方案减振效果评价

方案	方案描述	减振效果评价
方案一	增加斜撑，斜撑采用 P 114×6 钢圆管	在冲击荷载、简谐荷载作用下，减振效果均明显，综合考虑减振率可以达到50%以上。建议优先考虑此方案
方案二	主梁截面高度由 600mm 增加至 650mm	冲击荷载作用下，减振率可在20%以上；但简谐荷载作用下，因激励频率与第2阶竖向自振频率接近，产生共振，振动响应值不减反增。不建议采用此方案
方案三	主梁截面高度由 600mm 增加至 700mm	与方案二类似，不建议采用此方案
方案四	主梁截面高度由 600mm 增加至 750mm	与方案二类似，不建议采用此方案
方案五	主梁截面高度由 600mm 增加至 650mm；同时次梁高度由 200mm 增加至 300mm	与方案二类似，次梁截面高度增加，仍未避开共振域，不建议采用此方案
方案六	主梁截面高度由 600mm 增加至 650mm；同时次梁高度由 200mm 增加至 400mm	避开共振，但主梁刚度增加不明显；综合考虑减振率基本在30%左右，新栈桥设计时可以考虑此方案
方案七	主梁截面高度由 600mm 增加至 700mm；同时次梁高度由 200mm 增加至 300mm	与方案二类似，次梁截面高度增加，仍未避开共振域，不建议采用此方案
方案八	主梁截面高度由 600mm 增加至 700mm；同时次梁高度由 200mm 增加至 400mm	避开共振且主梁刚度增加较大，减振效果较明显，综合考虑，减振率可以达到40%左右。此栈桥振动治理和新栈桥设计时均可以考虑此方案
方案九	梁柱铰接变固接	刚度明显增加，但没有避开共振，栈桥治理时不建议采用此方案，但新栈桥设计时可在适当减小栈桥跨度的基础上选择此方案

6.结语

(1)设计栈桥时,应对水平承载系统的自振特性进行分析,为减小此类栈桥的竖向振动,应至少计算出前两阶竖向自振频率,避免共振。通常认为$0.75 < f_e/f < 1.25$时(其中f_e为激振频率,f为结构自振频率),结构容易发生共振。对于此栈桥结构,激振频率为8.8Hz。因此,一般情况下,结构竖向自振频率小于7.04Hz或大于11.73Hz可有效避开共振。

(2)从计算分析结果看:栈桥第1阶竖向自振频率主要由主梁刚度控制,改变次梁刚度对第1阶竖向自振频率的影响不明显;而改变主梁或次梁刚度,均能使第2阶竖向自振频率发生明显改变。梁截面高度不一定是越大越好,仅增加主梁高度(如方案二、方案三、方案四),虽然使主梁刚度有所提高,但仍会产生共振。结构设计时,应协调刚度和共振之间的矛盾关系,适当提高梁刚度的同时也应避开共振。对于此类栈桥,再进行设计时,若其他条件不变,可以考虑适当提高主梁、次梁截面高度(主梁高度可调整为700mm左右,次梁高度可调整为400mm左右)。

(3)增加斜向支撑,对于结构减振效果明显,因此新栈桥设计时可考虑在梁两端加斜撑,或梁端采取加腋的形式。

(4)如果条件允许,可适当减小主梁跨度。如将跨度从12m减小到9m或10m,并适当增大栈桥坡度,同时将梁柱连接形式设计为固接。这样一方面可以增加竖向刚度;另一方面可以有效避开共振;而且每一跨托辊数量减少,外界激励会随之减小,且能使"拍效应"减弱。

(5)钢格栅板面外刚度较小,在外界激励作用下容易发生较大振动响应,新栈桥设计时建议用混凝土现浇板代替钢格栅板。

4.3 大型焦炭塔 TMD 减振方案研究

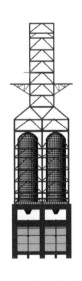

图 4.24 焦炭塔结构模型

石油化工企业大型焦炭塔系统一般包括:焦炭塔塔体(双塔形式存在)、混凝土框架支承结构、钢框架(往往为高耸结构)以及大型管线等。大型焦炭塔内部物料反应,往往会引起焦炭塔本身及其支承结构、管线的水平晃动。物料反应引起的剧烈振动会影响结构安全以及操作人员身心健康,设备的振动还会引起管线的剧烈晃动,导致法兰松动、油气泄露,从而引发火灾、爆炸等生产事故,后果不堪设想。

物料反应引起的大型焦炭塔的振动问题一直困扰着相关企业的设计、管理人员。然而引起焦炭塔振动的动力荷载的随机性、复杂性,难以准确模拟,且此类系统包含结构、设备、工艺等多个专业,对仅掌握结构专业的研究人员来说,振动研究工作已成为瓶颈。

本书研究的焦炭塔由焦炭塔塔体(双塔,标高

25.700~56.700m)、混凝土框架(标高 0~25.700m)、钢框架(25.700~114.407m)3 部分组成(图 4.24)。每个塔体根部通过 48 个 M64 地脚螺栓与混凝土框架相连接，钢框架柱根部通过地脚螺栓连接于混凝土框架顶部，钢框架与焦炭塔塔体之间无连接。

　　本书通过对焦炭塔振动原因、自振特性进行分析，结合振动测试结果，建立合理的动力时程函数，通过 midas Gen 有限元分析软件进行动力模拟，将时程分析结果与实测结果进行比对，验证动力函数的准确性。在焦炭塔顶部建立 TMD 模型，计算分析不同工况下，不同质量的 TMD 对减振效果的影响，并提出保证 TMD 减振效果的建议。

1.振动测试

1)测试方案

　　测点主要集中布置在以下部位：①混凝土框架柱顶、梁跨中位置(共 12 个测点)；②焦炭塔塔体(共 6 个测点)；③钢框架柱顶、梁跨中位置(共 42 个测点)。共获得 60 个测点的速度及加速度信号。部分测点位置如图 4.25 所示，实心圆点表示测点。

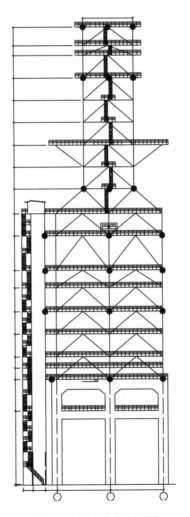

图 4.25　测点布置立面图

现场测试用设备如图 4.26 所示。振动数据采集采用 891-II 型超低频拾振器以及 INV3062C 分布式采集仪；数据分析采用 Coinv DASP V10。结合现场实测及相关文献设置采集参数。

图 4.26　现场试验设备

2) 测试结果

表 4.11、表 4.12 为钢框架和焦炭塔塔体部分测点时域与频域测试结果。采集信号时域图和频域图如图 4.27 和图 4.28 所示。

表 4.11　钢框架时域和频域振动测试结果

标高(m)	测试方向	最大速度(mm/s)	最大加速度(m/s²)	主频率(Hz)
72.000	横向	30.59	0.202	1.05
	纵向	23.52	0.204	1.43
111.404	横向	89.76	0.592	1.05
	纵向	73.72	0.662	1.43

表 4.12　焦炭塔塔体时域和频域振动测试结果

标高(m)	测试方向	最大速度(mm/s)	最大加速度(m/s²)	主频率(Hz)
42.200	横向	11.17	0.116	1.63
	纵向	11.44	0.135	1.88
52.200	横向	16.44	0.158	1.75
	纵向	16.93	0.191	1.80

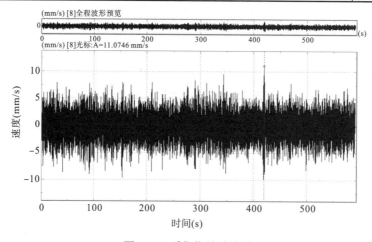

图 4.27　采集信号时域图

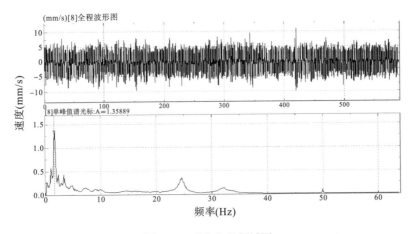

图 4.28 采集信号频域图

测试结果分析如下。①根据现行《抗震设计规范》，7 度设防区，设计基本地震加速度值为 0.10g，场地类别为 IV 类，多遇地震(多遇地震为小震，结构已按小震不坏进行设计)时水平地震影响系数经计算为 0.057，即上部结构加速度响应在 0.057×g=0.56m/s^{2}以内，可认为结构是安全的。从振动测试结果看：焦炭塔塔体最大加速度值为 0.191m/s^2，明显小于 0.56m/s^2；钢框架最顶部(标高 111.404m)因鞭梢效应其最大加速度略大于 0.56m/s^2，其余测点加速度值均小于 0.56m/s^2。结合现场检查结果，混凝土结构基本完好，无因振动引起的裂缝或破损；钢框架结构无明显变形、螺栓松动、漆膜脱落等缺陷；可以认为振动并未影响结构安全。②框架横向、纵向振动频率比较稳定，分别为 1.05Hz 和 1.43Hz。③塔体横向及纵向振动频率非常接近，均在 1.63～1.88Hz 之间波动，振动频率没有明显随着塔内物料的增加而呈降低的趋势。

2.自振特性计算分析

采用 midas Gen 有限元分析软件建立有限元模型，分以下两种工况讨论。

工况一：一个塔空载，另一个塔满载(物料达到塔体 2/3 高度时为满载)。塔满载质量为 3600t，包括塔体自身质量约 700t，塔内物料约 2900t。

工况二：两个塔内物料均为 1450t(满载的一半，物料达到塔体约 1/3 高度时为满载的一半)。

模态频率及模态识别结果见表 4.13、表 4.14。各阶振型如图 4.29 所示。

表 4.13 焦炭塔前 4 阶模态频率与振型描述(工况一)

模态号	频率(Hz)	振型描述
1	1.466	框架横向(Y向)弯曲
2	1.701	框架纵向(X向)弯曲
3	1.950	塔体及框架整体横向弯曲及绕 X 轴转动
4	2.080	塔体及框架整体纵向弯曲及绕 Y 轴转动

表 4.14   焦炭塔前 4 阶模态频率与振型描述(工况二)

模态号	频率(Hz)	振型描述
1	1.472	框架横向(Y向)弯曲
2	1.712	框架纵向(X向)弯曲
3	2.222	塔体及框架整体横向弯曲及绕 X 轴转动
4	2.363	塔体及框架整体纵向弯曲及绕 Y 轴转动

(a)工况一，第1~4阶振型

(b)工况二，第1~4阶振型

图 4.29   各阶振型

通过两种工况下结构自振特性的分析，得到以下结论。

(1)从第 1、2 阶振型情况看，振型向量坐标最大值位置在框架顶部，塔体变形相对于框架很小，塔体顶部坐标值不足框架顶部位移的 1/10。结合第 1、2 阶振型图及振型方向因子，可以确定第 1、2 阶振型分别为框架横向、纵向弯曲振型。

(2)焦炭塔内物料反应直接激起的应是第 3、4 阶模态的振动响应。原因如下：①第 3、4 阶模态不仅包含框架的侧向弯曲，同时也包括塔的侧向弯曲，最大位移位置仍是框架顶部，但框架顶部的最大位移仅为塔体顶部最大位移的 2 倍左右；而实测结果是框架顶部最大加速度约为塔体顶部的 3~4 倍，考虑到实测值为多阶振型叠加结果，与单阶振型位移相比会存在一定差异，但可以认为计算与实际测试结果比较匹配。②两种工况下第 3、4 阶模态频率计算值分别为：工况一为 1.950Hz 和 2.080Hz；工况二为 2.222Hz 和 2.363Hz。两种工况下第 3、4 阶模态频率计算值均比较接近，且不同工况下，相应模态频率相差仅为 0.3Hz 左右；而实测结果表明塔体横向及纵向振动频率实测值亦非常接近，均在 1.63~1.88Hz 之间波动，波动幅度约为 0.25Hz；计算模态频率及其特点与实际测试结果接近。综上分析得焦炭塔内物料反应直接激起的是结构整体的第 3、4 阶模态的振动响应。

3.振动原因

在生焦过程中塔内物料(主要是弹丸焦)及气流对焦炭塔筒壁产生较大激励，使得焦炭塔第 3、4 阶振型被激起，引起塔体晃动，塔体晃动带动上部大油气管线晃动，且引起整个框架晃动。

4.减振方案研究

要使框架及管线晃动减小，重在减小塔体的晃动。减小塔体晃动的方法：在塔体顶部放置协调质量阻尼器(TMD)。TMD 是一个小的振动系统，由质量块、弹簧系统和阻尼系统组成。原结构加入 TMD 后，其动力特性会发生改变，原结构承受动力作用而剧烈振动时，由于 TMD 质量块的惯性而向原结构施加反向作用力，其阻尼也发挥耗能作用，从而使原结构的振动反应明显减弱。

1)减振振型选择

焦炭塔内物料反应激振直接引起第 3、4 阶模态的振动响应。因此，需针对第 3、4 阶模态进行减振分析。

2)激振荷载模型

焦炭塔因物料无规律撞击塔壁引起结构振动，该激振荷载随机性太大而难以模拟。考虑最不利荷载，假设在焦炭塔塔体施加频率与结构固有频率相同的正弦荷载激起结构共振，分析该工况时结构的动力响应(图 4.30、图 4.31)。该荷载模型为

$$P_{\mathrm{H}} = p_0 \sin(2\pi f_{\mathrm{s}} t) \tag{4-5}$$

在式(4-5)中，①该荷载模型最大值 p_0 的选取以塔体标高 52.2m 处加速度响应实测值为依据；②f_{s} 为正弦荷载频率，与第 3 阶或第 4 阶模态频率一致。

3)确定模态质量

midas Gen 模态分析结果得到的振型是振型正交归一化后的振型，即得到的模态质量为 1，$M_n = \{\overline{\phi}\}_n^{\mathrm{T}} [M] \{\overline{\phi}\}_n = 1$，根据 midas Gen 模型单位制，得到模态质量单位为吨。而在焦炭塔顶部安装 TMD 减振器以实现对整个结构的激励响应减振时，根据结构动力学原理需对振型进行归一化处理，$\{\overline{\phi}\}_n = \alpha \{\phi\}_n$，$\alpha$ 为振型分量。

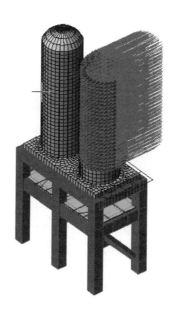

图 4.30　正弦动力荷载(横向)

图 4.31　正弦动力荷载(纵向)

加入 TMD 后的振型为第 3 阶或第 4 阶振型中焦炭塔塔顶部振型分量归一化后的振型。

工况一：第 3 阶、第 4 阶振型按塔体顶部振型分量归一化之后的模态质量如下。

$$M_3 = \frac{1}{\alpha}\{\bar{\phi}\}_3^{\mathrm{T}}[M]\frac{1}{\alpha}\{\bar{\phi}\}_3 = \frac{1}{\alpha^2} = 1222.5t \,(振型分量\,\alpha = 0.0286\,)$$

$$M_4 = \frac{1}{\alpha}\{\bar{\phi}\}_4^{\mathrm{T}}[M]\frac{1}{\alpha}\{\bar{\phi}\}_4 = \frac{1}{\alpha^2} = 1189t \,(振型分量\,\alpha = 0.0290\,)$$

工况二：第 3 阶、第 4 阶振型按塔体顶部振型分量归一化之后的模态质量如下。

$$M_3 = \frac{1}{\alpha}\left\{\overline{\phi}\right\}_3^{\mathrm{T}}\left[M\right]\frac{1}{\alpha}\left\{\overline{\phi}\right\}_3 = \frac{1}{\alpha^2} = 1826t\ (\text{振型分量}\ \alpha = 0.0234\ )$$

$$M_4 = \frac{1}{\alpha}\left\{\overline{\phi}\right\}_4^{\mathrm{T}}\left[M\right]\frac{1}{\alpha}\left\{\overline{\phi}\right\}_4 = \frac{1}{\alpha^2} = 2268t\ (\text{振型分量}\ \alpha = 0.0210\ )$$

4）TMD 减振效果分析

以下根据不同工况、不同模态，在塔顶位置施加不同质量的 TMD，对减振效果进行分析比对，详见表 4.15～表 4.22。减振前后加速度响应对比如图 4.32 和图 4.33 所示。

表 4.15　施加不同质量 TMD 焦炭塔塔顶减振效果（工况一：横向）

TMD 有效质量(t)	质量比 μ(%)	安装前加速度(m/s^2)	安装后加速度(m/s^2)	减振率(%)
12	1	0.199	0.0439	78
24	2	0.199	0.0375	81
37	3	0.199	0.0322	84
48	4	0.199	0.0299	85
61	5	0.199	0.0274	86

表 4.16　施加不同质量 TMD 钢框架顶部减振效果（工况一：横向）

TMD 有效质量(t)	质量比 μ(%)	安装前加速度(m/s^2)	安装后加速度(m/s^2)	减振率(%)
12	1	0.279	0.1070	62
24	2	0.279	0.0987	65
37	3	0.279	0.0777	72
48	4	0.279	0.0739	74
61	5	0.279	0.0700	75

表 4.17　施加不同质量 TMD 焦炭塔塔顶减振效果（工况一：纵向）

TMD 有效质量(t)	质量比 μ(%)	安装前加速度(m/s^2)	安装后加速度(m/s^2)	减振率(%)
12	1	0.246	0.0759	69
24	2	0.246	0.0629	74
36	3	0.246	0.0490	80
48	4	0.246	0.0477	81
59	5	0.246	0.0430	83

表 4.18　施加不同质量 TMD 钢框架顶部减振效果（工况一：纵向）

TMD 有效质量(t)	质量比 μ(%)	安装前加速度(m/s^2)	安装后加速度(m/s^2)	减振率(%)
12	1	0.342	0.1465	57
24	2	0.342	0.1264	63
36	3	0.342	0.0970	72
48	4	0.342	0.0851	75
59	5	0.342	0.0690	80

表 4.19 施加不同质量 TMD 焦炭塔塔顶减振效果（工况二：横向）

TMD 有效质量(t)	质量比 μ(%)	安装前加速度(m/s²)	安装后加速度(m/s²)	减振率(%)
18	1	0.195	0.0811	58
37	2	0.195	0.0589	70
55	3	0.195	0.0448	77
73	4	0.195	0.0429	78
91	5	0.195	0.0340	82

表 4.20 施加不同质量 TMD 钢框架顶部减振效果（工况二：横向）

TMD 有效质量(t)	质量比 μ(%)	安装前加速度(m/s²)	安装后加速度(m/s²)	减振率(%)
18	1	0.303	0.1106	63
37	2	0.303	0.1042	66
55	3	0.303	0.0645	79
73	4	0.303	0.0639	79
91	5	0.303	0.0528	83

表 4.21 施加不同质量 TMD 焦炭塔塔顶减振效果（工况二：纵向）

TMD 有效质量(t)	质量比 μ(%)	安装前加速度(m/s²)	安装后加速度(m/s²)	减振率(%)
22	1	0.242	0.0822	66
45	2	0.242	0.0746	69
68	3	0.242	0.0420	83
90	4	0.242	0.0371	85
113	5	0.242	0.0356	85

表 4.22 施加不同质量 TMD 钢框架顶部减振效果（工况二：纵向）

TMD 有效质量(t)	质量比 μ(%)	安装前加速度(m/s²)	安装后加速度(m/s²)	减振率(%)
22	1	0.362	0.1087	70
45	2	0.362	0.1018	72
68	3	0.362	0.0780	78
90	4	0.362	0.0753	79
113	5	0.362	0.0696	81

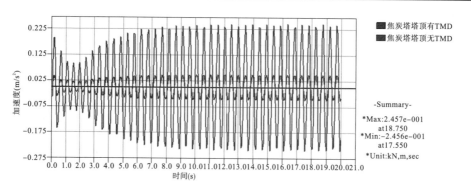

图 4.32 塔体顶部减振前后加速度响应对比

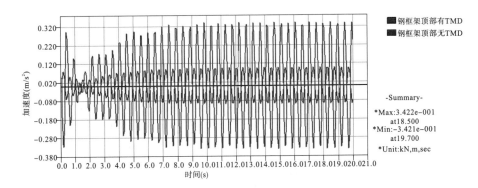

图 4.33 钢框架顶部减振前后加速度响应对比

综合以上减振计算分析，得到以下结论。

(1)工况一时(一个塔满载、一个塔空载)，第 3 阶、第 4 阶的模态频率、振型参与质量都很接近，仅仅是振动方向不同。当单个塔体顶部的 TMD 减振器的有效质量为 37t 时，钢框架及塔体的减振率可达 70%以上。在该工况下满载塔的响应明显大于空载塔的响应，两塔顶部应都安装有效质量为 37t 的 TMD 减振器。

(2)工况二时(两塔均为半载)，针对第 3 阶模态(2.22Hz)减振分析，TMD 总有效质量为 55t 时，钢框架结构及塔体的减振率才能达到 70%以上。而针对第 4 阶模态(2.36Hz)减振分析，TMD 总有效质量为 68t 时，钢框架及塔体的减振率才能达到 70%以上。该工况时，两塔的振型相同，TMD 安装于两塔引起的响应是相同的，因此对于该工况可考虑将 TMD 质量均分安装于两塔顶部。

(3)从表 4.15～表 4.22 和图 4.32、图 4.33 的分析结果可以看出，两种工况下，当质量比达到 3%时，塔体、钢框架减振率均已经达到 70%以上。而继续增大质量比(增加 TMD 有效质量)，减振率已经提高不明显，或者说再增加 TMD 有效质量对减振效果提升不大，却会带来较大的成本，且塔体需要承受更大的荷载。

(4)建议每个塔上安装的 TMD 质量控制在 40t 左右，可以达到 70%～80%的减振效果。

5)TMD 设计注意事项

(1)塔体实测振动频率在 1.63～1.88Hz 之间波动，这就对 TMD 振动频率有一定的带宽要求，至少应保证激励在 $(1-10\%) \times f \sim (1+10\%) \times f$ 的频率范围内变化时，TMD 对焦炭塔的减振率均能保证在 60%以上。

(2)塔体的振动包含各个方向，TMD 的布置应沿焦炭塔环向均匀布置(建议每个塔的 TMD 均分成 8 个小型 TMD)，且每个小型 TMD 应能满足在各个方向自由振动，各个方向的振动均能充分发挥其质量作用。

(3)TMD 应能满足现场调频的要求，调频区间不应小于 0.5Hz，应在生产工况下安装 TMD，安装过程中应不断调试，保证焦炭塔的振动能够充分转移到 TMD 系统。

5.结语

(1)焦炭塔内部物料反应、运动，对塔壁产生无规则的撞击引起焦炭塔自由振动。通过计算和理论分析，在焦炭塔顶部放置 TMD，可以起到良好的减振效果。

(2)当 TMD 有效质量比达到 3%时，塔体、钢框架减振率均已经达到 70%以上。但继续增大质量比，减振率已经提高不明显，或者说再增加 TMD 有效质量对减振效果提升不大，但这却会带来较大的成本，因此应选择最优有效质量比。

(3)塔内物料质量变化引起结构自振频率小幅度变化，这就对 TMD 振动频率有一定的带宽要求，可通过适当增加 TMD 装置的阻尼比实现。

(4)塔顶安装 TMD 之后，通过现场实际测试，钢框架和焦炭塔塔体减振率均达到 50%以上，实际减振率比计算值略低，但振幅减小一半以上，可以满足生产需要。

4.4 重型厂房钢吊车梁振动及开裂原因分析

吊车梁是工业厂房非常重要的一种结构构件，吊车梁能否正常工作直接影响着生产的正常进行。尤其炼钢厂房运行重级、特重级工作制钢吊车梁，通常吊车吨位大，吊车梁跨度大，运行频繁。对于中列柱吊车梁，往往采用柱两侧吊车梁共用制动系统，使得吊车梁及制动系统的受力尤其复杂，若设计考虑不周或存在施工质量缺陷，容易导致吊车梁系统连接节点破坏，如螺栓松动、焊缝开裂等。

1.概况

某炼钢厂房 E 列柱为格构式钢柱，柱肩梁两端分别承担精炼跨(2 台 480t 天车)和钢水接受跨(3 台 480t 天车)吊车梁，两吊车梁共用制动系统。吊车梁系统主要由吊车梁和制动系统组成，其中制动系统主要由制动板、下弦水平支撑及垂直支撑组成(图 4.34～图 4.37)。天车布置图如图 4.38 所示。

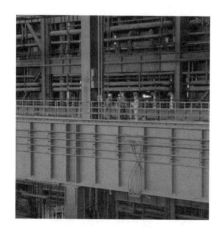

图 4.34 吊车梁外观

图 4.35 吊车梁制动系统

图 4.36　制动板与柱连接螺栓

图 4.37　支座加劲肋与下翼缘连接焊缝开裂

图 4.38　天车分布图

吊车梁材质均为 Q345-C。吊车梁标准跨度为 20m 及 28m 两种,其中 20m 跨度吊车梁截面尺寸(单位为 mm×mm):上翼缘板 1000×50,下翼缘板 700×50,腹板 3700×25,支承加劲肋 320×60,横向加劲肋 240×18,纵向加劲肋 200×14。28m 跨度吊车梁截面尺寸(单位为 mm×mm):上翼缘板 1100×100,下翼缘板 900×100,腹板 3600×30,支承加劲肋 410×60,横向加劲肋 270×20,纵向加劲肋 230×16。

制动板材质均为 Q235-B,均为带肋制动板,厚度为 12mm(两端 14mm)。制动板与吊车梁上翼缘通过 M22 扭剪型高强螺栓连接;制动板通过 24 个(双排)M22 扭剪型高强螺栓与柱连接;吊车梁上翼缘均通过 3 个 C 级 M20 普通螺栓与柱连接。

支撑系统材质均为 Q235-B,下弦水平支撑杆件截面形式为 2T195×300×10×16 或 T147×200×8×12,与吊车梁下翼缘板采用扭剪型高强螺栓连接;吊车梁约 1/3 跨度位置对称设垂直支撑,垂直支撑截面形式为 2L100×8,与吊车梁横向加劲肋焊接连接。

2.存在的损伤及缺陷

(1)从吊车梁本身及主要连接节点检查结果看,吊车梁系统节点连接存在严重缺陷,主要表现在:支座加劲肋与下翼缘板连接焊缝开裂(图 4.37)。

(2)制动板及吊车梁上翼缘与柱连接螺栓松动，部分螺栓孔存在扩大或错位等施工质量缺陷(图 4.39)。E 列 8～15 轴线范围，为吊车梁支座加劲肋与下翼缘板连接焊缝开裂严重区域，而此范围正是制动板与柱、吊车梁上翼缘与柱的连接螺栓大量松动的区域。

(3)部分水平支撑连接节点存在螺栓缺失或松动等缺陷，制动系统垂直支撑多存在人为切断、断裂、安装螺栓松动及连接板焊缝质量较差等缺陷(图 4.40、图 4.41)。

(4)吊车梁轨道啃轨现象尤为严重，轨道已被明显啃食(图 4.42)。

(5)由超声检测结果可知，抽检的 6 条支座加劲肋与下翼缘连接焊缝焊接质量均不满足二级焊接质量等级的要求。

(6)精炼跨和钢水接受跨轨道中心距偏差普遍超出规范限值。

图 4.39　螺栓孔错位或扩大，失去连接作用

图 4.40　垂直支撑被人为切断

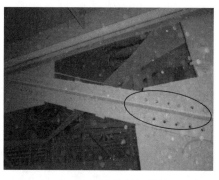

图 4.41　下弦水平支撑连接板螺栓松动或缺失

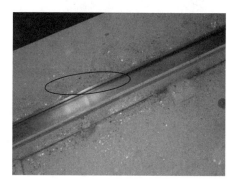

图 4.42　轨道被啃食，高度约 1cm

3.有限元仿真模拟

1)计算说明

模拟目的：①分析吊车梁在不同连接方式下，吊车梁本身及连接节点实际受力状态；②找出吊车梁支座加劲肋与下翼缘板连接焊缝开裂的原因；③确定合理的连接方式，有效传力，防止螺栓松动、焊缝开裂。

模型简述(图 4.43)：本次采用 midas Gen 有限元分析软件，吊车梁及制动板采用正四边形板单元,有限元网格标准尺寸为 100mm×100mm;水平支撑及垂直支撑采用桁架单元;吊车梁上翼缘与制动板采用刚性连接,刚性连接间距同实际螺栓间距;吊车梁上翼缘与柱的水平向连接、制动板与柱的水平向连接均采用弹性连接(根据相关文献中试验数据,摩擦型螺栓其摩擦阶段最大位移按 0.06mm 及 0.15mm 两种情况考虑,对于普通螺栓其孔壁承压阶段最大弹性位移按 1.45mm 考虑);吊车梁支座采用铰接,约束设置在支座加劲肋与吊车梁下翼缘交接处。

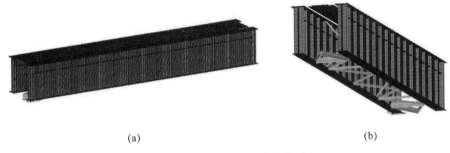

(a)　　　　　　　　　　　　　　　　　　　　(b)

图 4.43　吊车梁结构系统模型

2)荷载取值

荷载按两台天车组合下最不利值考虑:制动结构按同跨两台最大吊车(工况一)或相邻两跨各一台吊车(工况二)所产生的最大水平荷载,取两者最大值进行计算。根据《钢结构设计规范》(GB 50017—2017),计算重级工作制吊车梁及其制动结构的强度、稳定性以及连接强度时,横向水平力按最大轮压的 10%考虑。荷载分布图如图 4.44 和图 4.45 所示。

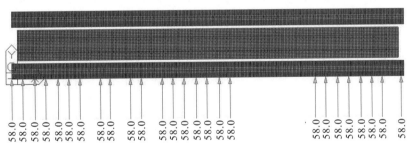

图 4.44　工况一:横向水平荷载分布图(同跨两台吊车)

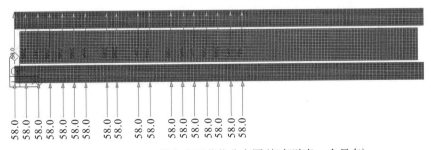

图 4.45　工况二:横向水平荷载分布图(相邻跨各一台吊车)

3)连接方式

吊车梁上翼缘与柱的连接、制动板与柱的连接按以下 7 种情况，分别计算连接位置支座反力、支座加劲肋与下翼缘交接处正应力。螺栓定义为弹性支座(水平方向)，对于 M22 高强螺栓，其摩擦阶段最大位移按 0.15mm 考虑(线性刚度为 513333kN/m)；对于普通螺栓其孔壁承压阶段最大弹性位移按 1.45mm 考虑(线性刚度为 29655kN/m)。

(1)连接方式 1：按原设计考虑，连接完好(制动板与柱通过 2 排共 24 个 M22 高强螺栓连接；吊车梁上翼缘通过 3 个 M20 普通螺栓与柱连接)。

(2)连接方式 2：制动板、吊车梁上翼缘与柱连接螺栓均失效。

(3)连接方式 3：吊车梁上翼缘与柱连接、制动板与柱连接同原设计，吊车梁上翼缘与柱连接处下方加斜支撑。

(4)连接方式 4：吊车梁上翼缘与柱连接采用 3 个 M22 高强螺栓，制动板与柱连接同原设计。

(5)连接方式 5：吊车梁上翼缘与柱连接采用 2 个 M22 高强螺栓，制动板与柱连接同原设计。

(6)连接方式 6：吊车梁上翼缘与柱连接采用 2 个 M22 高强螺栓，制动板与柱连接采用 3 排 M22 高强螺栓(每排 12 个)。

(7)连接方式 7：吊车梁上翼缘与柱连接采用 2 个 M22 高强螺栓，制动板与柱连接采用 4 排 M22 高强螺栓(每排 12 个)。

4)计算结果

不同连接方式，横向水平荷载(以工况一为例)作用下，吊车梁上翼缘、制动板支座反力以及支座加劲肋与下翼缘交接处应力见表 4.23。支座反力计算结果如图 4.46～图 4.49 所示。

表 4.23　有限元分析结果一览表(荷载工况：工况一)

连接方式	支座①最大反力		支座②最大反力		标准组合下最大应力
1	横向反力	2.0	横向反力	45	−133
	纵向反力	2.0	纵向反力	51	
	合力	2.8	合力	68	
	考虑分项系数后合力	4.0	考虑分项系数后合力	95	
2	横向反力	—	横向反力	—	76～139
	纵向反力	—	纵向反力	—	
	合力	—	合力	—	
	考虑分项系数后合力	—	考虑分项系数后合力	—	
3	横向反力	2.0	横向反力	44	−136
	纵向反力	2.0	纵向反力	48	
	合力	2.8	合力	65	
	考虑分项系数后合力	3.9	考虑分项系数后合力	91	

续表

连接方式	支座①最大反力		支座②最大反力		标准组合下最大应力
4	横向反力	24.0	横向反力	43	-128
	纵向反力	14.0	纵向反力	50	
	合力	28.0	合力	66	
	考虑分项系数后合力	39.0	考虑分项系数后合力	92	
5	横向反力	24.0	横向反力	43	-128
	纵向反力	11.0	纵向反力	50	
	合力	26.0	合力	66	
	考虑分项系数后合力	37.0	考虑分项系数后合力	92	
6	横向反力	23.0	横向反力	40	-129
	纵向反力	16.0	纵向反力	43	
	合力	28.0	合力	59	
	考虑分项系数后合力	39.0	考虑分项系数后合力	82	
7	横向反力	32.0	横向反力	39	-128
	纵向反力	14.0	纵向反力	39	
	合力	35.0	合力	55	
	考虑分项系数后合力	49.0	考虑分项系数后合力	72	

注：支座反力单位为 kN；应力单位为 MPa，拉应力为正值，压应力为负值；支座①表示吊车梁上翼缘与柱连接；支座②表示制动板与柱连接。

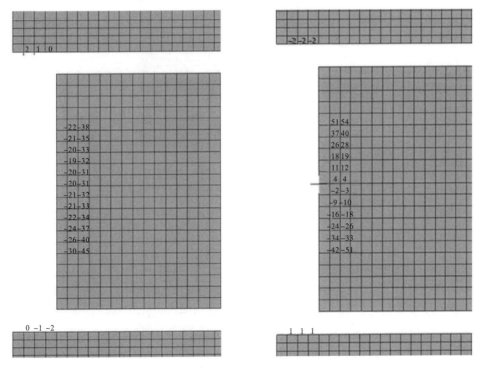

图 4.46　荷载工况一：横向支座反力(连接方式 1)　　图 4.47　荷载工况一：纵向支座反力(连接方式 1)

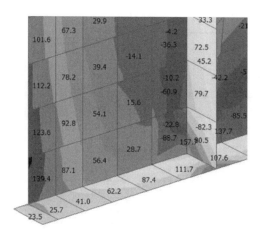

图 4.48　荷载工况一：支座加劲肋与下翼缘交接处应力云图(连接方式 2)

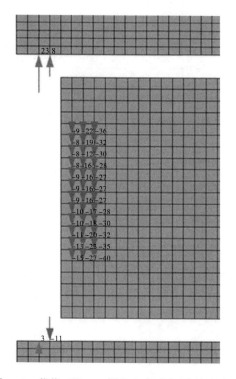

图 4.49　荷载工况一：横向支座反力(连接方式 6)

计算结果得出以下结论。

(1)连接方式 1 计算结果表明：①现状条件下，实际受力时，横向水平荷载主要由制动板与柱连接螺栓承担，吊车梁上翼缘与柱连接采用普通螺栓，由于其水平向刚度较小，所承担的水平荷载有限，可忽略不计，但横向水平力为往复动力荷载，导致吊车梁上翼缘与柱连接的普通螺栓松动破坏；②实际受力时，制动板与柱连接处存在平面内弯矩，螺栓不仅承受横向水平力，还需抵抗因支座弯矩产生的纵向约束应力，水平向合力较大(最大合力为 95kN，而高强螺栓实际承载力为 77 kN)，个别螺栓承载能力不足，导致螺栓松动,后续内力重分布引发连锁破坏。

(2)连接方式 2 计算结果表明:吊车梁上翼缘与柱连接以及制动板与柱连接失效,则支座加劲肋与下翼缘交接处正应力由压应力变为拉应力,如在荷载标准组合作用下,若连接未失效,正应力为-138MPa(压应力),失效时则变为 76~139 MPa(拉应力)。

(3)连接方式 1 以及连接方式 3~7 计算结果表明:只要吊车梁上翼缘与柱连接以及制动板与柱连接不失效,在标准荷载作用下,支座加劲肋与下翼缘交接处不会产生拉应力,且各种连接方式下,此处压应力大小基本一致。

(4)连接方式 3 计算结果表明:现状条件下,在吊车梁上翼缘与柱连接处增设斜支撑,并不能分担制动板与柱连接螺栓所承担的横向水平力。

(5)连接方式 4、5 计算结果表明:吊车梁上翼缘与柱连接螺栓可采用高强螺栓,但不宜过多,两个为宜。

(6)连接方式 6、7 计算结果表明:将高强螺栓增加为 3 排或者 4 排,并不能有效减小最外侧螺栓所承受的横向水平力,但其承受的纵向水平力有所减小,因此合力有所下降;但高强螺栓为 4 排时,最内侧一排螺栓所承担的横向水平力很小(不足 10 kN),螺栓排数并非越多越合适。

需要说明的是,以上是按单侧吊车梁承受最不利荷载(工况一)的工况考虑;当按每侧一台吊车承受最不利荷载(工况二)的工况考虑时,需设置 3 排 M30(每排 12 个)的高强螺栓方能满足制动板与柱连接处抵抗横向水平荷载的承载力要求。

4.振动及开裂原因分析

(1)吊车梁上翼缘与柱连接螺栓、制动板与柱连接螺栓普遍松动。E 列 7~15 轴线范围,为吊车梁支座加劲肋与下翼缘板连接焊缝开裂严重区域,而此范围正是制动板与柱、吊车梁上翼缘与柱的连接螺栓大量松动的区域。当制动板与柱、吊车梁上翼缘与柱的连接螺栓失效时,在吊车最不利组合工况下,支座加劲肋与下翼缘板连接处产生较大拉应力,拉应力区间为 76~139 MPa,考虑到此处并非原设计要求的 K 形熔透焊缝,而是接近角焊缝连接(焊脚高度约 14mm,计算厚度约为 10mm),因此连接处实际受力面积约为计算模型中受力面积的 1/3,实际拉应力约为 3×(76~139)=(228~417)MPa。同时,吊车梁上翼缘与柱连接螺栓、制动板与柱连接螺栓普遍松动,使得吊车梁系统横向约束能力减弱,横向位移增大。综上分析,吊车梁上翼缘与柱连接螺栓、制动板与柱连接螺栓失效,是吊车梁振动异常及其支座加劲肋与下翼缘板连接焊缝开裂的主要原因。

(2)抽检的 6 条支座加劲肋与下翼缘连接焊缝焊接质量均不满足二级焊接质量等级的要求;支座加劲肋与下翼缘连接焊缝存在明显的焊瘤、加劲肋未开坡口或坡口尺寸不足等缺陷;制动板及吊车梁上翼缘与柱连接螺栓孔存在扩大或错位等施工质量缺陷。施工质量缺陷是吊车梁振动异常及其支座加劲肋与下翼缘板连接焊缝开裂的重要原因。

(3)啃轨严重,轨道已被明显啃食。啃轨会造成卡轨力增大,导致实际水平荷载大于设计值,啃轨是导致吊车梁振动异常及其支座加劲肋与下翼缘板连接焊缝开裂的原因之一。

(4)轨道中心距偏差普遍超出规范限值,是啃轨现象普遍存在的重要原因,也是导致吊车梁振动异常及其支座加劲肋与下翼缘板连接焊缝开裂的间接原因。

5.处理方案

1)开裂焊缝处理方法

(1)将开裂焊缝采用碳弧气刨或风铲全部刨掉,原坡口过浅处刨深,坡口尺寸如图 4.50 所示。气刨后,刨槽内不允许有熔渣、熔化、烧穿、渗铜及渗碳等现象存在,否则应用砂轮机打磨干净。刨槽应进行磁粉或渗透检验,以确保缺陷的完全清除。

(2)气刨之后,可采用电弧焊。焊接前应清理焊缝内和两侧 20mm 范围内影响焊接质量的铁锈、灰尘、油槽、水、油漆等杂物。气刨后焊缝尺寸如图 4.50 所示。

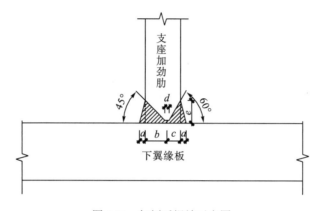

图 4.50　气刨后焊缝示意图

2)螺栓松动处理方法

(1)对于吊车梁上翼缘与柱的连接,建议将吊车梁上翼缘与柱连接方式由 3 个普通螺栓连接改为板铰连接,或仍采用普通螺栓连接,但应采取有效的防松动措施。

(2)将柱连接板及制动板均切掉,采用同规格新板重新焊接;制动板与柱连接螺栓为 3 排 M30 摩擦型高强螺栓,每排 12 个,摩擦面仍为单面。

6.结语

(1)重型工业厂房,多采用大跨度钢吊车梁,受力复杂,应保证吊车梁本身及制动系统连接焊缝、螺栓的施工质量,以免导致结构损伤,影响生产。

(2)结构设计时,对于重型吊车梁制动板与柱的连接强度计算,通常是简化计算,即:制动板与柱的连接螺栓按铰接考虑,仅承受横向水平力。而实际受力时,制动板与柱连接处存在平面内弯矩,螺栓不仅承受横向水平力,还需抵抗因支座弯矩产生的纵向约束应力,水平向合力较设计工况大。

(3)同列吊车梁共用制动桁架,制动结构承载力应按同跨两台最大吊车或相邻两跨各一台吊车所产生的最大水平荷载,取两者最大值进行计算。

4.5　选煤厂筛分楼振动原因分析与治理

1.概述

某选煤厂筛分楼为四层钢筋混凝土框架结构,局部五层,总建筑面积 1760m² (图 4.1、图 4.2)。该结构于 2009 年建成(未验收),在建成开机调试时,发现结构振动异常,为了减小振动,原设计单位对其进行补救,效果不明显,至今未投入使用。通过对该结构进行振动测试,分析其振动原因,并提出相应处理方案,以保证该结构安全正常运行。

图 4.51　筛分楼南立面　　　　　　　　　　图 4.52　筛分楼北立面

2.振动测试

1)测试设备

本次测振采用 A302 型无线加速度传感器,无线加速度传感器节点使用简单方便,极大地节约了测试中由于反复布设有线数据采集设备而消耗的人力和物力,广泛应用于振动加速度数据采集和工业设备在线监测。系统节点结构紧凑,体积小巧,由电源模块、采集处理模块、无线收发模块组成,内置加速度传感器,封装在 PPS 塑料外壳内。其中无线收发模块的使用,使无线加速度传感器的通信距离大大增加,省去了接线的限值和麻烦,提高了工作效率。

2)测点布置

本次测试共布置 18 个测点。
测试位置包括梁和板。测点布置详见图 4.53~图 4.55。

3)测试结果

本次测试分为以下 4 种工况。
(1)机器不运行,在风力作用下,通过脉动测试结构测试东西向和南北向自振频率。
(2)1 台筛子启动,测试楼盖水平和竖向振动速度。

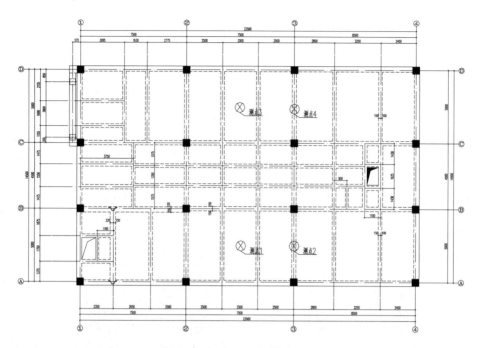

图 4.53　标高 8.7m 测点布置图

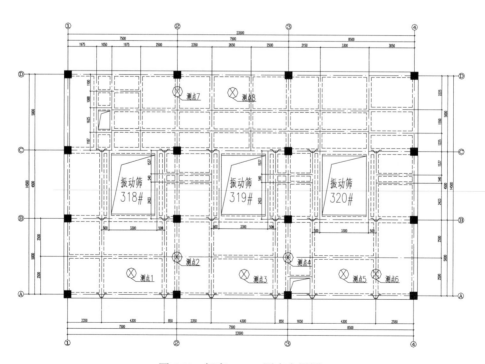

图 4.54　标高 12.3m 测点布置图

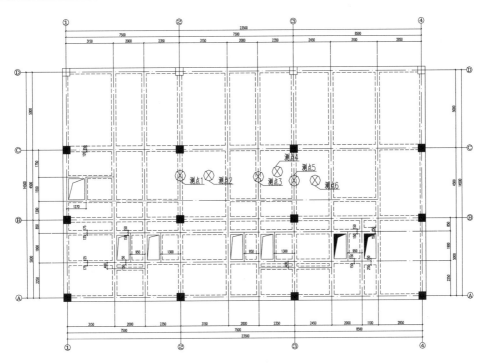

图 4.55　标高 19.3m 测点布置图

(3) 2 台筛子启动,测试楼盖水平和竖向振动速度。

(4) 3 台筛子启动,测试楼盖水平和竖向振动速度。

每个测点均进行东西向、南北向和垂直向三向测试,每个测点均给出各向最大振动速度和振动频率的实测值。测试结果总结如下。

(1) 结构东西向自振频率为 2.64Hz,南北向自振频率为 2.93Hz;振动筛空料运行时,对结构的激励频率为 14.9 Hz。

(2) 3 台振动筛陆续启动,同一测点各方向振动速度逐渐递增;设置振动筛的标高 12.3m 楼盖振动最大;各楼层竖向振动大于水平向,楼板处振动大于附近梁上振动。

(3) 3 台振动筛同时空料运行时,标高 12.3m 和标高 19.3m 楼盖竖向振动速度基本在 5mm/s 以上;标高 12.3m 楼盖振动最为剧烈,个别测点振动速度达到 11.16mm/s,超出《建筑工程容许振动标准》(GB 50868—2013)所规定的振动筛支承结构容许振动速度峰值 10.0mm/s 这一限值 11.6%。原冶金工业部为防止操作区振动超过人们的容许振动指标而制订振动容许标准,规定操作区操作人员一班内连续工作 8h 竖向最大振动速度不应大于 3.2mm/s,此筛分楼标高 12.3m 和标高 19.3m 楼盖竖向振动速度均已超过这一限值,因此操作人员不宜在筛分楼内长时间停留。

(4) 低频设备振动频率一般为 1~3Hz,这与筛分楼结构水平向自振频率非常接近;此次振动测试,低频设备未运行,因此水平向振动测试值较小。

测试结果详见表 4.24~表 4.26。振动时域图和频域图如图 4.56 和图 4.57 所示。

表 4.24　标高 12.3m 平台振动测试结果

测点编号	测试方向	振动频率(Hz)	最大速度(mm/s)	测点编号	测试方向	振动频率(Hz)	最大速度(mm/s)
1	东西向	14.9	1.76	5	东西向	14.9	2.89
1	南北向	14.9	1.18	5	南北向	14.9	2.34
1	垂直向	14.9	6.44	5	垂直向	14.9	11.16
2	东西向	14.9	0.75	6	东西向	14.9	2.45
2	南北向	14.9	0.58	6	南北向	14.9	1.89
2	垂直向	14.9	3.41	6	垂直向	14.9	7.83
3	东西向	14.9	1.44	7	东西向	14.9	0.58
3	南北向	14.9	1.12	7	南北向	14.9	0.24
3	垂直向	14.9	7.24	7	垂直向	14.9	2.11
4	东西向	14.9	1.28	8	东西向	14.9	1.05
4	南北向	14.9	1.04	8	南北向	14.9	0.98
4	垂直向	14.9	5.12	8	垂直向	14.9	4.73

表 4.25　标高 8.7m 平台振动测试结果

测点编号	测试方向	振动频率(Hz)	最大速度(mm/s)	测点编号	测试方向	振动频率(Hz)	最大速度(mm/s)
1	东西向	14.9	0.67	3	东西向	14.9	0.60
1	南北向	14.9	0.45	3	南北向	14.9	0.41
1	垂直向	14.9	2.63	3	垂直向	14.9	1.87
2	东西向	14.9	0.58	4	东西向	14.9	0.39
2	南北向	14.9	0.36	4	南北向	14.9	0.33
2	垂直向	14.9	1.65	4	垂直向	14.9	1.06

表 4.26　标高 19.3m 平台振动测试结果

测点编号	测试方向	振动频率(Hz)	最大速度(mm/s)	测点编号	测试方向	振动频率(Hz)	最大速度(mm/s)
1	东西向	14.9	0.89	4	东西向	14.9	1.69
1	南北向	14.9	0.58	4	南北向	14.9	1.35
1	垂直向	14.9	2.73	4	垂直向	14.9	6.04
2	东西向	14.9	1.78	5	东西向	14.9	1.58
2	南北向	14.9	1.15	5	南北向	14.9	1..10
2	垂直向	14.9	5.64	5	垂直向	14.9	4.46
3	东西向	14.9	1.67	6	东西向	14.9	1.68
3	南北向	14.9	1.24	6	南北向	14.9	1.24
3	垂直向	14.9	5.03	6	垂直向	14.9	5.68

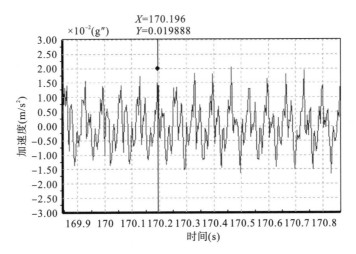

图 4.56 标高 12.3m 测点 7 竖向振动时域图

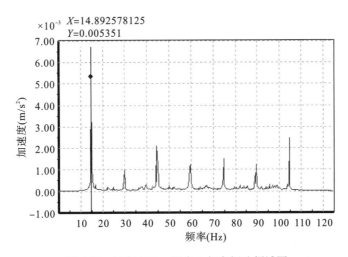

图 4.57 标高 12.3m 测点 7 竖向振动频域图

3.振动原因分析

1)竖向振动原因分析

电动机扰频与楼板次梁的自振频率之比为 0.965,由此说明次梁楼板的自振频率与机器扰频应比较接近,在共振区域范围内。

2)水平振动原因分析

①低频设备运行时,其扰频多集中在 1～3Hz,结构东西向自振频率实测值为 2.64Hz,南北向自振频率实测值为 2.93Hz,与低频设备扰频非常接近;②东西向风荷载作用下层间位移角为 1/547,略大于规范限值 1/550,由此可见结构抗侧移刚度较小,在水平动荷载作用下易发生较大幅度摆动。综上两条原因,筛分楼结构自振频率与低频设备扰频在共振区域范围内,结构抗侧移刚度较小,当筛分楼内低频设备正常工作时,结构水平向会发生明显振动。

4.治理方案

鉴于上述原因，为了减小该结构的异常振动，建议对该筛分楼结构做以下处理。

1) 竖向振动治理方案

通过增加楼板厚度、增设附梁或增设钢支撑来改变刚度，从而改变楼盖的自振频率，使其与扰频相差更大的办法来减小结构动力反应。针对此筛分楼的实际情况，建议增加标高 12.3m 楼板的厚度，并在标高为 12.3m 楼盖下方和标高 19.3m 楼盖下方增设钢斜撑杆。

2) 水平振动治理方案

①在首层（标高 8.7m 以下）增设落地钢筋混凝土剪力墙和型钢交叉支撑，以提高结构抗侧移刚度和自振频率。通过此方法处理之后，结构水平向自振频率可避开低频设备扰频，水平向振动幅度也会明显减小。②增设钢支撑或剪力墙之后，筛分楼结构自振频率均有较大幅度提高，在一定程度上可以避免与低频设备发生共振，但受现场条件限制，在首层增设剪力墙和钢支撑的位置有限；因此综合两种治理方案以增设剪力墙和同时增设部分钢支撑，可以大幅度提高结构抗侧移刚度和自振频率，能够更好地避免共振，减小振动幅值。

4.6 半自磨机基础振动测试与故障分析

1.工程概况

某矿山主厂房采用 $\phi11.0m \times 5.4m$ 双轨电动机驱动半自磨机（图 4.58、图 4.59），此半自磨机为国内自主研制成功的、国内规格最大、系统配置最高、控制性能最完善的矿磨设备，于 2012 年 8 月份正式投入使用。投入使用后发现小齿轮轴承座基础振动较大，为减小振动，该公司特对小齿轮轴承座基础做增加高度处理（增加高度约 15cm，细石混凝土浇筑），处理之后振动未得到明显缓解。对该半自磨机基础、设备台座进行振动测试，分析振动原因，并提出相应处理方案，以保证半自磨机安全正常运行。 $\phi11.0m \times 5.4m$ 双轨电动机驱动半自磨机基本参数及特征频率详见表 4.27。

图 4.58 磨机外观照片图

图 4.59 磨机、离合器及电动机

表 4.27　ϕ11.0m×5.4m 双轨电动机驱动半自磨机基本参数及特征频率

项目	参数	项目	参数
筒体内径	11000mm	同步电动机功率	6343×2kW
筒体长度	5400mm	同步电动机转频	3.125Hz
筒体有效容积	512m³	小齿轮转频	3.125Hz
筒体转速	9.74r/min	齿合频率	60Hz

2. 振动测试

1) 测试设备

本次测振采用 A302 型无线加速度传感器, 无线加速度传感器节点使用简单方便, 极大地节约了测试中由于反复布设有线数据采集设备而消耗的人力和物力, 广泛应用于振动加速度数据采集和工业设备在线监测。系统节点结构紧凑, 体积小巧, 由电源模块、采集处理模块、无线收发模块组成, 内置加速度传感器, 封装在 PPS 塑料外壳内。其中无线收发模块的使用, 使无线加速度传感器的通信距离大大增加, 省去了接线的限值和麻烦, 提高了工作效率。

2) 测点布置

本次测试共布置 17 个测点。

测试位置包括: 电动机基础、电动机台座、小齿轮轴承座基础、小齿轮轴承座台座以及出料口轴瓦基础。测点布置详见图 4.60。

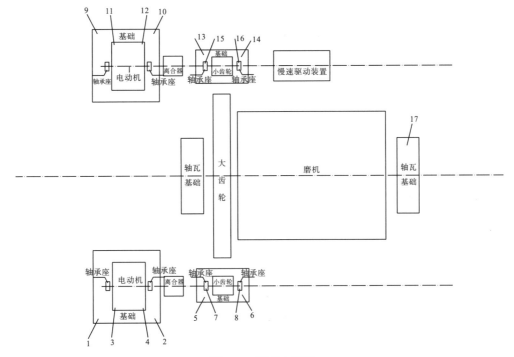

图 4.60　测点布置图

3)测试结果

每个测点均进行轴向、横向和垂直向三向测试,每个测点均给出各向最大振动加速度、最大振动速度和最大振动位移的实测值。测试结果总结如下。

(1)各个测点横向振动值明显大于轴向和竖向振动值。

(2)两电动机基础振动速度均在4mm/s以下,未超过《建筑工程容许振动标准》(GB 50868—2013)第5.8.1条及5.8.2条所规定的电动机基础容许振动速度值6.0mm/s。

(3)小齿轮轴承座基础和台座振动值明显大于电动机基础及出料口轴瓦基础振动值,南侧小齿轮轴承座基础振动尤为明显,最大振动速度达40.47mm/s(横向),最大振动位移为0.107mm(横向)。虽然振动位移未超过《建筑工程容许振动标准》(GB 50868—2013)第5.5.2条对于磨机基础所规定的容许振动限值0.2mm,但超出操作区容许振动速度6.3mm/s这一限值5倍之多。会对操作区人员身心健康以及设备正常运行产生不利影响。

测试结果详见表4.28。测点5横向振动加速度时域图和频域图如图4.61和图4.62所示。

表4.28 振动测试结果

测点编号	测点位置	测试方向	最大加速度(m/s²)	最大速度(m/s)	最大位移(mm)
1	南侧电动机基础(西)	横向	1.49	3.95	0.010
		轴向	0.79	2.10	0.006
		竖向	0.73	1.94	0.005
2	南侧电动机基础(东)	横向	1.07	2.84	0.008
		轴向	1.04	2.76	0.007
		竖向	0.76	2.02	0.005
3	南侧电动机台座(西)	横向	1.65	4.38	0.012
		轴向	0.78	2.07	0.005
		竖向	0.75	1.99	0.005
4	南侧电动机台座(东)	横向	1.02	2.71	0.007
		轴向	0.97	2.57	0.007
		竖向	0.68	1.80	0.005
5	南侧小齿轮轴承座基础(西)	横向	4.05	10.75	0.029
		轴向	2.76	7.32	0.019
		竖向	0.67	1.78	0.005
6	南侧小齿轮轴承座基础(东)	横向	15.25	40.47	0.107
		轴向	2.52	6.69	0.018
		竖向	1.50	3.98	0.011
7	南侧小齿轮轴承座台座(西)	横向	4.10	10.88	0.029
		轴向	2.52	6.69	0.018

续表

测点编号	测点位置	测试方向	最大加速度(m/s²)	最大速度(m/s)	最大位移(mm)
7	南侧小齿轮轴承座台座(西)	竖向	0.75	1.99	0.005
8	南侧小齿轮轴承座台座(东)	横向	10.08	26.75	0.071
		轴向	3.70	9.82	0.026
		竖向	1.19	3.16	0.008
9	北侧电动机基础(西)	横向	1.32	3.50	0.009
		轴向	0.75	1.99	0.005
		竖向	0.78	2.07	0.005
10	北侧电动机基础(东)	横向	1.09	2.89	0.008
		轴向	0.94	2.49	0.007
		竖向	0.66	1.75	0.005
11	北侧电动机台座(西)	横向	1.30	3.45	0.009
		轴向	0.80	2.12	0.006
		竖向	0.78	2.07	0.005
12	北侧电动机台座(东)	横向	1.12	2.97	0.008
		轴向	0.91	2.42	0.006
		竖向	0.59	1.57	0.004
13	北侧小齿轮轴承座基础(西)	横向	1.31	3.48	0.009
		轴向	0.70	1.86	0.005
		竖向	0.68	1.80	0.005
14	北侧小齿轮轴承座基础(东)	横向	2.05	5.44	0.014
		轴向	0.62	1.65	0.004
		竖向	1.01	2.68	0.007
15	北侧小齿轮轴承座台座(西)	横向	2.11	5.60	0.015
		轴向	0.83	2.20	0.006
		竖向	0.66	1.75	0.005
16	北侧小齿轮轴承座台座(东)	横向	3.74	9.93	0.026
		轴向	0.89	2.36	0.006
		竖向	0.75	1.99	0.005
17	出料口轴瓦基础	横向	1.31	3.48	0.009
		轴向	1.39	3.69	0.010
		竖向	0.79	2.10	0.006

注：测点振动频率均在 60Hz 左右。

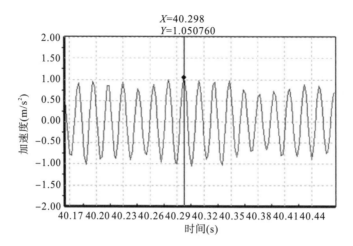

图4.61　测点5横向振动加速度时域图

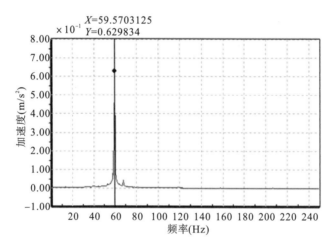

图4.62　测点5横向振动加速度频域图

3.故障诊断

墙式或块式基础的横向自振频率一般为5～12Hz，纵向自振频率一般为8～20Hz。从频谱分析结果看，引起该半自磨机异常振动的激振频率主要为59.57Hz，此激振频率为大小齿轮的齿合频率，是基础自振频率的3～12倍，有效避开了共振，且磨机基础刚度较大，基础本身、基础本身与设备连接固定无明显缺陷，因此基础及台座的振动与基础本身无关。南侧小齿轮轴承座基础及台座横向异常振动是由于大小齿轮碰撞产生的水平分力过大引起的。导致水平分力过大的原因可能有以下两点：①齿轮齿合不正确，齿合间隙大；②齿轮联轴器两轴同心度超差。

4.治理方案及效果

1)治理方案

鉴于上述原因，为了消除隐患，防止设备异常振动，建议对主厂房二期 ϕ11.0m×5.4m

双轨电动机驱动半自磨机做以下处理。

(1) 调整南侧小齿轮与大齿轮间隙，使大小齿轮齿合正常化，齿合间隙应符合技术文件要求。必须保证大小齿轮中心距、大小齿轮中心垂直距和大小齿轮中心水平距符合技术文件。

(2) 检查南侧电动机与小齿轮联轴器两轴同心度是否超差，若超差，应请设备安装专业人员进行矫正，使两轴同心度符合技术规范。

2) 治理效果

处理之后，电动机基础、小齿轮轴承座基础以及台座振动值均有所下降。小齿轮轴承座基础及台座的振动幅值明显下降，尤其是南侧小齿轮轴承座基础(东)振动速度由处理前的 40.47mm/s(横向)降为现在的 8.76mm/s(横向)，约减少了 78.35%。虽然振动速度仍略大于操作区容许振动速度 6.3mm/s 这一限值，但考虑到操作人员在半自磨机区域内工作属于间歇受振，限值可以适当放宽，因此可认为处理后半自磨机的振动不会对操作人员及设备正常运行产生不利影响。

4.7　某铜矿转运站结构竖向振动原因分析及治理

1. 工程概况

某铜矿转运站为钢筋混凝土框架结构，共 4 层(图 4.63、图 4.64)。发现各层平台由于动力设备引起的振动过大，对结构安全及操作人员正常工作均产生影响，同时该转运站结构也存在其他一些缺陷病害。

转运站主要框架柱的截面尺寸为 500mm×1000mm、600mm×800mm、700mm×700mm，一层至四层框架柱混凝土强度等级为 C30；主筋采用 II 级钢，箍筋采用 I 级钢。转运站主要框架梁的截面尺寸有 350mm×800mm、400mm×800mm、400mm×1000mm 等，框架梁混凝土强度等级为 C30；主筋采用 II 级钢，箍筋采用 I 级钢。

图 4.63　转运站外观

图 4.64　放置在第四层楼板上的电动机等设备

2.振动测试

1)测点布置图

测点布置图如图 4.65 所示。

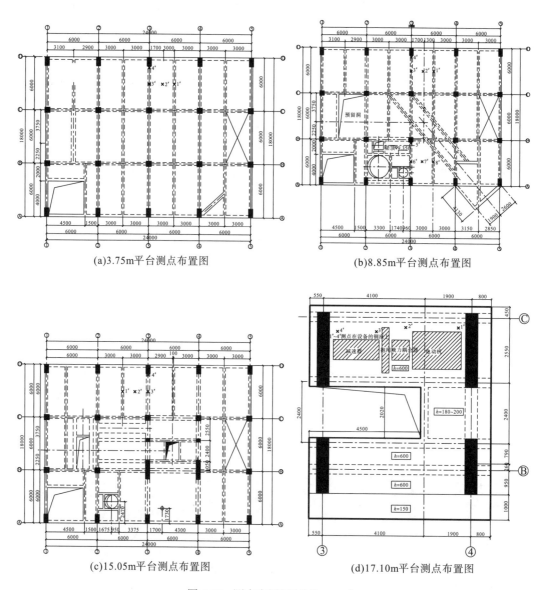

(a)3.75m平台测点布置图   (b)8.85m平台测点布置图

(c)15.05m平台测点布置图   (d)17.10m平台测点布置图

图 4.65 测点布置图(单位：mm)

2)测试结果分析

测试结果见表 4.29 和表 4.30。

表 4.29　结构构件上测振整理列表

所在楼层	测点位置	方向	振动物理量			备注
			加速度(m/s²)	速度(mm/s)	位移(mm)	
15.05m平台	次梁跨中	竖向	2.99	12.24	0.09	见 15.05m 平台测点位置平面布置图；全开，皮带机正常运转
	板跨中		5.07	15.11	0.09	
	主梁跨中		2.21	3.85	0.02	
	柱边		0.65	2.14	0.02	
	次梁跨中	竖向	2.99	10.71	0.07	见 15.05m 平台测点位置平面布置图；停机过程中
	板跨中		4.05	12.07	0.08	
	主梁跨中		1.57	3.06	0.03	
	柱边		0.67	2.10	0.02	
	次梁跨中	竖向	3.78	11.05	0.04	见 15.05m 平台测点位置平面布置图；开机过程(没矿料)
	板跨中		8.09	15.93	0.03	
	主梁跨中		2.25	6.20	0.01	
	柱边		0.73	1.15	<0.01	
	次梁跨中	水平横向	0.32	0.55	0.02	见 15.05m 平台测点位置平面布置图；全开，皮带机正常运转
	板跨中		1.69	1.46	0.02	
	主梁跨中		1.55	2.51	0.02	
	柱边		1.04	2.26	0.01	
	次梁跨中	水平纵向	0.30	0.37	0.01	见 15.05m 平台测点位置平面布置图；全开，皮带机正常运转
	板跨中		1.45	1.76	0.01	
	主梁跨中		2.16	2.65	0.09	
	柱边		0.70	2.19	0.02	
8.85m平台	次梁跨中	竖向	1.35	6.62	0.06	测点位置在除尘器旁楼面梁、板(见 8.85m 平台测点布置图中 5#、6#、7#、8#)；机器全开，皮带机正常运转、除尘器开动
	板跨中		3.10	9.58	0.06	
	主梁跨中		1.00	2.35	0.01	
	柱边		0.54	2.67	0.02	
	次梁跨中	水平纵向	0.54	1.14	0.01	测点位置在除尘器旁楼面梁、板(见 8.85m 平台测点布置图中 5#、6#、7#、8#)；机器全开，皮带机正常运转、除尘器开动
	板跨中		0.68	0.84	0.02	
	主梁跨中		0.89	1.17	0.01	
	柱边		0.66	0.78	0.01	
	次梁跨中	水平横向	0.39	0.77	0.01	测点位置在除尘器旁楼面梁、板(见 8.85m 平台测点布置图中 5#、6#、7#、8#)；机器全开，皮带机正常运转、除尘器开动
	板跨中		0.72	1.07	0.02	
	主梁跨中		0.70	0.78	0.01	
	柱边		0.73	0.72	0.01	
	次梁跨中	竖向	3.60	19.49	0.23	见 8.85m 平台测点布置图中 1#、2#、3#、4#；机器全开，皮带机正常运转、除尘器开动
	板跨中		3.85	13.94	0.11	
	主梁跨中		0.81	2.35	0.03	
	柱边		0.48	1.55	0.01	

所在楼层	测点位置	方向	振动物理量			备注
			加速度(m/s²)	速度(mm/s)	位移(mm)	
8.85m平台	次梁跨中	水平纵向	0.63	2.17	0.02	见8.85m平台测点布置图中1#、2#、3#、4#；机器全开，皮带机正常运转、除尘器开动
	板跨中		0.75	2.27	0.02	
	主梁跨中		0.35	0.71	0.06	
	柱边		0.32	1.74	0.06	
	次梁跨中	水平横向	0.90	2.15	0.05	见8.85m平台测点布置图中1#、2#、3#、4#；机器全开，皮带机正常运转、除尘器开动
	板跨中		0.63	0.77	0.01	
	主梁跨中		0.49	0.62	0.02	
	柱边		0.60	0.73	<0.01	
3.75m平台	次梁跨中	竖向	2.03	12.18	0.12	见3.75m平台测点布置图中1#、2#、3#、4#；机器全开，皮带机正常运转、除尘器开动
	板跨中		1.52	6.55	0.07	
	主梁跨中		0.67	2.55	0.01	
	柱边		0.31	0.91	0.01	
	次梁跨中	水平纵向	0.31	1.88	0.22	见3.75m平台测点布置图中1#、2#、3#、4#；机器全开，皮带机正常运转、除尘器开动
	板跨中		0.35	1.00	0.01	
	主梁跨中		0.42	0.95	0.01	
	柱边		0.33	1.01	0.01	
	次梁跨中	水平横向	0.47	0.97	0.01	见3.75m平台测点布置图中1#、2#、3#、4#；机器全开，皮带机正常运转、除尘器开动
	板跨中		0.31	0.69	0.01	
	主梁跨中		0.26	0.63	0.02	
	柱边		0.40	0.52	<0.01	

表4.30　动力设备基座上测振整理列表

所在楼层	测点位置	方向	振动物理量			备注
			加速度(m/s²)	速度(mm/s)	位移(mm)	
17.1m平台动力设备铁架上	1#	竖向	22.90	16.64	0.15	见17.10m平台测点布置图中1#、2#、3#、4#；全开，皮带机正常运转
	2#		11.85	6.95	0.05	
	3#		10.82	7.79	0.04	
	4#		5.83	4.94	0.04	
	1#	水平横向	21.73	18.63	0.06	见17.10m平台测点布置图中1#、2#、3#、4#；全开，皮带机正常运转
	2#		11.67	14.04	0.08	
	3#		24.03	30.24	0.17	
	4#		17.60	24.77	0.22	
	1#	水平纵向	18.44	9.88	0.04	见17.10m平台测点布置图中1#、2#、3#、4#；全开，皮带机正常运转
	2#		6.13	3.08	0.02	
	3#		14.50	8.86	0.07	
	4#		9.14	8.51	0.05	

3)测试结果表明如下结论。

(1)结构构件的振动响应为:竖向振动较大,因各层框架设有刚性斜撑,水平向振动较小。

(2)15m 平台机头开机时振动(加速度、速度)较正常运转时大。

(3)15m 平台机头设备台座上的振动均较大,明显大于楼板结构。其中水平横向最大,竖向、水平纵向次之。

(4)8.85m 平台的除尘器的振动引起的结构振动反应较小,可不对其进行处理。

(5)操作区的允许振动速度在垂直方向为 6.4mm/s 。可见,各层平台的竖向振动速度大大超过了限值,各层楼板上的振动量级对操作人员的影响较大。对于振动对建筑物安全的影响,根据 ISO 推荐的建筑振动标准,振动速度超过 10mm/s 时有可能损坏。该转运站设备振动对建筑结构损伤也有影响,影响稍小。

(6)根据《动力机器基础设计规范》(GB 50040—1996)中对电动机基础在机器正常运转时的允许振动线位移为:机器转速 3000r/min 时为 0.02mm,机器转速 1500r/min 时为 0.04mm。该机器转速为 1485r/min,允许振动线位移比 0.04mm 稍大。不论是现场用手持测振仪还是对加速度积分得到的振动线位移都超过规范的允许值,结构振动反应较大,应对该超限振动进行治理。

(7)实测的楼板竖向振动频率为 24.41Hz,与楼面次梁楼板的竖向自振频率比较接近。

(8)17.1m 平台 150mm 厚悬挑板处振动较大的原因为该处悬挑,刚度较小。

3.振动原因分析

电动机扰频为 24.75Hz,与次梁、楼板的竖向自振频率比较接近,因此振动较大。而框架柱及框架主梁的刚度较大,且布置有刚性斜撑,竖向自振频率也比较大,与机器扰频相差较大,基本避开了共振区,因此振动较小。

假定楼板活荷载按实际情况折减后取 $1kN/m^2$,则有

楼板恒载:$3 \times 0.15 \times 25 = 11.25kN/m$

次梁恒载:$0.3 \times 0.55 \times 25 = 4.125kN/m$

$$q = 3 \times 1 + 11.25 + 4.125 = 18.375kN/m = 1.875t/m$$

把质量集中在次梁中点位置 C 处,则有

$$m_c = 1.875 \times 6/2 = 5.625t$$

右侧支承主梁柔度:

$$\delta_r = \frac{3000^3 \times 3000^3}{3 \times 30000 \times 1.152 \times 10^{11} \times 6000^3} = 3.25 \times 10^{-7} mm/N$$

左侧支承主梁柔度:

$$\delta_l = \frac{3000^3 \times 3000^3}{3 \times 30000 \times 4.375 \times 10^{10} \times 6000^3} = 8.57 \times 10^{-7} mm/N$$

次梁柔度:

$$\delta_c' = \frac{3000^2 \times 3000^2}{3 \times 30000 \times 1.715 \times 10^{10} \times 6000} = 8.746 \times 10^{-6} mm/N$$

考虑弹性支座后的次梁柔度：

$$\delta_c = \delta_c' + (3.25\times10^{-7} + 8.57\times10^{-7})/4 = 9.0415\times10^{-6}\,\text{mm/N}$$

圆频率：

$$\omega = \sqrt{\frac{1}{m_c\delta_c}} = \sqrt{\frac{1}{5.625\times9.0415\times10^{-6}}} = 140.22\,\text{rad/s}$$

折算成次梁的自振频率为

$$f = \omega/2\pi = 140.22/6.28 = 22.328\,\text{Hz}$$

电动机扰频与次梁的自振频率之比为

$$\frac{24.75}{22.328} = 1.108$$

可见电动机扰频与次梁的自振频率比较接近。

虽然在计算次梁自振频率时做了简化和假定，次梁的计算自振频率与实际自振频率间存在偏差，但可以判断次梁楼板的自振频率与机器扰频应比较接近，在共振区域范围内。

针对结构振动较大的实际情况以及现场实际条件的限制，比较稳妥的办法有以下3点。

（1）建议先与电动机生产厂家的相关技术人员沟通交流，检查确认电动机的振动是否偏大，是否存在电动机自身缺陷，进行排查。

（2）从理论上说通过设置隔振器对电动机进行主动隔振的办法比较理想，可以有效减小振动设备对结构构件的能量输出，从而减小结构的动力反应。但是受现场实际条件的限制，增设隔振器要抬高动力设备（约100～200mm），同时改变动力设备在结构上的安装方式，虽能减小结构的动力反应，但有可能影响到动力设备的正常工作。因此，可以优先考虑改变楼板的自振频率来达到减小结构振动较大的现状。

（3）通过增加楼板厚度或增设附梁来改变质量、刚度，从而改变次梁楼板的自振频率，使其与扰频相差更大的办法来减小结构动力反应。

在与转运站负责相关设备的技术人员及电动机生产厂家的技术人员讨论协商确认采用主动隔振确实可行后，方可进行主动隔振方案的实施。

4.处理措施

（1）设备本身的检查及故障缺陷排除：先与电动机生产厂家的相关技术人员沟通交流，检查确认电动机的振动是否偏大，是否存在电动机自身缺陷，进行排查。

（2）增设楼面附梁及增加楼面板厚：通过增加楼板厚度或增设附梁来改变质量、刚度，从而改变次梁楼板的自振频率，加大楼板频率与扰频的差值来减小结构动力反应。

（3）主动隔振：从源头上治理振动过大的问题，对15.05m平台电动机等动力设备进行主动隔振，可考虑设置橡胶垫或钢弹簧阻尼隔振器。

理论上通过设置隔振器对电动机进行主动隔振的办法比较理想，可以有效减小振动设备对结构构件的能量输出，从而减小结构的动力反应。但是受现场实际条件的限制，增设隔振器要在基座位置抬高动力设备（约100～200mm），同时改变动力设备在结构上的安装方式，因此需要与相关设备的技术人员讨论协商确认后，方可进行主动隔振方案的实施，以保证不影响动力设备的正常工作模式。

4.8　某钢框架结构筛分楼振动分析与处理

1.工程概况

某选煤厂主洗车间为 8 层钢框架结构,墙体围护结构为彩钢板(图 4.66)。总建筑面积为12224.79m²。该厂房于 2004 年建成投入使用。车间内主要设备有 2 台胶带机,4 台分级脱泥筛,2 台精煤脱介筛,2 台精煤离心机,1 台块精煤破碎机,2 台矸石脱介筛,2 台重介泵,1 台稀介泵,2 台磁选机,2 台脱泥弧形筛,2 台末煤脱泥筛,2 台末精煤脱介筛,1 台矸石脱介筛,3 台磁选机等。

该车间在经过 10 年左右时间使用后,目前发现部分梁柱锈蚀严重,部分梁柱连接节点板及高强螺栓也锈蚀严重,同时发现在开启振动筛后车间振动比使用初期大(图 4.67)。

图 4.66　厂房外观

图 4.67　主次梁连接缺陷

2.振动测试

各测点测试结果见表 4.31。

表 4.31　各测点振动速度峰值测试结果

测点	横向速度峰值(mm/s)	纵向速度峰值(mm/s)	竖向速度峰值(mm/s)	振动频率(Hz)
1	4.3	3.9	10.0	15.1
2	5.2	4.6	28.9	15.3
3	4.5	4.2	26.5	15.4
4	5.3	4.9	37.8	15.1
5	5.2	5.1	25.5	15.1
6	4.1	4.4	35.3	15.1
7	3.8	4.2	19.7	15.1
8	12.4	8.9	40.3	15.1

测点	横向速度峰值(mm/s)	纵向速度峰值(mm/s)	竖向速度峰值(mm/s)	振动频率(Hz)
9	7.2	6.5	21.9	15.4
10	4.0	4.5	8.4	15.1
11	9.4	4.8	37.4	15.1
12	4.2	4.0	12.8	15.2
13	4.9	4.4	12.0	15.1
14	4.8	4.6	11.5	14.9
15	3.5	3.3	24.7	15.1
16	2.4	3.2	14.2	14.9
17	3.1	2.8	14.2	15.1
18	3.6	3.9	11.9	15.0

《建筑工程容许振动标准》(GB 50868—2013)第 5.11.1 条规定：振动筛支承结构的平台，水平及竖向容许振动速度峰值为 10mm/s。振动测试结果表明：各楼层水平向振动速度峰值均小于 10mm/s，满足规范要求；但竖向振动峰值普遍超出规范要求，所布置的 18 个测点中有 17 个测点的振动速度峰值大于 10mm/s，其中振动最大的测点振动速度峰值为 40.3mm/s，超出规范限值 3 倍之多。

3.振动原因分析

1)规范本身存在瑕疵

《选煤厂建筑结构设计规范》(GB 50583—2010)第 6.3.11 条中梁的自振频率计算公式未分主、次梁，不考虑端部支承条件，统统按两端简支且不考虑弹性支座来进行计算，这样计算的结果是次梁的计算自振频率偏大，而实际自振频率较小；主梁的计算自振频率偏小，而实际自振频率较大。这样有可能与动力设备频率接近而处在共振区。

2)设计方面

支承厂房内部动力设备的结构构件均为钢结构梁、柱及钢格板楼面，构件本身刚度不足，变形或振动振幅较大，且梁、板构件的自振频率易与动力设备的扰频接近而不利于抗振。

3)施工方面

部分梁节点位置焊缝缺陷，螺栓松动或掉落。

4.处理方案

(1)对于框架柱水平振动较大处，可以在适当位置增设柱间支撑或增设钢柱，减少振动；对于振动较大的钢梁，采用加大截面或增加斜撑的方法增大其刚度，减少振动(图 4.68)。

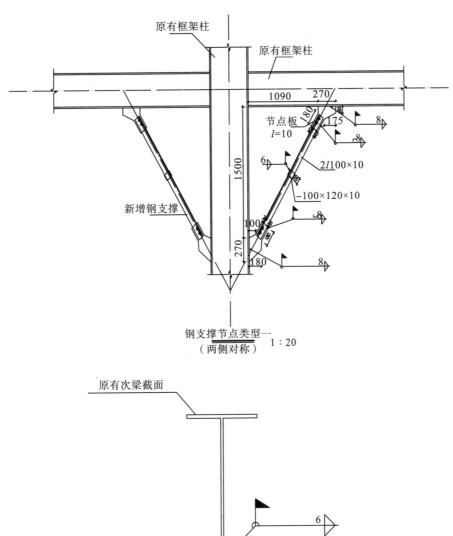

钢支撑节点类型一
（两侧对称）1∶20

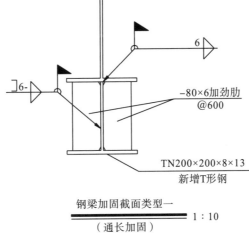

钢梁加固截面类型一
（通长加固）1∶10

图 4.68　加大截面示意图

(2) 在设备台座下增设隔振器，或在振动较大部位布置调谐质量阻尼器(图 4.69、图 4.70)。

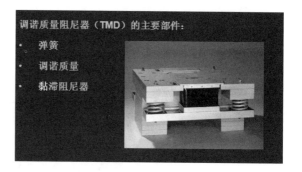

图 4.69　台座下增设隔振器　　　　　　　　　　图 4.70　调谐质量阻尼器

(3)格栅板上设置减振垫或花纹钢板,以减少振动(图 4.71)。

图 4.71　减振垫

4.9　某出铁厂栈桥晃动原因分析

1.工程概况

某钢厂 2500m³ 高炉出铁厂栈桥为混凝土简支梁式桥,标准跨度 16.0m,标准坡度 10.0%,车辆行驶时,栈桥水平向晃动明显。横剖面图及三维模型如图 4.72 和图 4.73 所示。

2.振动原因分析

(1)伸缩缝破损、破坏,原有缓冲作用消失,而且由于安装原因,伸缩缝宽度不一,个别位置宽度过大,导致冲击作用较大而跳车。

(2)梁支座未设置隔振装置,仅能纵向伸缩,无减振作用。

(3)栈桥柱线刚度不足,导致桥整体性及动力性能较差,使该桥振幅和冲击系数相对较大,是行人或行车感觉不安全的主要原因。

(a)　　　　　　　　　　　　　　(b)

图 4.72　栈桥单跨三维模型图

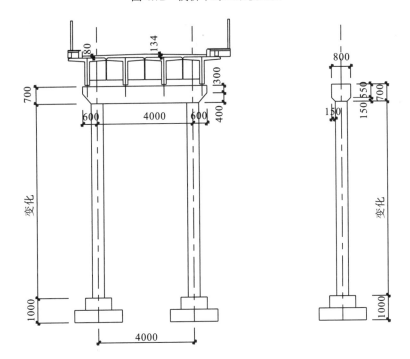

图 4.73　混凝土框架横剖面图

3.处理方案

(1)桥面伸缩缝的处理:将接缝处按照原设计方式进行恢复,原铁皮内衬托件改为 V 形钢板内衬托件[图 4.74(a)]。

(2)目前桥梁的酥碎、破损、锈蚀等局部缺陷,应尽快予以处理,对整桥进行一次耐久性保护液涂刷处理。

(3)对栈桥柱采取增大截面法进行加固处理[图 4.74(b)]。

(4)对通行车辆进行限载,避免超载现象,控制通行速度。

(5)在施工完成后进行逐级加载运行试验,以确保安全使用。

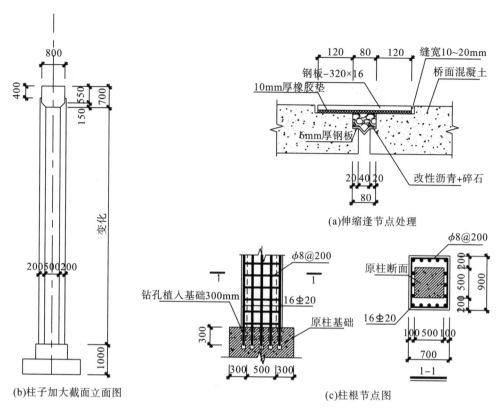

图 4.74 加固处理图

参 考 文 献

曹晓岩, 李晓莉, 李立新, 等. 2004. 桩-土-结构相互作用地震反应分析[J]. 世界地震工程, 20(1): 90-94.

曹艳梅, 夏禾. 2002. 振动对建筑物的影响及其控制标准[J]. 工程力学, (S1): 388-392.

昌学年. 2009. 位移传感器的发展与研究[J]. 计量与测试技术, 36(9). 42-44.

陈功奇, 高广运. 2014. 层状地基中填充沟对不平顺列车动荷载的隔振效果研究[J]. 岩石力学与工程学报, 33(1): 144-153.

邓宇强. 2013. 某大型 TFT 液晶面板厂结构设计[J]. 中国高新技术企业, (17): 13-15.

樊娜. 2011. 钢结构通廊振动分析及减振设计[D]. 西安: 西安建筑科技大学.

高广运, 李志毅, 邱畅. 2005. 填充沟屏障远场被动隔振三维分析[J]. 岩土力学, 26(8): 1184-1188.

高广运, 杨先健, 王贻荪, 等. 1997. 排桩隔振的理论与应用[J]. 建筑结构学报, 18(4): 58-69.

高广运, 张博, 李宁, 等. 2010. 高科技电子工业厂房微振动测试分析[C]//第十一次全国岩石力学与工程学术大会.

高广运. 1998. 非连续屏障地面隔振理论与应用[D]. 杭州: 浙江大学.

葛阿威. 2014. 钢筋混凝土筛分车间的动力特性分析和振动控制研究[D]. 西安: 西安建筑科技大学.

郭安薪, 徐幼麟, 李惠. 2004. 高科技厂房精密仪器工作平台的微振混合控制[J]. 地震工程与工程振动, 24(1): 161-165.

胡春林, 高波, 杨小卫. 2007. 上部结构刚度改变对桩基地震反应的影响[J]. 工程力学, 24(5): 145-150.

胡春林, 杨小卫. 2006. 地震作用下结构刚度对桩基内力的影响[J]. 建材世界, 227(2): 83-86.

胡瑞星. 2012. 输煤栈桥钢桁架的动力特性分析及振动控制研究[D]. 西安: 西安建筑科技大学.

胡晓勇, 熊峰. 2006. 高科技厂房结构微振响应分析[J]. 地震工程与工程振动, 26(4): 56-62.

胡晓勇. 2006. 高科技厂房微振响应分析[D]. 成都: 四川大学.

黄健, 娄宇, 王庆扬. 2008. 高科技厂房楼盖体系的人行振动控制[J]. 建筑结构, (8): 98-101.

黄勤. 2008. 高精密设备平台微振动混合控制理论研究[D]. 哈尔滨: 哈尔滨工业大学.

纪国宜. 2015. 振动测试与分析技术综述[J]. 综述与展望, 40(3): 1-5.

蒋晓东, 李建光, 杨小卫. 2007. 地震作用下上部结构刚度改变对基桩受力的影响[J]. 世界地震工程, 23(3): 108-112.

雷自学, 屈尚文, 王丹, 等. 2010. 微电子厂房结构微振动响应研究[J]. 建筑技术, 41(9): 860-862.

雷自学, 屈尚文, 袁卫宁. 2011. 阻尼比对微电子厂房微振动响应的影响研究[J]. 四川建筑科学研究, 37(4): 176-179.

李承铭, 李海旺, 赵红华, 等. 1997. 太钢烧结厂厂房动力实测与分析[J]. 太原理工大学学报, (S1): 60-63.

李特威. 2003. 屏障对地面激励隔振性能的分析和试验研究[D]. 长沙: 湖南大学.

李志毅, 高广运, 邱畅, 等. 2005. 多排桩屏障远场被动隔振分析[J]. 岩石力学与工程学报, 24(21): 3990-3995.

刘焱. 2013. 位移传感器的技术发展现状与发展趋势[J]. 自动化技术与应用, 32(6): 76-80.

刘洋. 2005. 混凝土重力坝的抗震性能研究[D]. 北京: 中国农业大学.

刘宇. 2010. 加速度传感器的检测应用研究进展[J]. 计量与测试技术, 37(10): 24-25.

陆建飞, 张旭, 李传勋. 2014. 联结式排桩隔振系统及其数值模拟[J]. 岩土工程学报, (7): 1316-1325.

邱德修, 樊开儒. 2010. 多层工业厂房的振动问题分析[J]. 工业建筑, 40(S1): 510-513.

邱腾蛟. 2014. 工业厂房结构微振控制技术研究[D]. 西安: 长安大学.

屈尚文. 2011. 微电子厂房结构微振动响应研究[D]. 西安: 长安大学.

王凤霞, 何政, 欧进萍. 2003. 桩-土-结构动力相互作用的线弹性地震反应分析[J]. 世界地震工程, 19(2): 58-66.

王田友. 2007. 地铁运行所致环境振动与建筑物隔振方法研究[D]. 上海: 同济大学.

王贻荪. 1982. 地面波动分析若干问题[J]. 建筑结构学报, (2): 56-67.

吴金华, Immonen M, 罗永红. 2010. 光导印制板工艺研究与开发[C]//2010 中国电子制造技术论坛论文集.

吴英华. 1985. 隔振壁的设计及其隔振效果[J]. 噪声与振动控制, (2): 18-24.

肖晓春, 林皋, 迟世春. 等. 2002. 桩-土-结构动力相互作用的分析模型与方法[J]. 世界地震工程, 18(4): 123-130.

谢彦波, 李杰. 2012. 无高架地板的"洞洞板"系统在大面积高洁净等级厂房中的应用[J]. 洁净与空调技术, (4): 43-46.

徐斌. 2009. 移动荷载引起饱和土动力响应及排桩隔振研究[D]. 上海: 上海交通大学.

徐建. 2016. 建筑振动工程手册[M]. 2 版. 北京: 中国建筑工业出版社: 61-63.

徐满清. 2010. 饱和土体中排桩对移动荷载的被动隔振效果分析[J]. 岩土力学, 31(12): 3997-4005.

徐平, 周新民, 夏唐代. 2015. 应用屏障进行被动隔振的研究综述[J]. 地震工程学报, 37(1): 88-93.

薛建阳, 翟磊, 闫春生. 2015. 高层转运站结构的动力分析及振动控制研究[J]. 西安建筑科技大学学报(自然科学版), 47(4): 477-481.

杨先健. 2013. 土-基础的振动与隔振[M]. 北京: 中国建筑工业出版社.

俞渭雄, 陈骝, 娄宇. 2006. IC 工厂的防微振设计[J]. 洁净与空调技术, (4): 46-50.

张春良, 梅德庆, 陈子辰. 2003. 微制造平台微振动的最优控制[J]. 振动工程学报, 16(3): 326-330.

张坤, 芦白茹. 2011. 电子厂房防微振设计的发展与问题研究[J]. 科海故事博览·科技探索, (3): 79.

张誉, 王汝恒, 贾彬. 2008. 典型框架结构的振动分析与隔振控制处理[J]. 西南科技大学学报, 23(2): 28-30.

赵本. 2006. 场地微动作用下防微振平台的振动分析[D]. 上海: 同济大学.

赵宁. 2008. 高科技厂房微振动混合控制的算法研究[D]. 哈尔滨: 哈尔滨工业大学.

朱彬. 2005. 城市地下工程结构抗震分析研究[D]. 西安: 西安科技大学.

Astley R J. 1983. Wave envelope and infinite elements for acoustic radiation[J]. Int. J. Num. Meth. Fluids, 3(5): 507-526.

Beer G, Meek J L. 1981. Infinite domain elements[J]. Int. J. Num. Meth. Eng., 17(1): 43-52.

Bettess P, Zienkiewicz O C. 1977. Diffraction and refraction of surface waves using finite and infinite elements[J]. Int. J. Num. Meth. Eng., 11(8): 1271-1290.

Bettess P. 1977. Infinite elements[J]. Int. J. Num. Meth. Eng., 11(1): 53-64.

Chang K C, Wu F B, Yang Y B. 2011. Disk model for wheels moving over highway briges with rough surfaces[J]. Journal of Sound and Vibration, 330(20): 4930-4944.

Chow Y H, Smith I M. 1981. Static and periodic infinite solid elements[J]. Int. J. Num. Meth. Eng., 17(4): 503-526.

Cole J D, Huth J H. 1956. Elastic stresses produced in a half plane by steadily moving loads[R]. Rand Corp Santa Monica Calif.

Dieterman H A, Metrikine A. 1996. The equivalent stiffness of a half-space interacting with a beam. Critical velocities of a moving load along the beam[J]. Euro. J. Meth., 15: 67-90.

Dieterman H A, Metrikine A. 1997. Critical velocities of a harmonic load moving uniformly along an elastic layer[J]. J. Appl. Mech, 64(3): 597-600.

Eason G. 1965. The stresses produced in a semi-infinite solid by a moving surface force[J]. Int. J. Eng. Sci., 2(6): 581-609.

Esveld C. 1989. Modern Railway Track[M]. Duisburg: MRT-Productions.

Ewing W M, Jardetzky W S, Press F, et al. 1957. Elastic waves in layered media[J]. Physics Today, 10: 27.

Filippov A P. 1961. Steady state vibrations of an infinite beam on an elastic half-space subjected to a moving load[J]. Izvestija AN

SSSR OTN Mehanika i Mashinostroenie, 6: 97-105.

Gordon C. 1992. Generic criteria for vibration-sensitive equipment[J]. Proceedings of SPIE - The International Society for Optical Engineering, 1619: 71-85.

Gupta S, Degrande G, Lombaert G. 2009. Experimental validation of a numerical model for subway induced vibrations[J]. J. Sound Vib., 321(3-5): 786-812.

Gupta S, Liu W F, Degrande G, et al. 2008. Prediction of vibrations induced by underground railway traffic in Beijing[J]. J. Sound Vib., 310(3): 608-630.

Haupt A W. 1989. Model tests on screening of surface waves[C]//Proceedings of the 10th international conference on soil mechanics and foundation engineering, 215-222.

Holzlöhner U. 1980. Vibrations of the elastic half-space due to vertical surface loads[J]. Earthquake Engineering & Structural Dynamics, 8(5): 405-414.

Honjo Y, Pokharel G. 1993. Parametric infinite elements for seepage analysis[J]. Int. J. Num. Anal. Meth. Geomechanics, 17(1): 45-66.

Hung H H, Chen G H, Yang Y B. 2013. Effect of railway roughness on soil vibrations due to moving trains by 2.5D finite/infinite element approach[J]. Eng. Struct., 57: 254-266.

Hung H H, Kuo J, Yang Y B. 2001. Reduction of train-induced vibrations on adjacent buildings[J]. Struct Eng Mech. 11(5): 503-518.

Hung H H, Yang Y B, Chand D W. 2004. Wave barriers for reduction of train-induced vibrations[J]. ASCE Journal of Geotechnical and Geoemvironmental Engineering 130(2): 1283-1291.

Hung H H, Yang Y B. 2001. Elastic waves in visco-elastic half-space generated by various vehicle loads[J]. Soil Dyn. Earthquake Eng, 21(1): 1-17.

Hung H H, Yang Y B. 2010. Analysis of ground vibrations due to underground trains by 2.5D finite/infinite element approach[J]. Earthquake Eng. Eng. Vib., 9(3): 327-335.

Hwang J S, Hung C F, Huang Y N, et al. 2012. Design Force transmitted by isolation system composed of lead-rubber bearings and viscous dampers[J]. International Journal of Structural Stability & Dynamics, 10(2): 287-298.

Israil A S M, Ahmad S. 1989. Dynamic vertical compliance of strip foundations in layered soils[J]. Earthq. Eng. & Struct. Dyn., 18(7): 933-950.

Kajiwara K, Hayatu M, Imaoka S, et al. 1997. Application of large-scale active microvibration control system using piezoelectric actuators to semiconductor manufacturing equipment[J]. Proceedings of SPIE - The International Society for Optical Engineering, 63(615): 258-269.

Karasudhi P, Liu Y C. 1993. Vibration of elastic and viscoelastic multi-layered spaces[J]. Struct. Eng. and Mech. Int. J., 1(1): 103-118.

Kattis S E, Polyzos D, Beskos DE. 1999a. Modelling of pile wave barriers by effective trenches and their screening effectiveness[J]. Soil Dynamics and Earthquake Engineering, 18(1): 1-10.

Kattis S E, Polyzos D, Beskos DE. 1999b. Vibration isolation by a row of piles using a 3‐D frequency domain BEM[J]. International Journal for Numerical Methods in Engineering, 46(5): 713-728.

Labra J J. 1975. An axially stressed railroad track on an elastic continuum subjected to a moving load[J].Acta. Mech., 22(1): 113-129.

Lamb H. 1904. On the propagation of tremors over the surface of an elastic solid[J].Philosophical Transactions of the Royal Society of London, 203(359-371): 1-42.

Lau S L, Ji Z. 1989. An efficient 3-D infinite element for water wave diffraction problems[J]. Int. J. Num. Meth. Eng., 28(6): 1371-1387.

Liang X, Yang Y B, Ge P, et al. 2017. On computation of soil vibrations due to moving train loads by 2.5D approach[J]. Soil Dynam Earthquake Eng., 101: 204-208.

Lin K C, Hung H H, Yang J P, et al. 2016. Seismic analysis of underground tunnels by the 2.5D finite/infinite element approach[J]. Soil Dynam Earthquake Eng., 85: 31-43.

Lu J F, Jeng D S, Wan J W, et al. 2013. A new model for the vibration isolation via pile rows consisting of infinite number of piles[J]. International Journal for Numerical & Analytical Methods in Geomechanics, 37(37): 2394–2426.

Lu J F, Zhang X, Zhang R. 2014. A wavenumber domain boundary element model for the vibration isolation via a new type of pile structure: linked pile rows[J]. Archive of Applied Mechanics, 84(3): 401-420.

Medina F, Penzien J. 1982. Infinite elements for elastodynamics[J]. Earthq. Eng. & Struct. Dyn., 10(5): 699-709.

Medina F, Taylor R L. 1983. Finite element techniques for problems of unbounded domains[J]. Int. J. Num. Meth. Eng., 19(8): 1209-1226.

Metrikine A V, Popp K. 1999. Vibration of a periodically supported beam on an elastic half-space[J]. Euro. J. Mech., 18(4): 679-701.

Nakamura Y, Yasuda M, Fujita T. 1999. Development of active 6-DOF microvibration control system using giant magnetostrictive actuator[C]//International Society for Optics and Photonics. 1999 Symposium on Smart Structures and Materials, 229-240.

Park W S, Yun C B, Pyun C K. 1991. Infinite elements for evaluation of hydrodynamic forces on offshore structures[J]. Comp. & Struct., 40(4): 837-847.

Park W S, Yun C B, Pyun C K. 1992. Infinite elements for 3-dimensional wave-structure interaction problems[J]. Eng. Struct., 14(4): 335-346.

Peplow A T, Jones C J C, Petyt M. 1999. Surface vibration propagation over a layered elastic half-space with an inclusion[J]. Applied Acoustics, 56(4): 283-296.

Rajapakse R, Karasudhi P. 1985. Elastostatic infinite elements for layered half space[J]. J. Eng. Mech., ASCE, 111(9): 1144-1158.

Rajapakse R, Karasudhi P. 1986. An efficient elastodynamic infinite element[J]. Int. J. Solids and Struct., 22(6): 643-657.

Seed H B, Idriss I M. 1970. Soil modulus and damping factors for dynamic response analysis[R]. Report No. EERC 70-10, University of California, Berkeley, California.

Takemiya H. 2004. Field vibration mitigation by honeycomb WIB for pile foundations of a high-speed train viaduct[J]. Soil Dynamics and Earthquake Engineering, 24(1): 69-87.

Tsai P H, Feng Z Y, Jen T L. 2008. Three-dimensional analysis of the screening effectiveness of hollow pile barriers for foundation-induced vertical vibration[J]. Computers and Geotechnics, 35(3): 489-499.

Ungless R F. 1973. An infinite element[D]. Columbia: University of British Columbia.

Woods R D, Barnett N E, Sagesser R. 1975. Holography, A new tool for soil dynamics[J]. Journal of the Geotechnical Engineering Division, 100: 1231-1247.

Woods R D. 1968. Screening of surface waves in soils[J]. Am. Soc. Civil. Engr. J. Soil. Mech., 94(4): 951-979.

Xu Y L, Guo A X. 2006. Microvibration control of coupled high tech equipment-building systems in vertical direction[J]. International Journal of Solids and Structures, 43(21): 6521-6534.

Xu Y L, Li B. 2010. Hybrid platform for high-tech equipment protection against earthquake and microvibration[J]. Earthquake Engineering & Structural Dynamics, 35(35): 943-967.

Xu Y L, Yang Z C, Chen J, et al. 2003. Microvibration control platform for high technology facilities subject to traffic-induced ground motion[J]. Engineering Structures, 25(8): 1069-1082.

Xu Y L, Yu Z F, Zhan S. 2007. Experimental study of a hybrid platform for high-tech equipment protection against earthquake and microvibration[J]. Earthquake Engineering & Structural Dynamics, 37(5): 747-767.

Yang S C, Yun C B. 1992. Axisymmetric infinite elements for soil-structure interaction analysis[J]. Eng. Struct., 14(6): 361-370.

Yang Y B, Hung H H. 1997. A parametric study of wave barriers for reduction of train-induced vibrations[J]. Int. J. Numer. Meth. Eng. 40(20): 3729-3747.

Yang Y B, Hung H H. 1997. A parametric study of wave barriers for reduction of train-induced vibrations[J]. International Journal for Numerical Methods in Engineering, 40(20): 3729-3747.

Yang Y B, Hung H H. 2001. A 2.5D finite/infinite element approach for modelling visco-elastic bodies subjected to moving loads[J]. Int. J. Num. Meth. Eng., 51(11): 1317-1336.

Yang Y B, Hung H H. 2008. Soil vibrations caused by underground moving trains[J]. J Geotechnic Geoenviron Eng-ASCE. 134(11): 1633-1644.

Yang Y B, Hung H H. 2009. Wave Propagation for Train-Induced Vibrations: A Finite/Infinite Element Approach[M]. Singapore: World Scientific.

Yang Y B, Kuo S R, Hung, H H. 1996. Frequency-independent infinite element for analyzing semi-infinite problems[J]. Int. J. Num. Meth. Eng., 39(20): 3553-3569.

Yang Y B, Liang X, Hung H H, et al. 2017. Comparative study of 2D and 2.5D responses of long underground tunnels to moving train loads[J]. Soil Dynam Earthquake Eng. 97: 86-100.

Yoshioka H, Takahashi Y, Katayama K, et al. 2001. An active microvibration isolation system for hi-tech manufacturing facilities[J]. Journal of Vibration & Acoustics, 123(2): 269-275.

Yuan W N, Qu S W, Lei Z X. 2011. Effect of structural stiffness on the microvibration response of the working platform of a microelectronic plant[J]. Advanced Materials Research, 243-249: 355-361.

Yun C B, Kim J M, Hyun C H. 1995. Axisymmetric elastodynamic infinite elements for multi-layered half-space[J]. Int. J. Num. Meth. Eng., 38(22): 3723-3743.

Zhang C, Wolf J P. 1985. Dynamic Soil-Structure Interaction[M]. New Jersey: Prentice-Hall.

Zhang C, Zhao C. 1987. Coupling method of finite and infinite elements for strip foundation wave problems[J]. Earthq. Eng. & Struct. Dyn., 15(7): 839-851.

Zhao C, Valliappan S. 1993. A dynamic infinite element for three-dimensional infinite-domain wave problems[J]. Int. J. Num. Meth. Eng., 36(15): 2567-2580.